U0248716

贺高红　大连理工大学，教授

李小年　浙江工业大学，教授

李鑫钢　天津大学，教授

刘昌俊　天津大学，教授

刘洪来　华东理工大学，教授

刘有智　中北大学，教授

卢春喜　中国石油大学（北京），教授

路　勇　华东师范大学，教授

吕效平　南京工业大学，教授

吕永康　太原理工大学，教授

骆广生　清华大学，教授

马新宾　天津大学，教授

马学虎　大连理工大学，教授

彭金辉　昆明理工大学，中国工程院院士

任其龙　浙江大学，中国工程院院士

舒兴田　中国石油化工股份有限公司石油化工科学研究院，中国工程院院士

孙宏伟　国家自然科学基金委员会，研究员

孙丽丽　中国石化工程建设有限公司，中国工程院院士

汪华林　华东理工大学，教授

吴　青　中国海洋石油集团有限公司科技发展部，教授级高工

谢在库　中国石油化工集团公司科技开发部，中国科学院院士

邢华斌　浙江大学，教授

邢卫红　南京工业大学，教授

杨　超　中国科学院过程工程研究所，研究员

杨元一　中国化工学会，教授级高工

张金利　天津大学，教授

张锁江　中国科学院过程工程研究所，中国科学院院士

张正国　华南理工大学，教授

张志炳　南京大学，教授

周伟斌　化学工业出版社，编审

"十三五"国家重点出版物
出版规划项目

国家出版基金项目
NATIONAL PUBLICATION FOUNDATION

中国化工学会 CIESC

化工过程强化关键技术丛书

中国化工学会 组织编写

分离过程耦合强化

Coupling and Intensification of Separation Processes

贺高红　姜晓滨　等著

化学工业出版社

·北京·

《分离过程耦合强化》是《化工过程强化关键技术丛书》的一个分册，本书从化工分离过程原理入手，对耦合强化理论与方法进行梳理，通过典型化工过程耦合强化的原理阐述和应用案例分析，揭示化学工业中过程耦合强化的双重内涵（分离-分离过程耦合强化、分离-反应过程耦合强化）。

本书将重点围绕化工行业中具有代表性的化工 VOCs 治理（挥发性有机物治理）、温室气体减排和高效捕集提纯、工业烟道气综合治理、精细化学品、医药产品高纯分离、分离过程系统耦合强化、新型分离过程耦合装置等主题，按照关键问题剖析、强化原理阐述和应用实例分析的思路，对分离过程耦合强化在石油化工、能源、精细化工、医药、环保等工业中的实践应用进行了系统总结。全书设八章，内容包括绪论、化工挥发性有机物的分离过程耦合、CO_2 捕集及超纯制备的分离过程耦合强化、反应吸收耦合过程、反应结晶耦合过程、膜结晶耦合过程调控与强化、基于过程集成的分离过程系统设计与优化、新型分离-反应耦合过程强化装置。

《分离过程耦合强化》是作者多年的理论研究和实践应用的经验积累，是多项国家和省部级科技进步奖、优秀示范工程应用的成果结晶，所举的应用案例具有极强的典型性，所述的理论和方法逻辑性及实用性强，对于深入研究化工理论和解决工程实际问题均具有很好的指导意义，本书可供化工、材料、环境、生物及相关领域的科研人员、工程技术人员以及高等院校化工及相关专业研究生、本科生学习参考。

图书在版编目（CIP）数据

分离过程耦合强化／中国化工学会组织编写；贺高红等著．—北京：化学工业出版社，2020.7
（化工过程强化关键技术丛书）
国家出版基金项目 "十三五"国家重点出版物出版规划项目
ISBN 978-7-122-37161-4

Ⅰ．①分… Ⅱ．①中… ②贺… Ⅲ．①分离-化工过程-耦合-强化 Ⅳ．①TQ028

中国版本图书馆CIP数据核字（2020）第094105号

责任编辑：马泽林 杜进祥 徐雅妮　　　　装帧设计：关 飞
责任校对：宋 夏

出版发行：化学工业出版社（北京市东城区青年湖南街13号 邮政编码100011）
印　装：中煤（北京）印务有限公司
710mm×1000mm 1/16 印张18½ 字数381千字 2020年7月北京第1版第1次印刷

购书咨询：010-64518888　　售后服务：010-64518899
网　址：http://www.cip.com.cn
凡购买本书，如有缺损质量问题，本社销售中心负责调换。

定　价：188.00元　　　　　　　　　　　　　　　版权所有 违者必究

作者简介

　　贺高红，女，1966 年 6 月生，博士，二级教授，博士生导师，国家杰出青年基金获得者，教育部"长江学者奖励计划"特聘教授，科技部重点领域创新团队负责人，中国化工学会会士。大连理工大学膜科学与技术研究开发中心主任。兼任中国化工学会化工过程强化专委会委员。1993 年毕业于中国科学院大连化学物理研究所，获博士学位。同年进入大连理工大学，任教至今。多年来主要从事膜分离过程、环保和过程工业节能改造等方面的研究，研制的耐溶胀高性能气体分离膜已成功应用于炼厂气分离和有机蒸气回收等工业项目，打破了进口膜的垄断；开发出具有完全自主知识产权的梯级耦合回收技术和工艺包，为提高资源利用率、节能减排等做出了突出贡献。负责国家杰出青年科学基金、国家高技术研究发展计划（863 计划）项目、国家自然科学基金重大科研仪器研制项目及重点项目等纵横向课题 80 余项。发表 SCI/EI 论文 237/276 篇，他引 3000 余次，申请 / 授权发明专利 72/38 项。参与和组织国际学术会议 20 余次，大会和邀请报告 30 余次。荣获国家科技进步二等奖 2 项（均排第一），获中国专利优秀奖、日内瓦国际发明展特别嘉许金奖、省部级科技奖励等 10 余项。荣获国务院政府特殊津贴、国家百千万人才工程、全国石油和化工优秀科技工作者等称号。

　　姜晓滨，男，1984 年 5 月生，博士，教授，博士生导师，教育部"长江学者奖励计划"青年学者，现任辽宁省石化行业高效节能分离技术工程实验室副主任。2012 年毕业于天津大学化学工程专业，获博士学位。同年进入大连理工大学，任教至今。主要从事结晶、膜分离和新型耦合分离过程研究，重点突破高精度过饱和浓度调控、全色级溶液成核响应、晶体成核和生长耦合控制等瓶颈问题。实现系列高端专用化学品、化工资源膜法循环耦合回收等工业应用，应用成果涵盖石油化工、精细化工、电子信息、环保等行业，累计创效益超过 3.5 亿元 / 年。主持国家自然科学基金面上项目、国家重大科研仪器研制项目子课题、青年基金、企业研发项目等 20 余项。作为主要完成人，荣获国家科技进步二等奖 1 项，省部级奖励 3 项，国际发明展特别金奖 1 项。在 *AIChE J.*、*Chem. Eng. Sci.*、*J. Membrane Sci.*、*Cryst. Growth Des.* 等发表论文 50 余篇。申请 / 授权中国发明专利 28/11 项，申请 / 授权 PCT 国际专利 2/1 项。AIChE Annual Meeting 专题会议主席。荣获侯德榜化工科学技术青年奖（2019 年）、中国石油和化学工业联合会青年科技突出贡献奖（2019 年）、全国石油和化工行业优秀科技工作者（2018 年）等荣誉称号。

     化学工业是国民经济的支柱产业，与我们的生产和生活密切相关。改革开放 40 年来，我国化学工业得到了长足的发展，但质量和效益有待提高，资源和环境备受关注。为了实现从化学工业大国向化学工业强国转变的目标，创新驱动推进产业转型升级至关重要。

     "工程科学是推动人类进步的发动机，是产业革命、经济发展、社会进步的有力杠杆"。化学工程是一门重要的工程科学，化工过程强化又是其中的一个优先发展的领域，它灵活应用化学工程的理论和技术，创新工艺、设备，提高效率，节能减排、提质增效，推进化工的绿色、低碳、可持续发展。近年来，我国已在此领域取得一系列理论和工程化成果，对节能减排、降低能耗、提升本质安全等产生了巨大的影响，社会效益和经济效益显著，为践行"绿水青山就是金山银山"的理念和推进化工高质量发展做出了重要的贡献。

     为推动化学工业和化学工程学科的发展，中国化工学会组织编写了这套《化工过程强化关键技术丛书》。各分册的主编来自清华大学、北京化工大学、中北大学等高校和中国科学院、中国石油化工集团公司等科研院所、企业，都是化工过程强化各领域的领军人才。丛书的编写以党的十九大精神为指引，以创新驱动推进我国化学工业可持续发展为目标，紧密围绕过程安全和环境友好等迫切需求，对化工过程强化的前沿技术以及关键技术进行了阐述，符合"中国制造 2025"方针，符合"创新、协调、绿色、开放、共享"五大发展理念。丛书系统阐述了超重力反应、超重力分离、精馏强化、微化工、传热强化、萃取过程强化、膜过程强化、催化过程强化、聚合过程强化、反应器（装备）强化以及等离子体化工、微波化工、超声化工等一系列创新性强、关注度高、应用广泛的科技成果，多项关键技术已达到国际领先水平。丛书各分册从化工过程强化思路出发介绍原理、方法，突出应用，强调工程化，展现过程强化前后的对比效果，系统性强，资料新颖，图文并茂，反映了当前过程强化的最新科研成果和生产技术水平，有助于读者了解最新的过程强化理论和技术，对学术研究和工程化实施均有指导意义。

　　本套丛书的出版将为化工界提供一套综合性很强的参考书，希望能推进化工过程强化技术的推广和应用，为建设我国高效、绿色和安全的化学工业体系增砖添瓦。

中国科学院院士：

中国工程院院士：

　　化工生产中原料来源广泛、产品质量要求高，待分离体系组成和传递机理复杂，其产品制备通常涉及多种分离单元操作过程，消耗大量能源。其中，精馏、蒸发、干燥等化工分离过程，其能耗占到了化工分离总能耗的 80%，开发不依赖热量传递、不通过气（汽）液相变的分离过程，可以显著提高现有分离过程的效率，在石油化工、煤化工、造纸等行业尤为凸显，每年可降低数十亿元的能源消耗，减少数以亿吨计的二氧化碳排放量。同时，化工产业的不断升级，对化工产品精制技术、高端化学品生产要求不断提升，是对现有分离提纯过程的重大挑战和重要发展机遇。对这种产业升级的需求，在医药、精细化学品、特种电子级化学品等行业尤为显著。《石化和化学工业发展规划（2016—2020 年）》《工业绿色发展规划（2016—2020 年）》《"十三五"材料领域科技创新专项规划》等均把高效分离材料与过程作为重点创新领域。

　　因此，在不断开发新型分离技术、研制高性能分离材料的同时，基于现有的化工分离技术，通过建立优势互补的高效耦合，强化化工分离过程，提高生产效率，降低过程能耗，减少废物排放，达到总体效益最优及环境影响最小的目的，是推进化工产业向绿色、高效化升级的关键研究内容和重要发展方向。面向化工分离过程提质增效的分离过程耦合强化理论和应用研究，近年来受到科研人员、工程技术人员和生产管理人员的普遍重视，相关研究成果不断涌现，其过程设计理论、实践应用不断取得重要突破和跨越式发展。本书是第一本从强化原理出发，系统性阐述分离过程耦合强化在化工过程领域内研究和应用实施的专著。

　　本书是多项国家和省部级科技进步奖、中国专利奖、国际发明专利奖等成果的结晶，如获得国家科技进步奖的"膜法高效回收与减排化工行业挥发性有机气体""含烃石化尾气梯级耦合膜分离技术的研发与工业应用""高端医药产品精制结晶技术的研发与产业化"等。作为我国第一部全面、系统、具体地论述化工分离过程耦合强化理论和应用效果的专著，本书不论是对相关领域的技术研发、生产管理的从业者还是高等院校的广大师生，都有较强的指导作用和参考价值。真诚希望和期待本书能使广大读者从中获得启迪和裨益。

本书由大连理工大学牵头，联合天津大学共同编写。全书共八章，由贺高红、姜晓滨负责框架设计、草拟写作提纲和设置编写要求。第一章由贺高红、姜晓滨撰写；第二章由贺高红、阮雪华撰写，姜晓滨统稿；第三章由张永春、代岩、陈绍云撰写，姜晓滨统稿；第四章由张晓鹏撰写，姜晓滨统稿；第五章由龚俊波、姜晓滨、侯宝红撰写，贺高红统稿；第六章由姜晓滨、李祥村、陈婉婷撰写，贺高红统稿；第七章由肖武、阮雪华撰写，姜晓滨统稿；第八章由吴雪梅、焉晓明、李甜甜撰写，姜晓滨统稿。李鑫钢、郝红勋、李韡、侯宝红、张宁、潘昱、郑文姬、鲍军江等参与了全书审稿工作。在此衷心感谢杨元一教授、褚良银教授、范益群教授、巩金龙教授、刘洪来教授、马新宾教授、张正国教授等为本书撰写提供的支持与帮助！对为本书的出版做出贡献的所有人员表示诚挚的谢意。

本书力求理论与实践紧密结合、过程技术与过程强化紧密结合、过程与设备紧密结合，以确保展现学术性、系统性、原创性、新颖性和实用性。限于笔者水平，加之参编人员众多，虽经多次审查、讨论和修改，仍难免有疏漏之处，敬请广大读者批评指正。

著者
2020 年 3 月

目 录

第一章 绪论 / 1

第一节 化工分离过程耦合强化简介 ··············· 1
第二节 分离过程耦合强化的主要特征及应用领域 ·········· 2
第三节 分离过程耦合强化的展望 ················ 5
参考文献 ······················· 7

第二章 化工挥发性有机物的分离过程耦合 / 8

第一节 研究背景及意义 ·················· 8
　　一、挥发性有机物来源 ················ 9
　　二、挥发性有机物回收减排技术 ············ 10
第二节 关键问题 ··················· 13
　　一、气体分离膜材料的筛选 ·············· 13
　　二、非理想因素下膜分离过程的准确模拟 ········ 13
　　三、多级膜流程结构设计 ·············· 14
第三节 强化原理 ··················· 16
　　一、基于气体临界性质预测膜的渗透选择性 ······· 16
　　二、多组分非理想单膜分离过程的有限元数学模型 ··· 29
　　三、多组分非理想双膜分离过程的有限差分数学模型 48
第四节 应用实例 ··················· 69
第五节 小结与展望 ·················· 80
　　一、小结 ···················· 80
　　二、展望 ···················· 81
参考文献 ······················ 81

第三章 CO_2捕集及超纯制备的分离过程耦合强化 / 85

第一节 研究背景及意义 ·················· 85
第二节 关键问题 ··················· 86
第三节 强化原理 ··················· 86

第四节　应用实例 ·· 92
　　一、面向CO_2捕集分离的高性能混合基质膜 ··········· 92
　　二、面向CO_2捕集分离的高性能吸收、吸附材料 ····· 97
　　三、吸附－精馏－膜耦合过程用于CO_2捕集和超纯化··· 98
第五节　小结与展望 ··102
参考文献 ···102

第四章　反应吸收耦合过程 / 109

第一节　研究背景及意义 ··109
第二节　关键问题 ··110
　　一、NO_x的氧化与液相吸收技术的耦合及存在的问题　110
　　二、Hg^0的氧化和吸收技术的耦合及存在的问题········111
第三节　强化原理及应用实例 ···112
　　一、单一技术方法脱除NO_x ·································112
　　二、氧化－吸收耦合法脱除NO_x···························118
　　三、单一技术方法脱除Hg^0 ·································129
　　四、氧化－吸收耦合法脱除Hg^0 ·························131
第四节　小结与展望 ··137
参考文献 ···137

第五章　反应结晶耦合过程 / 143

第一节　研究背景及意义 ··143
第二节　关键问题 ··144
第三节　强化原理 ··144
　　一、混合 ···145
　　二、成核 ···146
第四节　应用实例 ··152
　　一、锂离子电池正极材料 ·······································152
　　二、无机粉体材料 ··153
　　三、医药产品 ··154
　　四、环境保护领域的应用 ·······································158
第五节　小结与展望 ··159
参考文献 ···159

第六章 膜结晶耦合过程调控与强化 / 163

第一节 研究背景及意义 ··· 163
第二节 关键问题和影响因素 ··· 164
　　一、膜组件 ··· 164
　　二、运行条件 ·· 166
　　三、膜材料性能 ·· 168
　　四、耦合结晶工艺控制 ··· 172
第三节 强化原理 ··· 173
　　一、膜蒸馏中的传质和传热 ·· 173
　　二、膜结晶过程中的结晶模型 ····································· 175
　　三、介稳区宽度调控及成核强化原理 ··························· 178
第四节 应用实例 ··· 180
　　一、工业废水治理 ·· 180
　　二、高浓度盐水的脱盐结晶调控 ··································· 183
　　三、高通量抗污染膜蒸馏结晶过程研发 ························ 191
　　四、成核检测和介稳区宽度测量 ·································· 195
　　五、溶析结晶的混合和成核促进 ··································· 197
　　六、蛋白质结晶和仿生晶体超结构制备 ························ 200
第五节 小结与展望 ··· 204
参考文献 ·· 205

第七章 基于过程集成的分离过程系统设计与优化 / 215

第一节 研究背景及意义 ··· 215
第二节 分离过程集成原理 ··· 217
　　一、分离过程的能耗和热力学效率 ······························ 217
　　二、分离过程的节能措施 ··· 220
　　三、膜分离过程的能耗和热力学效率 ··························· 220
　　四、热力学分析指导多级膜分离过程结构的优化 ············ 223
　　五、耦合分离序列优化设计 ·· 227
第三节 基于过程集成的分离耦合工艺应用实例 ·············· 236
　　一、精馏和过程系统集成 ··· 236
　　二、精馏和热泵集成 ··· 237
　　三、精馏与精馏单元的能量集成 ··································· 239
　　四、膜蒸馏和过程余热集成 ·· 239
　　五、膜分离和变压吸附耦合过程 ··································· 242

　　六、膜分离、压缩和冷凝单元集成 ···243
　　七、氢膜、有机蒸气膜、浅冷和精馏单元集成 ························244
第四节　小结与展望 ··245
　　一、小结 ··245
　　二、展望 ··246
参考文献 ···246

第八章　新型分离-反应耦合过程强化装置 / 249

第一节　研究背景及意义 ··249
　　一、氢气的分离 ···249
　　二、加氢反应 ··251
第二节　关键问题 ··251
　　一、电化学氢泵关键材料的本征设计 ·······························252
　　二、电化学氢泵耦合过程的匹配与协同强化 ······················252
第三节　强化原理 ··252
　　一、电化学氢泵的结构及核心膜电极组件 ·························253
　　二、电化学氢泵的氢分离原理 ···255
　　三、电化学氢泵的加氢反应原理 ···257
第四节　应用实例 ··257
　　一、氢分离与加氢反应耦合强化 ···258
　　二、电化学氢泵的脱氢与加氢双反应耦合 ·························264
　　三、电化学氢泵一步加氢酯化 ···267
第五节　小结与展望 ··270
　　一、小结 ··270
　　二、展望 ··271
参考文献 ···271

索　引 / 275

第一章

绪　论

第一节 化工分离过程耦合强化简介

1. 背景

化工生产中原料来源广泛、产品质量要求高，待分离体系组成复杂多变，相际间的传递机理复杂。因此，化工生产通常涉及多种分离相关的单元操作过程[1-3]。分离过程占整个化工生产过程总能耗的比重极大，是能量消耗和生产成本的重要决定因素。例如，分离过程的能源使用量占美国所有工业能源使用量的一半左右，其中精馏、蒸发、干燥等热驱动的分离过程的能耗占到了化工分离能耗的80%，开发不使用热量、不依赖气（汽）液相变进行的分离过程，可以显著提高现有的分离过程的效率。2016年"自然"杂志上的一篇评论文章，以《改变世界的七种化工分离》为题[4]，提出了七种能源密集型分离过程，认为这些过程应该成为研究低能耗分离纯化技术的首要目标。文中指出，"未来要更多地研发膜过程、吸附等有望改变世界的高效分离技术"。高效分离材料与过程是我国重点创新领域，也是国家科技创新和产业发展的共性重大需求。

更重要的是，随着工业进程的不断发展，电子级、超纯级化学品的制备需求不断增加，对产品化学纯度的要求几近苛刻[5]，医药等产业对晶体产品特性的多元化要求不断提升，工业废水、废气、废渣的终端治理要求也随着环保要求的提升而不断攀升[6,7]。单一的分离过程和分离材料性能已经难以同时满足多组分、高纯度、精细化和经济环保等多重化工产品的生产需求[8]。因此，在不断开发新型分离技术、研制高性能分离材料的同时，基于现有的化工分离技术，通过建立优势互补的高效耦合，强化化工分离过程，提高生产效率，降低过程能耗，减少废物排放，达到总体效益最优及环境影响最小的要求，是现阶段推进化工产业向绿色、高效化升级的关键研究内容和重要发展方向[9-12]。

2.化工分离过程耦合强化的内涵

化学工业中的过程耦合强化包含双重内涵，它既包括各种分离过程之间的耦合强化（分离-分离过程耦合强化），又包括分离和反应过程之间的耦合强化（分离-反应过程耦合强化）。

对于分离-分离过程耦合强化，其特点是利用精馏、结晶、吸附、吸收、膜分离等不同分离技术各自的分离特性、最佳适用区间和组合效应，通过多技术耦合的协同增效和优势互补，突破单一处理技术难以实现的复杂组分、宽浓度范围物系的综合分离和回收。由于分离物系的复杂性和多种分离技术的综合使用，对耦合技术的模拟和设计提出了更高的要求，这推动了化工数学模型、准确的过程模拟和分离序列设计方法的研究进程；同时，随着过程设计精度的要求不断提高，分离系统的耦合程度逐步提升，亟须对于体系的质量/能量的精确匹配和集成利用，这从根本上推动了传质、传热和过程耦合强化的新型分离技术的开发。

对于分离-反应过程耦合强化，通过分离过程将反应物与产物及时分离，打破原有的化学反应平衡，从而促进目标反应的进行，达到提高反应转化率和选择性的目的。同时，通过化学反应改变原有分离体系的组成和相平衡状态，实现分离推动力的增强，以获得较纯的目标产品。通过这两种互为因果的途径，保障了反应进程和分离效果的协同强化。因此，通过将反应与分离过程耦合，可以充分发挥过程的潜力，分离促进反应和反应促进分离，实现反应器和分离器在时间、空间尺度上的耦合集成及反应和分离的过程强化。此外，伴随着耦合强化分离技术的发展，需要配套的新型高效分离过程装置随之进步，为进一步强化反应、分离过程的效果和控制精度，满足高纯度、精细分离及低能耗、环保等多重分离需求打下基础。

第二节　分离过程耦合强化的主要特征及应用领域

事实上，化工分离过程的耦合强化，很早就受到化工研究者的广泛关注，在膜分离、结晶、精馏、吸附、吸收等领域开发了诸多富有特色的技术，但目前还没有围绕分离过程耦合强化技术的共性原理，强化理论系统论述。因此，有必要结合近年来该领域研究与应用方面取得的最新进展，总结梳理分离过程耦合强化技术的主要特征和应用领域。

分离过程耦合强化的发展，受工业分离需求的牵引，与化工分离技术的发展紧密相关，既依靠新兴分离技术的突破性进展，同时又受到材料、计算机、化工机械等领域技术进展的影响和推动。例如，围绕化工生产中的气体资源回收、污染防治、减排和治理领域的共性重大需求，以气体膜分离为代表的无相变、易耦合分离技术引人瞩目：在 20 世纪 70 年代首次工业应用以来，取得了多次跨越式的发展，实现了 N_2/O_2 分离、富氢气体回收、有机蒸气回收、炼厂气综合分离、VOCs（volatile organic compounds，挥发性有机物）治理等多个重要应用。这些里程碑式的发展，既归功于新型膜材料和膜结构的研制及规模化生产，也得益于以膜为核心的分离过程系统流程研发，突破了各种传统的气体分离技术在浓度差、压力差、温度差利用中的低效瓶颈，建立柔性可调控、无相变（或低相变率）的分离过程耦合技术。同时，通过建立各种分离技术的优势分离区间，使分离过程耦合的原则有了理论依据，进而通过考虑非理想传质过程的准确模拟模型，实现对不同原料组成、治理需求分离过程的快速、准确设计，达到最优强化效果。以这一发展思路，实现三方面的典型应用，也是本书第二～四章的主要内容。

（1）基于玻璃态、橡胶态气体分离膜材料和梯级耦合膜分离技术强化化工炼厂尾气的资源回收、VOCs 达标排放等过程，建立了非理想状态下的膜分离器内传质分离过程模型，开发了多元复杂组分的梯级耦合膜分离体系设计方法，整个技术的研究思路和创新应用案例具有典型意义和重要的启发作用。这一领域的研究成果，受到国家高技术研究发展计划（简称 863 计划）、国家自然科学基金重点项目的资助，相继建成了国内规模最大的炼厂气综合治理装置，实现膜法化工 VOCs 治理技术的全部国产化，推动我国的膜法 VOCs 治理技术进入国际领先水平。

（2）针对温室气体 CO_2 减排和高效捕集提纯的吸附 - 精馏 - 膜耦合工艺，围绕高效吸附剂、吸附装置和节能精馏工艺、膜技术耦合的协同强化机制来重点阐述这一领域的研究成果，开发出具有从低浓度气源制备超纯 CO_2 的集成分离技术专利群及工艺包，实现各种规格产品（工业级、食品级、超纯级）的多元化联产，在国际上率先实现了 99.9999% 的超纯 CO_2 工业制备，参与欧盟第七框架的国际合作，为国际温室气体控制和高效资源化做出了重要贡献。

（3）化学反应与吸收过程相耦合，以多孔电解质催化 - 吸收耦合法、电化学氧化 - 液相吸收耦合法、光化学氧化 - 液相吸收耦合法为典型案例，介绍针对组成成分多、处理需求复杂的烟道气污染治理的关键问题和强化机制研究进展，解决工业烟道气综合治理的困境，开拓燃煤电厂等污染重点企业的绿色发展之路。

分离过程不仅是资源循环、变废为宝、达标治理的支出消耗型技术，也是提升产品价值、开拓新市场的收入盈利型技术。因此，分离过程的耦合强化，还在化工新产品研制领域得到了系列应用。结晶作为重要的化工分离和产品制备技术，其过程调控不仅决定了晶体的自组装结构和关键性质，也决定了产品的市场价值，是化工、医药、生命科学等重要产业高端化、高质化的关键。例如，磷化工产业链顶端的电子级磷酸晶体，其杂质离子含量降低 1 个数量级，市场价格就提升 10 倍；每个高纯心血管药物晶体产品，都有 10 亿元 / 年的巨大市场；高纯和低孔隙率的炸药晶体特性决定了其烈度、冲击波感度等一系列重要本征性质；此外，生物大分子结晶调控研究，在解析蛋白质结构和阐明生物作用机制领域发挥着越来越重要的作用。基于结晶分离过程为核心的过程耦合，依靠分离 - 反应耦合强化、结晶 - 膜耦合强化的研究思路，在反应结晶、膜结晶领域取得了具有特色的研究成果，也是本书的第五、六章的主要内容，主要围绕分离过程耦合强化解决化工固体产品高效分离和高端化精制的共性重大需求。

在反应结晶过程中，利用极高初始过饱和度下的快速成核、纳米级别的粒子聚结、晶体粒子生长等过程的调控机制和强化原理，实现高端功能粒子产品精制，这一领域的研究获得国家重点研发计划的项目支持，应用于电池正极材料、无机粉体材料、医药产品、废水回收、废渣循环利用等领域。

膜分离和结晶过程耦合，面向过程精确调控和晶体产品协同强化分离的重要创新应用，论述膜结晶这一新型耦合强化技术的理论基础和应用前景。该领域的研究获得了国家重大科研仪器研制项目的资助，应用于高浓度盐水的脱盐结晶调控、高通量抗污染膜蒸馏结晶、成核检测和介稳区宽度测定、溶析结晶的混合和成核促进、蛋白质结晶和仿生晶体超结构制备等领域。

接下来，从系统工程的角度出发，基于过程集成、质能最优化设计理论，以膜分离中反渗透、膜蒸馏的不同操作模式为案例，解释分离过程系统耦合强化基于化工系统工程原理和质能优化建立的设计及优化策略，该领域的研究得到了中国石油天然气股份有限公司科研项目的资助。

另外，将以围绕新型氢泵反应器与分离装置的耦合系统为典型案例，介绍新型分离 - 反应耦合过程强化装置的设计原理，以及在氢分离与加氢反应耦合强化、电化学氢泵的脱氢与加氢的双反应器耦合、电化学氢泵一步加氢酯化等能源利用领域的新方法、新装备。该领域的研究获得了国家自然科学基金重点项目的资助。

综上，分离过程耦合强化作为内涵和外延都在不断发展、完善的化工过程强化方向，具有极强的发展活力和丰富的研究内容。本书的阐述，侧重于根据分离过程耦合强化在资源回收、节能环保、高端产品制备和能源利用等化工领域重大需求的研究成果，提出关键共性问题，阐明过程耦合强化原理，详述和分析典型应用案例，使读者方便、快速地从总体层面、核心问题层面和关键解决思路层面对分离过程耦合强化研究领域有一个相对全面的了解，引导其形成科学合理的研发思路，开展创新研究和推广应用。

第三节 分离过程耦合强化的展望

随着高纯度、精细分离、低能耗、环保等产品标准和过程需求的日益明确化，化工生产过程已经不能仅仅依靠单一的分离技术和控制机制完成。分离过程的耦合强化不仅可以突破单一分离技术的效率瓶颈，同时可以得到现有技术不能制备的工业产品，已经成为化工分离过程必然的发展趋势。这一领域的研究不仅涉及对分离材料构效关系及过程中传质、传热、化学反应等控制机制的深入理解，还包括过程数学模型的准确建立、系统工程的优化设计，还需要化工装备、仪器仪表的同步研发，是包含了化学工程、材料工程、系统工程、计算机技术、化工机械、仪器仪表、过程控制等学科的前沿交叉领域。

尽管化工分离过程系统耦合强化对膜分离、结晶、吸附、吸收等分离过程的耦合强化已经取得了突出的研究成果，形成了一些在国内外有影响力的技术和示范应用工程，但在发展过程中也遇到了不少障碍。当前国内应当关注的一些主要问题如下。

（1）在气体综合处理方面，我国一直面临化工产业气体污染治理压力大、化工资源型、能源型气体高效回收的需求大等一系列问题。基于这一重大国家需求，国内膜分离、吸附、吸收等技术都已有长足的进步。为了进一步提高经济补偿性、降低成本，按照一定结构将不同技术结合在一起，通过技术互补，提高过程处理的覆盖范围，开发新型分离效果、效率强化的气体分离耦合过程及装备是现阶段的主要研究内容。目前仍需集中力量攻克的问题包括：高通量高选择性的气体分离膜研制；低成本高选择性吸收剂、吸附剂研发；典型分离过程的准确数学模型及模拟模块的构建；过程效率通用评价体系和判据的确立；实际体系与耦合控制技术匹配的直观、快捷筛选方法的开发与优化；在有限时间、空间和成本下实现化工产业气体的"拓宽资源化、深层无害化"。

（2）在晶体工程和颗粒设计方面，反应结晶有非常重要的作用，已经在化工、能源材料、原料药制备等领域得到了广泛的应用。在反应结晶过程中，往往由于初始过饱和度过高使得成核难以控制、纳米级别的粒子聚结难以有效控制、溶液结晶过程中晶体粒子的外部生长环境难以调控，从而使得晶体产品的结晶习惯（以下简称"晶习"）和粒度难以得到有效控制，这成为制约高端功能粒子产品精制生产技术发展的瓶颈。针对反应结晶过程，不仅需要开展相关产品晶体结构与晶习、结晶热力学、结晶动力学、结晶工艺优化等系统研究，还可以通过外加物理场调控结晶体系（或局部）的温度、过饱和度、界面张力等参数，以及晶体成核、生长过程中的运输、表面反应过程，从而实现改善晶体产品质量的目标。

（3）不同分离技术的耦合系统，内部存在共性的质量、热量和动量传递规律，而当面临分离过程耦合系统的分离效率和生产能力这一对互相制约的需求时，想进一步突破已经研发的耦合系统效率瓶颈，就需要研究不同分离过程的成本特征和组合效应，构建协同增效的耦合流程拓扑结构，从开发源头实现多种过程的整体设计和协同优化。其中的关键问题包括对于浓度梯度、压力梯度、速度梯度等传递推动力和分离机制的有效解耦，实现针对关键效率瓶颈的强化，将调控机制统一在1～2个控制参数下，提高处理过程的能效和加工能力，不断挖掘耦合分离过程的强化潜力。

（4）伴随着过程耦合强化理论和技术的发展，耦合过程强化装置的开发和应用研究已经取得了一些成果。但是还有较多理论和技术领域的关键问题亟待解决，形成系统理论：针对一体化、集成化的耦合过程强化装置，建立分离与反应耦合动力学机理模型，揭示传质、传热、化学反应协同控制机制；引入介尺度的概念、耦合过程控制理论和评价机制，研究多相反应 - 分离过程中存在的复杂多尺度结构、耦合分离过程效率、过程控制精度等问题，形成对耦合过程强化装置开发和应用的共性认识，尤其是对装置的多时空尺度、多元组分和耦合作用机制等特性展开系统研究，具有重要意义。

（5）聚焦未来的重要化工分离需求，研发具有前瞻性的高效耦合过程，强化分离效果：如原油中的碳氢化合物的精细分离、海水中铀的富集纯化、从烷烃中分离烯烃、从稀释的排放物中分离温室气体、从矿石中分离稀土金属、芳香族苯环衍生物互相之间的分离、从水中分离痕量杂质等。

同时，在创新机制与转化应用方面，许多化工企业的研究和开发工作主要集中在新产品开发或高附加值产品研制，对开发新型设备和过程等化学工程问题兴趣不大，这导致新型耦合过程技术和设备研发的源动力有限。一些设备制造商和工程公司通常只选用已得到工业应用的成熟的设备或技术，而不愿冒风险进行开创性的实验，一定程度上制约了新型耦合过程的推广应用。

接下来的研究中，通过分离过程的系统耦合强化，继续拓展相关分离过程的适用范围，将原有单一分离技术和装备不能分离回收的气、液、固相物质，转化为可回收、可综合利用的待分离原料，从处理原料范畴上"变废为宝"，是一个重要的研究方向；在分离过程耦合方面，研究过程耦合强化及相关非线性理论，开发高效的反应、分离多元过程及系统，并进行大规模工业推广；在分离机理研究方面，要将研究的时空尺度进一步拓展，揭示纳米尺度，限域微尺度环境下的特殊传质、传热和反应机理，研究构建稳定、连续的耦合分离过程，从分离过程的本征特性上实现分离效果和分离效率的双重强化；在分离装备领域，着重开发高控制精度、高灵敏性、高效率的耦合分离装备，保证开发的先进耦合强化过程工艺能够充分发挥作用。

此外，任何一个领域的过程耦合强化研究，都是以分离材料、反应介质性能强化为基础，以外界场效应促进的传质、传热、反应过程的效果、效率提升为保障，以关键装备、组件的开发为实现载体。上述相关要素构成一个有机的整体，共同促进又相互制约，只有各方面协同发展才能实现整个领域的突破性进步。因此，在该领域的研究发展中，还要注意各个方面研究所处的不同阶段，在特定时期有侧重发展的关键方向，突破关键瓶颈问题。

参考文献

[1] Yu J, Liu H, Chen J. An overview on microemulsion phase extraction technology[J]. Journal of Chemical Industry and Engineering, 2006, 57(8): 1746-1755.

[2] Li X G, Xie B G, Wu W, et al. Integrated technology in large-scale distillation process[J]. Chemical Industry & Engineering Progress, 2011, 30(1): 40-50.

[3] 费维扬. 萃取塔设备研究和应用的若干新进展 [J]. 化工学报, 2013, 64(1): 44-51.

[4] Sholl D S, Lively R P. Seven chemical separations to change the world[J]. Nature, 2016, 532(7600): 435-437.

[5] 王静康, 龚俊波, 鲍颖. 21 世纪中国绿色化学与化工发展的思考 [J]. 化工学报, 2004, 55(12): 1944-1949.

[6] 龚俊波, 王琦, 董伟兵, 等. 药物晶型转化与控制的研究进展 [J]. 化工学报, 2013, 64(2): 385-392.

[7] 龚俊波, 杨友麒, 王静康. 可持续发展时代的过程集成 [J]. 化工进展, 2006, 25(7): 721-728.

[8] 龚俊波, 孙杰, 王静康. 面向智能制造的工业结晶研究进展 [J]. 化工学报, 2018, 69(11): 4505-4517.

[9] Buchaly C, Kreis P, Górak A, et al. Hybrid separation processes—combination of reactive distillation with membrane separation[J]. Chemical Engineering and Processing: Process Intensification, 2007, 46(9): 790-799.

[10] Drioli E, Stankiewicz A I, Macedonio F, et al. Membrane engineering in process intensification—an overview[J]. Journal of Membrane Science, 2011, 380(1): 1-8.

[11] 高鑫, 赵悦, 李洪, 等. 反应精馏过程耦合强化技术基础与应用研究述评 [J]. 化工学报, 2017, 69(1): 218-238.

[12] Jiang Z Y, Chu L Y, Wu X M, et al. Membrane-based separation technologies: From polymeric materials to novel process: An outlook from China[J]. Reviews in Chemical Engineering, 2019, 36(1): 67-105.

第二章
化工挥发性有机物的分离过程耦合

第一节 研究背景及意义

石油炼制和化工过程产生大量含有挥发性有机物（VOCs）的尾气。VOCs包括烷烃、烯烃、芳烃、氯代烃、氟代烃、醇、醛、酮、胺、有机酸等物质。这些组分很多可以资源化回收利用。传统的单一分离技术，对低浓度可资源化组分的回收效率低，经济效益差，因此，大量的含VOCs尾气往往采用简单燃烧甚至直接排放的方式进行处理，造成了极大的资源浪费和环境污染。比如，全国炼化企业每年消耗的炼厂气中夹带损失的轻烃就超过 600 万吨，排放 1 标准立方米氟代烃产生的温室效应就相当于 10000 标准立方米的 CO_2。进入大气的 VOCs 还有许多其他危害，最严重的是与 NO_x 发生反应形成光化学烟雾，加剧雾霾的产生，使人罹患癌症或呼吸道疾病，破坏臭氧层等 [1]。在欧美发达国家，VOCs 排放导致的大气污染极端现象在 20 世纪 70 年代已很普遍，污染控制也正式成为国家层面的环保主题，比如，1971 年美国制定了《国家环境空气质量标准》，将 VOCs 列为六种基准大气污染物 [2]。我国在 20 世纪 90 年代进入经济高速发展阶段，VOCs 排放日益加剧，雾霾等极端天气逐渐增多，污染排放的控制与治理势在必行。

含 VOCs 尾气的排放在石油炼制和化工过程中不可避免，而且造成的环境污染极其严重，因此，必须进行高效控制和治理。根据 VOCs 的排放浓度和处理方式，控制技术可分为高浓度资源回收型和低浓度无害降解型 [3]。对资源化价值较高的高浓度 VOCs 尾气，如石化原辅材料及产品储运、石油炼制过程中排放的尾气，采用膜分离、吸附、吸收和冷凝进行回收利用；对低浓度 VOCs 尾气，如装置泄漏、溶剂挥发、污水逸散废气等，可通过辅助燃烧、催化氧化（燃烧）、等离子体和生物转化等进行无害降解[4]。单一控制技术只对特定浓度范围内的某一类污染物有较好的效果,无法适应化工 VOCs 排放来源广、组成多、浓度变化大和处理要求高的需要,经济效益不显著。为了提高经济补偿性、降低成本,按照一定结构将不同技术结合在一起,通过技术互补,提高污染控制的覆盖范围,开发 VOCs 的耦合控制技术及装备一直是国际研究的重点。

一、挥发性有机物来源

挥发性有机物的来源可分为两大类:①石化生产过程中排放的尾气,比如聚丙烯、聚乙烯尾气,环氧乙烷生产尾气,油品精制副产尾气,聚酯生产过程副产的含乙醛尾气,汽油氧化脱硫尾气;②油品和化学品储运及使用过程产生的尾气,比如罐区呼吸气,装卸车置换油气,喷涂、印刷及涂装过程产生的废气。

在聚丙烯装置中,单体丙烯精制、聚合反应釜置换、聚丙烯粉体脱气等过程都会排放大量含乙烷、丙烯、丙烷和己烯等尾气;在环氧乙烷生产过程中,乙烯催化氧化的残余尾气中含有 20% ~ 30% 的乙烯 (体积分数);在汽油装卸车过程中产生的油气,非甲烷烃类的总含量一般在 15% 以上,最高可超过 30%。表 2-1 ~ 表 2-5 列举了一些典型含 VOCs 尾气的具体组成数据,包括聚丙烯、聚乙烯、环氧乙烷生产装置的尾气,以及汽油罐区、芳烃罐区呼吸气。如果能将尾气中绝大部分的乙烯、丙烯、丁烯、己烯、汽油组分、芳烃等高价值资源性有机气体予以分离回收,将具有可观的经济效益和社会效益。

表2-1 聚丙烯排放气

组分	体积组成 /%
丙烯	32.69
丙烷	5.39
乙烯	0.09
氮气	61.83

表2-2 聚乙烯排放气

组分	体积组成 /%
乙烯	1.58
丁烯 -1	9.03
异戊烷	5.07
氮气	84.32

表2-3　环氧乙烷排放气

组分	体积组成 /%
乙烯	33.56
氩气	6.18
甲烷	47.62
氮气	0.16
氧气	9.00
二氧化碳	3.48

表2-4　油气

组分	体积组成 /%
乙烷	0.12
丙烷	0.83
异丁烷	3.24
丁烷	6.03
异戊烷	4.56
戊烷	3.03
芳烃	0.23
氮气	64.75
氧气	17.21

表2-5　芳烃排放气

组分	体积组成 /%
苯	3.39
甲苯	2.09
二甲苯	0.72
氮气	93.80

二、挥发性有机物回收减排技术

石油炼制和化工过程排放的 VOCs 尾气，含有大量可资源化组分。常用的回收减排技术有冷凝、吸收、吸附、精馏和有机蒸气膜分离。由于分离原理不同，它们的过程特点和适用范围也不一样，使用过程中存在一定的局限性，因此在单一技术的基础上，近年来提出了多技术有机组合的集成技术，通过技术优势互补来提高效率和增强减排效果。下面对这些回收减排技术进行简单介绍和对比。

（1）冷凝分离　VOCs 可通过升压、降温等方式改变相平衡，由气态转变为液态。根据操作条件，尤其是操作温度，冷凝分离可以分为浅冷和深冷分离（区分温度一般为 –30 ~ –35 ℃）。冷凝过程以热量转移为分离手段，过程相对简单，不引入新物质，不会造成二次污染。然而，受相平衡限制，冷凝分离对乙烯、乙烷、三氟氯甲烷和丙烯等低沸点 VOCs 的收率不高。即使采用高压低温的深冷过程，也因液雾夹带等原因，难以满足回收减排需求。此外，冷凝分离过程还受尾气中含水量的影响，容易出现冻堵（结冰和水合物）现象，需设置复杂的脱水预处理单元。

（2）吸收分离　VOCs 是可凝性组分，与 O_2、N_2 等永久性气体相比，在汽油和柴油等液态有机物中有更高的溶解度，因此可以利用吸收方法实现回收减排。与冷凝不同，吸收方法引入了新物质，因此需要对饱和的吸收剂采用减压、升温等解吸方式将回收的 VOCs 分离出来。对于低沸点 VOCs，吸收分离的效果要好于冷凝分离方法，但存在吸收剂循环量大、再生蒸汽消耗高等问题。

（3）吸附分离　固体表面对不同气体组分的亲和性存在差异，可以在相对高压、低温的条件下吸附，然后在相对低压、高温的条件下解吸，实现 VOCs 的回收减排。活性炭和碳分子筛对 VOCs 具有较高的吸附选择性，可以实现 VOCs 的深度回收减排。由于吸附剂吸附 VOCs 容量有限，需进行高频率的切换再生，其控制系统比较复杂。重组分与吸附剂的结合程度非常强，可导致吸附剂在较短时间内失效，影响装置的稳定运行时间。另外，吸附过程有较高的吸附热，对于 VOCs 含量较高的尾气，尤其要监控吸附塔操作温度的变化，避免碳基吸附剂的自燃。

（4）精馏分离　混合物中各组分存在挥发度差异，精馏过程利用这一特点通过热驱动的多级相平衡实现各组分的高精度分离。与冷凝、吸收不同，精馏过程往往不直接用于 VOCs 的回收减排，而是将其他方法获得的 VOCs 液态混合物进一步分离，从而获得满足下游需求的产品。由于精馏塔顶需要低温冷凝，对于含水的 VOCs 液态混合物，也需要考虑冻堵的问题。

（5）有机蒸气膜分离　气体分子在橡胶态聚合物膜材料中的渗透系数主要受气体分子的临界温度控制，VOCs 具有较高的溶解性和渗透系数，有机蒸气膜利用这一特性，优先渗透沸点较高的可凝性组分，如乙烯、丙烯、丁烯、氯甲烷、乙酸乙酯、油气和苯等。工业化的有机蒸气分离膜，通常以二甲基硅烷（PDMS）和聚甲基甲氧基硅烷（POMS）作为分离功能层的材料，在孔径大于 100 nm 的非对称多孔支撑结构的表面涂覆形成厚度约为 1 μm 的致密皮层。有机蒸气膜分离单元操作最大的特点是不需要分离对象发生相变过程，因此避免了制冷设备、换热设备以及相关复杂的流程。然而，有机蒸气分离膜的选择性不高，不能直接获得纯度较高的产品，只有将膜分离单元与冷凝、吸收等其他气体分离技术有效结合，才能更有效地达到分离目的。另外，橡胶态聚合物膜材料容易被溶胀，要求进气的温度与露点温度存在较大的差值，受此限制，工业上往往将有机蒸气膜分离装置安装在冷凝分离之后。

在表 2-6 中对上述回收减排技术进行了综合对比。主要考虑了设备投资、目标物质回收率、产品纯度、分离能耗、操作难度和耦合能力等 6 项指标。有机蒸气膜分离技术，凭借分离效率高、运行能耗低、流程简单、操作方便、可模块化、可在线维护、连续运行周期长等优点，以及与传统回收减排技术的互补性，已经成为工业化 VOCs 回收减排体系中不可或缺的重要一员。

表2-6　不同气体分离技术在实际应用中的表现对比[5-10]

项目	膜分离	浅冷	吸收	深冷	吸附	精馏
投　资	较低	较低	低	高	高	高
回收率	高	较低	较低	高	较低	高
产品纯度	较高	较高①	较高	较高②	高	高
能　耗	低	低	较高	高	较高	高
操作难度	易	易	较易	难	难	较难
耦合能力	高	较高	较低	较低	较低	低

① 回收轻烃等液化产品时纯度较高。
② 回收氢气等不凝产品时产品纯度较高。

对石化过程排放的含 VOCs 尾气进行综合治理和控制，既要尽可能提高可资源化组分的回收利用程度，又要保证大气污染物的排放达到国家以及各地方的环境保护标准。上述列举的回收减排技术，都有各自的适用范围和优缺点，很难在只采用一种技术的情况下完全满足要求。在这种情况下，开发多技术有机组合的集成回收减排技术是一种必然趋势。气体膜分离技术经过近 30 年的发展，已经成为与冷凝、吸收、精馏、吸附等传统技术并重的 VOCs 回收减排技术。不仅如此，膜分离技术与这些传统回收减排技术具有很好的互补性，能够成为多技术有机组合的纽带。基于气体膜分离技术的这些特点，大连理工大学膜科学与技术研究开发中心开发出以膜为核心和纽带，结合冷凝、吸收、精馏和吸附等分离单元优势的循环级联工艺，通过多种分离技术的协同增效，使 VOCs 回收减排过程具有更高的效率、更好的效果，以及更宽的回收减排覆盖面。

气体膜分离作为 VOCs 回收减排多技术有机组合的核心和纽带，其开发和设计优化至关重要。一个成功的气体膜分离工程，既需要性能优异、价格低廉的膜分离器，也需要合适的膜分离工艺和相应的配套工程。随着 VOCs 回收减排对象的多样化、分离体系的多目标化、分离要求的梯级化，气体膜分离工艺的设计开发面临许多新挑战，比如膜的优选及膜对新体系分离性能的准确预测；多组分非理想膜分离过程的快捷准确模拟；多技术整体协同设计；特殊体系预处理过程开发。以下章节将着重围绕气体膜分离工艺设计开发的这些关键问题和挑战来介绍。

一、气体分离膜材料的筛选

目前，用于生产气体分离膜的商业化高分子聚合物多达数十种，而且高分子领域的研究成果为气体分离膜的研发不断提供新型材料[11]。从众多备选组件中筛选出对目标物质具有高选择性的气体分离膜，是建立高效膜分离过程的先决条件。在过去的几十年中，气体分离膜的筛选工作都是通过实验测试气体分子在膜中的渗透速率来完成的。无论是判断一种新材料的气体分离性能，还是为一个新的分离体系从数十种气体分离膜中挑选出最合适的一种，都需要进行一个高消耗、长周期的气体渗透测试过程。

对于氢气提纯、有机蒸气回收、空气分离等已经普遍研究的分离对象，过程设计工作者可以参考众多公开的研究成果进行气体分离膜的选择。然而，气体膜分离技术在不同工业领域的尝试应用，使各种新分离体系层出不穷，比如，回收氟化工尾气中的四氟乙烯（TFE）、分离二氟一氯甲烷/六氟丙烯（$CHClF_2/C_3F_6$）的共沸体系等。对于这些新分离体系，由于缺少基础研究数据，难以快捷地进行气体分离膜的筛选工作。

从聚合物材料中气体的传递机理出发，预测膜的选择性，是缩短膜组件筛选实验周期、减少实验费用的重要途径。普遍用于解释非促进传递型聚合物中气体渗透现象的"溶解-扩散"机理模型[12]，虽然阐明了气体渗透系数与溶解度、扩散系数之间的关系，但并不能预测膜的选择性。近年来，Wijmans[12]、Freeman[13]、Lin[14]等认为气体的溶解度系数与气体分子凝结性、聚合物亲和性有关，而扩散系数则与气体分子尺寸和聚合物尺寸筛分能力有关，气体渗透系数的变化是气体分子性质差异和聚合物性质差异共同影响的结果。根据这一理论，聚合物膜的气体渗透选择性可以根据气体分子和聚合物的性质进行预测。膜材料的优选以"溶解-扩散"机理模型为基础，结合文献报道的常见气体的渗透实验数据，建立气体临界性质与溶解选择性、扩散选择性的关联，为非促进传递型聚合物中气体渗透选择性的预测提供理论指导工具。

二、非理想因素下膜分离过程的准确模拟

高性能的膜组件是建立高效膜分离过程的先决条件。基于"溶解-扩散"机理的聚合物膜渗透选择性预测方法，能够为工业生产中的气体分离体系找出适用的膜组件。然而，膜组件的筛选工作只是整个膜过程开发的第一个关键环节。为了充分

发挥膜分离过程的优势，还必须针对所选的膜组件进行工艺流程的开发，确定膜组件的用量、组合方式，并对进料压力、渗透气压力等操作条件进行优化。

气体膜分离的模型化和模拟计算是过程开发的必要工具，可以基于少量可靠的实验数据对不同组合方式和操作条件下的流程进行全面对比，得到在设备投资、操作费用及运行稳定性和操作弹性等方面综合平衡的工艺流程及配套操作参数，确保在较低能耗和较高效率下完成分离任务。

更高的模拟精度和更快的求解速度是单元操作模拟模块开发者一直追求的目标，然而这两方面往往不可兼得。目前，大多数工业膜分离过程的开发都采用平均推动力模型进行计算，其主要优点是快速求解，但也存在两方面的不足：①适应范围窄，难以准确求解高渗透切割比的膜分离过程；②操作条件和膜组件的参数往往是定值，难以准确考虑浓度极化、气体渗透速率/选择性变化以及流动阻力等非理想因素的影响。理论研究中经常使用微分数学模型，虽然解决了模型适应范围和计算精度的问题，但基本上没有考虑非理想因素的影响。

针对越来越复杂的气体膜分离体系（溶胀、塑化体系等）和极端的操作条件（高切割比、关键物质的深度脱除等），以及越来越苛刻的设计要求（节约设备投资、耦合系统的操作弹性），大连理工大学膜科学与技术研究开发中心结合平均推动力模型求解快和微分数学模型准确度高的特点，基于过程模拟软件 UniSim Design 平台开发能够快速、准确求解多组分非理想气体膜分离过程的有限元数值计算模型。

伴随着分离材料和分离过程的高效化，分离过程中非理想因素（边界层、浓度极化现象）对质量、能量传递过程的影响进一步凸显，传统过程模型中的理想化假设已经不再适用。例如，随着膜材料渗透性能的大幅提升，气体膜分离过程中的浓度极化现象已经不能忽略，采用经典无渗透 Navier-Stocks 方程进行过程阻力损失的模拟将产生较大偏差，已经不能满足过程设计的精度要求；对于高切割比的气体膜分离操作，组件内不同位置存在着明显的气体浓度梯度，相应的分离效果也随之发生变化，理想化地假设膜组件各个位置性能稳定不变将造成很大的设计误差，因此，针对不同分离过程中质量、能量传递的非理想偏差，建立相应的过程模型，是实现高效分离过程准确设计、模拟的基础。

三、多级膜流程结构设计

高选择性膜是保证目标物质回收率和富集程度双高的关键。然而，由于材料本征性能和制膜工艺的限制，商业化气体分离膜的选择性往往不能满足工业需求，短时间内也难以开发选择性更高的气体分离膜。如何合理利用中/低选择性（选择性 $\alpha < 40$）的膜组件，同时满足实际生产需求的高回收率和高富集程度，是过程开发人员一直面临的问题 [15]。

多级膜分离过程是解决回收率/富集程度"Trade-off"问题的有效途径，例如，连续膜分离塔（示意流程见图2-1）和逆流循环膜分离级联过程（示意结构见图2-2）。前者的优点在于结构精简，但能效比较低；后者则相反，能效较高，但结构复杂。在精简程度和能效之间找到平衡点，是多级膜分离过程结构优化设计的关键。

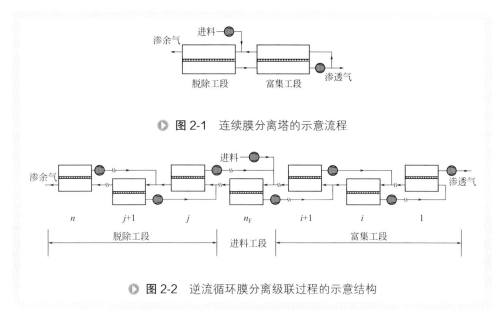

> **图 2-1** 连续膜分离塔的示意流程

> **图 2-2** 逆流循环膜分离级联过程的示意结构

多级膜分离过程的结构差异导致分离效率显著变化，背后的规律是指导过程结构设计与优化的重要依据。模拟气体渗透过程的有限元模型并不能直观反映并衡量"浓差"混合对分离效果的影响，也无法指导膜分离过程的流程结构优化设计。从本质上看，膜分离是能量形式转化的热力学过程，因此，有必要在有限元模型的基础上，针对膜分离过程的渗透传质特征建立能够分析"浓差"混合对分离效果影响程度的热力学模型。

目前，膜分离过程的热力学研究主要集中在分析渗透传质过程，比如通过Arrhenius方程建立溶解度系数与膜操作温度的关联、计算气体扩散活化能大小等[16,17]，很少从过程热力学效率这个层面来考虑，难以对多级膜分离过程优化设计提供直接指导。大连理工大学膜科学与技术研究开发中心提出非平衡热力学分析法，具体是将以化学势损失分析作为基本手段来研究气体膜分离过程的热力学效率，包括描述热力学系统由开始状态到完结状态涉及的能量转变，衡量过程用能的合理程度，鉴别影响分离效率的关键因素，明确过程中可以避免的能量损失。

总的来看，基于热力学模型深入分析膜分离过程结构对分离效率的影响，建立指导多级膜分离过程结构优化设计的理论工具，通过指导流程结构的调整和操作参数的优化来寻求接近最小分离能耗的分离过程，是实现快速过程设计的关键。

第三节	**强化原理**

一、基于气体临界性质预测膜的渗透选择性

1. 聚合物中气体传质参数与临界性质的关联

膜对气体的分离作用主要是通过控制不同气体分子的渗透速率来实现的。对于大多数聚合物制备的气体分离膜，尽管其主体是多孔支撑结构，但气体的渗透选择性取决于聚合物致密皮层（相转化过程中制备的致密结构，或者多孔支撑层上溶液涂覆制备的致密结构）的性质，服从非多孔膜的渗透传质机理。也就是说，致密皮层的聚合物本征分离性能决定了气体分离膜的渗透选择性。对于气体分子在非促进传递型高分子聚合物膜材料中的渗透传质行为，目前普遍采用"溶解-扩散"机理模型进行解释和分析。

根据"溶解-扩散"渗透模型，气体的渗透传质可以理解成如下步骤：首先，在膜的高压侧，气体分子溶解在高分子聚合物材料中，这一过程符合吸收/吸附气体分子的相平衡原理；然后，进入膜的气体分子在化学势的推动下从膜的高压侧扩散到低压侧，这一过程符合Fick扩散定律；接下来，在膜的低压侧，气体分子从聚合物材料中解吸出来，同样遵循相平衡原理[12]。于是，气体在非促进传递型聚合物气体分离膜中的渗透系数（P）可以表达成溶解度系数（S）和扩散系数（D）的乘积，见式（2-1）。

$$P = S \times D \tag{2-1}$$

根据Baker和Freeman等[12-14]的研究，气体在聚合物中的传质参数由气体分子性质与高分子聚合物性质共同决定。溶解度系数（S）主要受气体分子凝结性（condensability）和聚合物对气体分子的亲和性（affinity）控制。气体的凝结性取决于临界温度（T_c，气体处于汽化 ↔ 液化过程的临界状态，即等焓气液相转变状态对应的温度），聚合物材料的亲和性主要与其官能团有关。扩散系数（D）主要受气体分子的尺寸（molecular size）和聚合物的尺寸筛分能力（size-sieving capacity）的影响。气体分子的尺寸可以用临界体积（V_c）来表示，聚合物的尺寸筛分能力则与聚合物的堆积密度、自由体积、主链扭曲程度、支链基团尺寸等参数都有关（表2-7）。

表2-7 影响气体在聚合物中渗透传质的关键物理性质

气体分子	摩尔质量 /（g/mol）	T_c/℃	V_c/(cm³/mol)	ρ_c/(g/cm³)
H_2	2.02	–239.71	51.5	0.039

气体分子	摩尔质量 /(g/mol)	T_c /°C	V_c /(cm³/mol)	ρ_c /(g/cm³)
He	4.00	−267.96	57.3	0.070
CH₄	16.04	−82.45	99.0	0.162
CO	28.01	−140.20	89.3	0.314
N₂	28.01	−146.96	90.0	0.311
C₂H₄	28.05	9.21	128.9	0.218
C₂H₆	30.07	32.28	148.0	0.203
O₂	32.00	−118.38	73.2	0.437
Ar	39.95	−122.44	74.9	0.533
C₃H₆	42.08	91.85	181.0	0.233
CO₂	44.01	30.95	93.9	0.469
C₃H₈	44.10	96.75	200.0	0.220
CHClF₂	86.47	96.05	165.0	0.524
CF₄	88.00	−45.55	139.6	0.631
C₂F₄	100.01	33.35	172.0	0.581
C₃F₆	150.02	94.85	268.0	0.560

据此，气体分子在聚合物中的溶解度系数（S）可以用函数近似描述为

$$S \cong f_S\left(T_c, \ k_{Aff}\right) \tag{2-2}$$

同样，气体分子在聚合物中的扩散系数（D）可以用函数近似表达为

$$D \cong f_D\left(V_c, \ k_{SS}\right) \tag{2-3}$$

式中　k_{Aff}——聚合物对气体分子亲和性的参数；

　　　k_{SS}——聚合物尺寸筛分能力的参数。

对不同的聚合物材料来说，k_{Aff} 和 k_{SS} 可能不同。

（1）气体分子的临界性质参数

气体分子的临界性质参数可以通过基团贡献法进行计算，也可以从相关数据库中获得。大多数气体的关键参数可以从化工过程模拟软件 UniSim Design 使用的 API 数据库调用。在描述气态混合物中分子扩散系数的 Chapman-Enskog 方程中，气体的分子量（molecular weight）和刚性体积（hard-sphere molecular volume）都影响扩散系数[18]。基于这一理论，综合衡量气体分子刚性体积和分子量的临界密度（ρ_c）也纳入分析之中，作为潜在的影响气体在聚合物膜材料中渗透传质的分子性质。

表2-8　用于分析气体在膜中渗透传质参数的聚合物材料

名称及缩写	聚合物化学结构	聚合物形态
聚二甲基硅氧烷（PDMS）	$\left[\begin{array}{c} CH_3 \\ -Si-O- \\ CH_3 \end{array}\right]_n$	橡胶态 (rubbery)
聚醚嵌段酰胺（PEBA）	$\left[\left[O-CH_2-CH_2\right]_x \left[NH-C(=O)-(CH_2)_{11}\right]_{1-x}\right]_n$	
四氟乙烯与全氟二氧杂环戊烯的嵌段共聚物（TFE/BDD87）	$\left[\left[CF_2-CF_2\right]_{0.13}\left[CF-CF\right]_{0.87}\right]_n$（全氟二氧杂环戊烯结构，含 F_3C、CF_3）	
聚酰亚胺（PI）	（聚酰亚胺结构，含 H_3C、CH_3 异丙基及二苯醚结构）	玻璃态 (glassy)
聚醚酰亚胺（PEI）	（聚醚酰亚胺结构，含 CH_3、CH_3 异丙基及醚键结构）	
六氟二酐基聚酰亚胺（6FDA-based PI）	（聚酰亚胺结构，含 F_3C、CF_3 及二苯醚结构）	
全氟磺酸（Nafion）	$\left[\left[CF_2-CF_2\right]_x\left[CF_2-CF\right]_{1-x}\right]_n$，支链 $\left[O-CF_2-CF\right]_a O-\left[CF_2\right]_b SO_3H$，含 CF_3	

（2）气体分子在聚合物中的渗透速率

研究气体分子的性质与高分子聚合物的性质对膜材料中气体渗透传质的影响，需要大量系统性的渗透实验数据为基础。因此，选取制备气体分离膜常用的代表性聚合物材料为对象，根据文献中报道的渗透传质数据进行深入分析，从而发掘气体在聚合物内的传质规律。这些代表性聚合物的具体名称和缩写代号见表2-8。

根据目前的研究，高分子聚合物的形态对气体的渗透行为有显著的影响。在橡胶态聚合物中，可凝缩的大分子优先透过；在玻璃态聚合物中，尺寸较小的气体分子优先透过。基于这一现象，选取的材料涵盖这两类高分子聚合物，在后文中也将按照聚合物材料的这两种形态分开进行介绍。

橡胶态聚合物材料 PDMS[19]、PEBA[20] 和 TFE/BDD87[21] 中气体的渗透系数见表2-9。通过比较可知，PDMS 和 TFE/BDD87 的气体渗透性非常好，远高于 PEBA。根据文献报道，导致这些聚合物具有不同气体渗透性的原因如下：PDMS 的主链非常柔顺，可形成气体扩散的良好通道，而且侧链的甲基也为烃类分子的溶解/吸附提供了良好的亲和作用，因此其气体渗透性非常好；TFE/BDD87 中的 BDD 嵌段 [2,2-bis(trifluoromethyl)-4,5-difluoro-1,3-dioxole] 的空间位阻大，这使得聚合物链之间的自由体积非常大，有利于气体分子的扩散，然而，这种材料的主链和支链都含有大量氟原子，烃类分子在这种聚合物中的溶解/吸附性能比较差，因而烃类气体分子在 TFE/BDD87 的渗透速率明显低于 PDMS；PEBA 是一种由柔性的聚醚和刚性的聚酰胺形成的嵌段共聚物，大多数气体在这种聚合物中的溶解性和扩散性都比较差，因而渗透速率较低，但是聚醚中的醚氧键链段为二氧化碳提供了较多的亲和位，具有较高的二氧化碳渗透速率。

表2-9　三种代表性橡胶态聚合物中气体的渗透系数　　单位：Barrer

聚合物	H_2	He	CH_4	N_2	C_2H_6	O_2	CO_2	C_3H_8	CF_4
PDMS	890	—	1240	400	3300	800	3800	4100	200
PEBA	—	18.6	—	1.71	—	5.84	122	—	—
TFE/BDD87	1210	—	680	390	1230	1020	—	1790	—

注：1Barrer= 10^{-10}cm^3(STP)·cm/(cm^2·s·cmHg)。

四种玻璃态聚合物 PI[22]、PEI[23]、6FDA-based PI（6FDA-PI）[24] 和 Nafion[25] 的气体渗透系数见表2-10。与橡胶态聚合物相比，玻璃态材料的气体渗透性能要低约3个数量级。目前的研究普遍认为，玻璃态聚合物的刚性主链容易形成有序紧密堆积的结构，气体的扩散速率较小。对比这四种玻璃态材料，发现 6FDA-based PI 气体渗透性较好，这主要是因为 6FDA（hexafluoropropane dianhydride）中的六氟异亚丙基。这种特殊结构增加了主链的扭曲程度，打乱了刚性链段的有序紧密堆积结构，提高了气体扩散速率。另外，Nafion 的气体渗透情况与其他三种玻璃态聚合物也不尽相同：氮气和氧气在 Nafion 和 PI 中的渗透速率比较接近，但 H_2、He 和 CO_2 在 Nafion 中的渗透速率明显偏低，即气体渗透选择性偏低。这主要是因为 Nafion 中的聚四氟乙烯主链和磺酸支链发生分相：聚四氟乙烯形成结晶/半结晶的致密区，气体渗透性非常差，磺酸支链形成的离子簇是气体渗透的主要通道；离子簇结构比较疏松，形成较大的扩散通道，气体渗透选择性较低。

表2-10　四种代表性玻璃态聚合物中气体的渗透系数[22-25]　　单位：Barrer

聚合物	H_2	He	CH_4	CO	N_2	C_2H_4	C_2H_6	O_2	C_3H_6	CO_2	C_3H_8
PI	23.1	36.96	0.22	—	0.26	0.23	0.08	1.69	—	8.41	—
PEI	—	—	0.10	0.24	0.14	0.09	—	0.99	0.04	6.86	0.02
6FDA-PI			0.97	—	1.44	—	—	8.32	—	54.76	—
Nafion	6.86	5.53	0.10	—	0.27	—	—	1.18	—	2.49	

　　总体来看，根据上述统计的气体渗透情况，只能定性地描述聚合物形态、官能团以及堆积结构等材料性质对渗透传质趋势的影响，难以得出预测选择性的规律。因此，有必要基于气体渗透的"溶解-扩散"机理模型进行深入细致的分析。

　　（3）橡胶态聚合物中气体渗透传质的规律

　　在文献报道的橡胶态聚合物中气体渗透速率的基础上，根据"溶解-扩散"机理模型将渗透传质的溶解度系数和扩散系数分开来研究，进一步分析气体临界温度（凝缩性）对溶解度系数的影响、气体临界体积（分子尺寸）对扩散系数的影响。

　　① 气体临界温度与溶解度系数的关联。根据文献报道的溶解度系数[19-21]，在图 2-3 中绘制出三种橡胶态聚合物 PDMS、PEBA 和 TFE/BDD87 中气体溶解度系数（S）与临界温度（T_c）的关联性。总的来说，研究中的气体分子在这些材料中溶解度系数的大小为：PDMS > TFE/BDD87 > PEBA。这主要是由聚合物材料的亲和性（affinity）决定的。含有大量甲基的 PDMS 对气体分子的亲和性较好；含有大量氟化基团的 TFE/BDD87 次之；另外，在 PEBA 中，聚醚嵌段（类似聚乙烯）为致密的半结晶状态，亲和性较差。

　　对于一种聚合物来说，不同气体分子的溶解度系数的对数值与气体临界温度近似呈现线性关系。从所选的三种橡胶态聚合物的趋势来看，大多数橡胶态的非促进传递型聚合物材料都基本符合这一规律。进一步对比图 2-3 中的三条拟合直线，发现它们几乎是相互平行的。也就是说，气体临界温度、聚合物材料的亲和性这两个因素对气体溶解度系数的影响之间不存在强的相互依赖关系。根据这一规律，可以将描述气体溶解度系数与气体临界温度、聚合物亲和性（k_{Aff}）关系的式（2-2）进行变形

$$\lg(S) \cong f_{S-1}(T_c) + f_{S-2}(k_{Aff}) \tag{2-4}$$

　　结合图 2-3 中的三条平行直线，气体临界温度的函数 $f_{S-1}(T_c)$ 可以用线性公式，则式（2-4）可以表达为

$$\lg(S) \cong 1.879 \frac{T_c + 273.15}{273.15} + f_{S-2}(k_{Aff}) \tag{2-5}$$

　　对于一种已知的非促进传递型聚合物膜材料来说，聚合物亲和性的函数

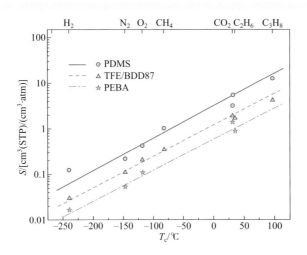

图 2-3   气体临界温度与橡胶态聚合物中溶解度系数的关联性

$f_{S-2}(k_{Aff})$ 可以视为一常数。在评价聚合物对气体分子的亲和能力时，可以直接用 $f_{S-2}(k_{Aff})$ 的值作为衡量指标：数值越大，表示聚合物对气体分子的亲和能力越强。根据图 2-3 中直线的截距，可以计算出 PDMS、TFE/BDD87 和 PEBA 的气体亲和能力指标：

     i 对于 PDMS 材料，$f_{S-2}(k_{Aff}) = -1.37$；

     ii 对于 TFE/BDD87 材料，$f_{S-2}(k_{Aff}) = -1.79$；

     iii 对于 PEBA 材料，$f_{S-2}(k_{Aff}) = -2.10$。

② 气体临界体积与扩散系数的关联。根据文献报道的扩散系数[19-21]，在图 2-4 中绘制出了三种橡胶态聚合物 PDMS、PEBA 和 TFE/BDD87 中气体扩散系数（D）与临界体积（V_c）的关联曲线。

总体上，气体在这些材料中的扩散系数的大小顺序为：TFE/BDD87 > PDMS > PEBA。这与文献中描述的三种橡胶态聚合物的结构特征一致，即 TFE/BDD87 中含有大量三维立体的 BDD 链段（摩尔分数 87%），空间位阻很大，因此这种材料分子链之间的孔隙非常大，为气体扩散提供了良好的通道；PDMS 的主链柔顺性好，大量甲基侧链则抑制了分子链的紧密堆积和结晶，有利于形成气体扩散通道；PEBA 中的半结晶/结晶区域严重地抑制了气体扩散，因而其气体渗透性较差。

从图 2-4 中可以明显地发现，在橡胶态聚合物中气体的扩散系数随着临界体积的增加而减小。然而，气体分子临界体积对扩散系数的影响并不能被简单地描述。导致这种复杂的趋势主要有两方面的原因：气体分子的临界体积和聚合物扩散通道的大小对扩散速率的影响存在明显的相互依赖关系；聚合物中的扩散通道的尺寸是不均匀的，不同尺寸的扩散通道按照一定的概率分布。

根据曲线趋势可知，图 2-4 中的曲线不属于常见函数的范畴，是多重函数的复合。因此，在曲线关联之前必须进行数据处理。首先，考虑到临界体积（V_c 为 L^3）和扩散通道直径（L^1）这两个存在依赖关系的尺度参数之间存在量纲的差异，可以将临界体积转变为一维量纲（L^1）的分子直径。其次，根据聚合物中扩散通道允许气体进入的规律（分子越大，越难进入小通道中，允许其通过的通道数量就越少），可以假设气体分子的大小与扩散系数之间呈倒数关系。于是，式（2-3）可以转变为

$$D \cong f'_D \left(V_c^{-\frac{1}{3}}, \ k_{SS} \right) \tag{2-6}$$

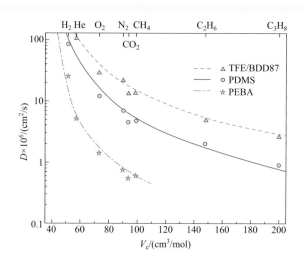

图 2-4　气体临界体积与橡胶态聚合物中扩散系数的关联性

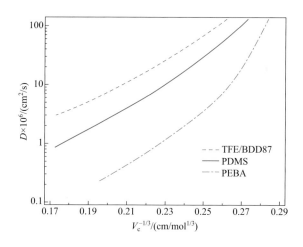

图 2-5　气体分子尺寸的倒数与橡胶态聚合物中扩散系数的关联性

其中，k_{ss} 表示聚合物尺寸筛分能力的参数。在此基础上，将图 2-4 中的关联曲线转变为气体分子尺寸与其在橡胶态聚合物中扩散系数之间的关联曲线，见图 2-5。根据曲线趋势可知，此图中的三条曲线均属于多项式函数类型，可以方便地得出关联公式。

通过上述数学变换和分析，最终得出 PDMS、TFE/BDD87 和 PEBA 这三种橡胶态聚合物中气体扩散系数与气体临界体积的关联公式。

PDMS：

$$\lg(D) \cong 58.5 V_c^{-\frac{2}{3}} - 4.5 V_c^{-\frac{1}{3}} - 1.05 \qquad (2\text{-}7)$$

TFE/BDD87：

$$\lg(D) \cong 58.5 V_c^{-\frac{2}{3}} - 7.5 V_c^{-\frac{1}{3}} + 0.05 \qquad (2\text{-}8)$$

PEBA：

$$\lg(D) \cong 58.5 V_c^{-\frac{2}{3}} - 2.5 V_c^{-\frac{1}{3}} - 2.50 \qquad (2\text{-}9)$$

在式（2-7）~式（2-9）中，等号右侧第一项代表气体分子临界体积（V_c）对其在聚合物中扩散系数的影响；第二项不仅包含气体分子临界体积，而且不同聚合物中这一项的系数不同，因此视作临界体积和聚合物尺寸筛分能力共同影响扩散系数的体现；第三项与气体分子临界体积无关，只随聚合物种类改变而改变，因此这一项反映的是聚合物尺寸筛分能力对气体扩散系数的影响。

（4）玻璃态聚合物中气体渗透传质的规律

在文献报道的玻璃态聚合物中气体渗透速率的基础上，根据"溶解-扩散"机理模型进一步分析玻璃态聚合物中气体临界温度（凝缩性）对溶解度系数的影响、气体临界体积（分子尺寸）对扩散系数的影响。

① 气体临界温度与溶解度系数的关联。根据文献中的溶解度系数[22-25]，在图 2-6 中绘制出 PI、6FDA-based PI、PEI 和 Nafion 等四种玻璃态聚合物膜材料中气体溶解度系数（S）与临界温度（T_c）的关联。总的来说，由于聚合物材料亲和性的差异，因此气体在这些材料中的溶解度系数发生变化。气体在这些材料中的溶解度系数的大小顺序为：PI > 6FDA-based PI > PEI > Nafion。对于三种酰胺类聚合物来说：6FDA-based PI 中的六氟异丙烷（hexafluoropropane）不利于气体分子的溶解/吸附，气体在这种材料中的溶解度系数稍低于 PI；PEI 中的醚氧键减弱了聚合物主链内的电荷迁移，也降低了这种材料对气体的溶解/吸附能力。与三种酰胺类聚合物相比，Nafion 的主链是四氟乙烯聚合形成的，含有大量氟元素，极大地阻碍了气体分子的溶解/吸附，因而其气体溶解度系数很低。

图 2-6 中关于玻璃态聚合物的拟合直线也是基本平行的，这一趋势与图 2-3 中橡胶态聚合物的规律基本一致。这表明在玻璃态聚合物膜材料中气体临界温度、聚合物亲和性这两个因素对气体溶解度系数的影响之间也不存在强的相互依赖关系。

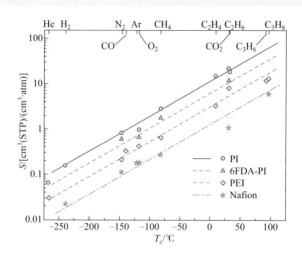

图2-6　气体临界温度与玻璃态聚合物中溶解度系数的关联性

对这些拟合直线也采用前面的方法进行处理，得到描述玻璃态聚合物中气体溶解度系数与气体临界温度、聚合物亲和性关系的公式

$$\lg(S) \cong 2.112 \frac{T_c + 273.15}{273.15} + f_{S\text{-}2}(k_{Aff}) \qquad (2\text{-}10)$$

根据图2-6中直线的截距，可以计算出PI、6FDA-based PI、PEI和Nafion的气体亲和能力指标 $[f_{S\text{-}2}(k_{Aff})]$：

ⅰ 对于PI材料，$f_{S\text{-}2}(k_{Aff}) = -1.06$；

ⅱ 对于6FDA-based PI材料，$f_{S\text{-}2}(k_{Aff}) = -1.31$；

ⅲ 对于PEI材料，$f_{S\text{-}2}(k_{Aff}) = -1.61$；

ⅳ 对于Nafion材料，$f_{S\text{-}2}(k_{Aff}) = -2.00$。

② 气体临界体积与扩散系数的关联。根据文献报道的PI、6FDA-based PI、PEI和Nafion等四种膜材料中气体的扩散系数[22-25]，在图2-7中绘制出玻璃态聚合物中气体扩散系数（S）与临界体积（V_c）的关联曲线簇。总体上，气体在这些材料中扩散系数的大小顺序为：6FDA-based PI > Nafion > PEI > PI。由文献报道的这些玻璃态聚合物的结构特征，可知6FDA-based PI中的六氟异丙烷基团使聚合物主链扭曲程度高，难以形成有序紧密堆积结构，气体扩散性好；Nafion中的磺酸基团形成的离子簇，尺度大而结构较疏松，也有利于气体扩散；PI和PEI主链中的刚性部分可以形成紧密堆积结构，气体扩散性较差。

图2-7中玻璃态聚合物的拟合曲线和图2-4中橡胶态聚合物的拟合曲线在线形方面非常相似：气体的扩散系数随着临界体积的增加而减小；这种趋势难以用简单

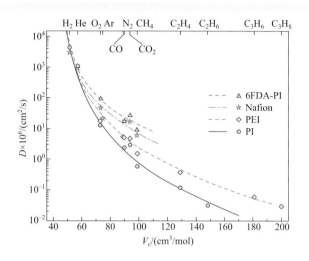

● **图 2-7**   气体临界体积与玻璃态聚合物中扩散系数的关联性

的函数来表述。显然，在玻璃态聚合物中，气体分子的临界体积和聚合物扩散通道的大小对扩散速率的影响也存在明显的相互依赖关系。

除此之外，图 2-7 和图 2-4 之间显著的纵坐标跨度差异也值得关注：图 2-4 中纵坐标跨度为 $10^2 \sim 10^{-1}$，图 2-7 中纵坐标跨度为 $10^4 \sim 10^{-2}$。显然，不同气体分子在玻璃态聚合物中如此显著的扩散系数差异，使玻璃态聚合物膜的气体渗透选择性完全被扩散过程主导，因此这类组件经常被称为"扩散选择型"气体分离膜。

对图 2-7 中的曲线采用前面的数据处理方法（由图 2-4 →图 2-5）进行变换处理，

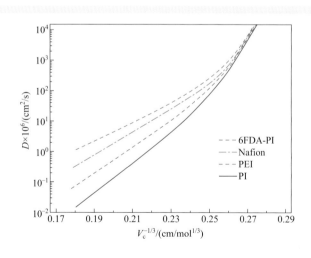

● **图 2-8**   气体分子尺寸的倒数（$V_c^{-1/3}$）与玻璃态聚合物中扩散系数（D）的关联性

得到了玻璃态聚合物中气体分子尺寸与其扩散系数之间的关联曲线，见图 2-8。通过上述数学变换和分析，最终得出 PI、6FDA-based PI、PEI 和 Nafion 等四种玻璃态聚合物中气体扩散系数与气体临界体积的关联公式

PI：

$$\lg(D) \cong 155.4 V_c^{-\frac{2}{3}} - 14.0 V_c^{-\frac{1}{3}} - 4.30 \tag{2-11}$$

6FDA-based PI：

$$\lg(D) \cong 155.4 V_c^{-\frac{2}{3}} - 32.6 V_c^{-\frac{1}{3}} + 0.90 \tag{2-12}$$

PEI：

$$\lg(D) \cong 155.4 V_c^{-\frac{2}{3}} - 19.9 V_c^{-\frac{1}{3}} - 2.61 \tag{2-13}$$

Nafion

$$\lg(D) \cong 155.4 V_c^{-\frac{2}{3}} - 27.1 V_c^{-\frac{1}{3}} - 0.62 \tag{2-14}$$

在式（2-11）～式（2-14）中，等号右侧第一项代表分子临界体积（V_c）对气体在玻璃态聚合物中扩散系数的影响；第二项既包括分子临界体积（V_c），其系数也因聚合物变化而不同，可以视作临界体积和玻璃态聚合物尺寸筛分能力共同影响的体现；第三项则反映玻璃态聚合物的尺寸筛分能力的影响。

2. 聚合物膜选择性与气体临界性质的关联

一种聚合物膜组件能否分离指定的气体混合物，首先要看气体混合物中各组分在这种膜材料中的渗透选择性。在前文数据关联的基础上，建立聚合物对气体的渗透选择性与临界性质之间的关联，是利用"溶解 - 扩散"机理模型指导气体分离膜选型的关键。

根据前文的数据关联分析可知，气体在相同形态（橡胶 / 玻璃态）的聚合物膜材料中渗透时，临界温度（T_c）- 溶解度系数（S）的变化趋势非常相似，而临界体积（V_c）- 扩散系数（D）的变化趋势则因聚合物结构特征改变而稍微发生变化。总体上来看，对研究的 PDMS、TFE/BDD87 和 PEBA 三种膜材料的（$T_c \sim S$）和（$V_c \sim D$）规律进行归一化处理，可以归纳出近似预测橡胶态聚合物膜中气体渗透选择性的关联曲线；对 PI、6FDA-based PI 以及 PEI、Nafion 四种膜材料的（$T_c \sim S$）和（$V_c \sim D$）规律进行归一化处理，则能够得出近似预测玻璃态聚合物膜中气体渗透选择性的关联曲线。

为了对不同聚合物的关联曲线进行归一化处理，必须选择一个基准物质，鉴于氮气是实验测定聚合物膜材料的渗透传质参数时普遍采用的物质，后续的研究中将引入（目标气体 / 氮气，TG/N_2）溶解选择性和扩散选择性这两个参数。

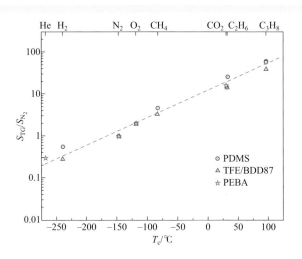

▶ **图 2-9** 橡胶态聚合物中（目标气体／氮气）的溶解选择性（S_{TG}/S_{N_2}）与气体临界温度的关联性

（1）预测橡胶态聚合物气体选择性的关联分析

通过归一化处理溶解度系数的关联（图 2-3），首先绘制了气体在橡胶态聚合物中溶解选择性与气体临界温度的关联曲线，见图 2-9。

根据前文中描述气体临界温度、聚合物亲和性关系影响气体在橡胶态聚合物中溶解度系数的关联式即式（2-5），得出溶解选择性与气体临界温度的关联公式为

$$\lg\left(S_{TG}/S_{N_2}\right) \cong 1.879 \frac{T_{c,TG}-T_{c,N_2}}{273.15} \qquad (2\text{-}15)$$

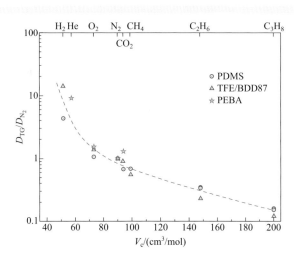

▶ **图 2-10** 橡胶态聚合物中（目标气体／氮气）的扩散选择性与气体临界体积的关联性

式中 T_c——临界温度；

S_{TG}/S_{N_2}——溶解选择性。

接下来，对橡胶态聚合物中气体扩散系数的关联（图 2-4）进行归一化处理，绘制了扩散选择性与气体临界体积的关联曲线，见图 2-10。

根据气体临界体积、膜材料尺寸筛分能力影响气体在橡胶态聚合物中扩散系数的关联式即式（2-7）~式（2-9），得出扩散选择性与气体临界体积的近似关联公式

$$\lg\left(D_{TG}/D_{N_2}\right) \cong 58.5\left(V_{c,TG}^{-\frac{2}{3}} - V_{c,N_2}^{-\frac{2}{3}}\right) - 6.9\left(V_{c,TG}^{-\frac{1}{3}} - V_{c,N_2}^{-\frac{1}{3}}\right) \qquad (2\text{-}16)$$

式中 V_c——临界体积；

D_{TG}/D_{N_2}——扩散选择性。

通过式（2-15）和式（2-16）分别估算气体在橡胶态聚合物中的溶解选择性和扩散选择性，可以近似地预测这类分离膜对新分离体系的气体渗透选择性。在此基础上，再结合气体分离膜组件的渗透速率、价格因素等进行综合评估，并辅以必要的实验评估测试，能够有效地减少膜组件筛选成本，缩短实验评估周期。

（2）预测玻璃态聚合物气体选择性的关联分析

通过归一化处理图 2-6 中气体溶解度系数的关联，首先绘制了气体在玻璃态聚合物中溶解选择性与气体临界温度的关联曲线，见图 2-11。根据前文描述气体临界温度、聚合物亲和性影响气体在玻璃态聚合物中溶解度系数的关联式即式（2-10），得出溶解选择性与气体临界温度的关联公式为

$$\lg\left(S_{TG}/S_{N_2}\right) \cong 2.112 \frac{T_{c,TG} - T_{c,N_2}}{273.15} \qquad (2\text{-}17)$$

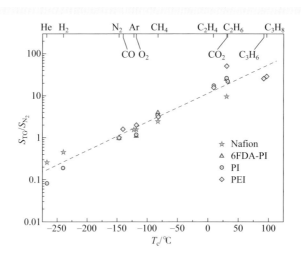

● 图 2-11　玻璃态聚合物中（目标气体/氮气）的溶解选择性与气体临界温度的关联性

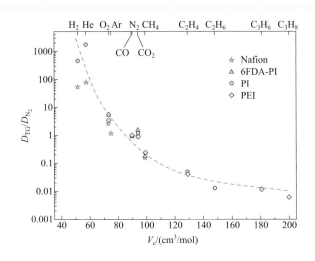

> **图 2-12** 玻璃态聚合物中（目标气体 / 氮气）的扩散选择性与气体临界体积的关联
> 曲线

接下来，对玻璃态聚合物中气体扩散系数的关联性（图 2-7）进行归一化处理，绘制了扩散选择性与气体临界体积的关联曲线，见图 2-12。

根据玻璃态聚合物中气体临界体积、膜材料尺寸筛分能力影响气体扩散系数的关联式即式（2-11）～式（2-14），得出扩散选择性与气体临界体积的近似关联公式

$$\lg\left(D_{TG}/D_{N_2}\right) \cong 155.4\left(V_{c,TG}^{-\frac{2}{3}} - V_{c,N_2}^{-\frac{2}{3}}\right) - 16.5\left(V_{c,TG}^{-\frac{1}{3}} - V_{c,N_2}^{-\frac{1}{3}}\right) \qquad (2\text{-}18)$$

利用式（2-17）和式（2-18）估算气体在玻璃态聚合物中的溶解 / 扩散选择性，近似预测玻璃态膜组件对新体系的分离性能，是改善气体分离膜筛选过程的重要手段。

通过理论筛选排除大部分选择性较低的膜分离器，再结合渗透速率、价格因素等进行综合评估，最后辅以必要的实验评估测试，这种费用低、周期短的气体分离膜优选过程，能有效地促进气体膜分离技术在新体系中的推广应用。

二、多组分非理想单膜分离过程的有限元数学模型

1. 气体膜分离过程模拟的有限元模型

根据气体分离膜的样式和组装结构特征，膜组件可以划分为平板式、螺旋卷式、中空纤维式、管式和毛细管式等五种类型，但工业应用最为广泛的是螺旋卷式和中空纤维式膜组件。螺旋卷式膜组件是平板膜组件的一种衍生结构。相比于平板膜组件，螺旋卷式膜组件使用圆筒型外壳，具有较高的耐压能力（～2MPa），装填

密度也有所提高，可以达到$400m^2/m^3$，主要用于气体渗透较快的体系，如油气回收、氧气富集等。中空纤维膜是一种具有自支撑作用的膜结构，组件装配不需要多孔支撑材料作为间隔层和流道，采用圆筒形外壳，具有装填密度高（$1000\sim3000$ m^2/m^3）和耐压稳定性高（$\sim15MPa$）等特点，适合于规模较大的分离任务，广泛应用于气体渗透较慢的体系，如氢气分离、氮气生产等。因此，本章将以中空纤维膜组件和螺旋卷式膜组件为建模研究的对象。

（1）中空纤维膜分离器的有限元模型

中空纤维膜分离器的典型装配结构见图2-13 (a)。环氧树脂将中空纤维丝束与密封外壳粘接为一个整体，使中空纤维丝的内腔和纤维丝外面的空隙分割成为两个隔离的气体通道，分别作为原料气和渗透气的流道。流动主体（原料、渗余气或渗透气）沿着中空纤维轴向（axial direction）在分离器内流动，可近似看作活塞流，见图2-13 (b)中对逆流操作膜分离器的描述，而气体渗透的方向为中空纤维的径向（radial direction）。

忽略装填不均、膜结构差异等非理想情况的影响，轴向坐标位置相同的膜具有相同的渗透传质条件（原料侧的压力和组成、渗透侧的压力和组成、温度、膜性能参数）和分离表现。也就是说，中空纤维膜分离器可以看成是一维（轴向）连续变化的问题。根据中空纤维膜分离器的结构特征，采用有限元方法对膜分离器的求解域进行离散化：当膜分离器采用逆流操作时，其渗透传质的离散膜模型见图2-13 (c)；当膜分离器采用并流操作时，其渗透传质的离散膜模型见图2-13(d)；两种操作模式下中空纤维膜分离器的离散结构相同，其主要差别在于渗透气的主体流动方

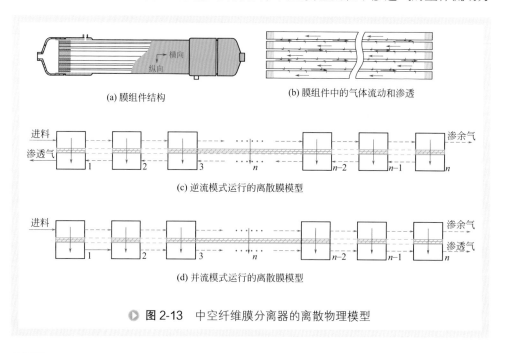

(a) 膜组件结构　　　　　　　　　(b) 膜组件中的气体流动和渗透

(c) 逆流模式运行的离散膜模型

(d) 并流模式运行的离散膜模型

▷ 图2-13　中空纤维膜分离器的离散物理模型

向及出口发生反转。

有限元模型中的中空纤维膜分离器，被看作是一系列由膜微元串联而成的传质分离单元。由于流体在膜微元内流动的位移及渗透传质的数量都非常小，流体压力、流量以及组成的变化都可以近似看作是线性。有限元（FEA）模型中求解域（膜分离器）的离散化程度（N）越高，膜微元中参数线性变化的假设越合理，如图2-14所示，随着膜分离器离散化程度的提高，FEA模型中原料侧氧气浓度的变化越接近真实规律。在此基础上，通过求解每一个膜微元（子域）的气体渗透传质和物质平衡，就可以推导整体膜分离器的状况和分离表现。

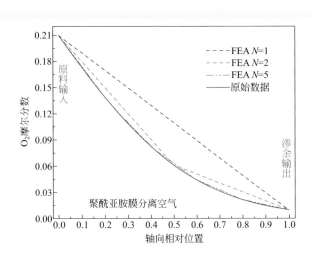

▶ **图2-14** 有限元模型的离散化程度对组成变化情况逼近程度的影响

为了降低求解膜微元内气体渗透传质的计算难度，对渗透传质和气体流动等进行适当的假设是必要的。借鉴中空纤维膜分离器严格算法的基础，膜微元模拟过程的假设条件包括：①膜性能不受操作压力和分离对象组成变化的影响；②忽略膜表面气体渗透方向（中空纤维径向）的浓度极化影响；③壳程和丝内流动阻力采用Hagen-Poiseuille方程计算；④膜分离过程在等温条件下进行；⑤忽略分离器内气体流动的不均匀性，在壳程和丝内的流动都为活塞流。

① 膜微元逆流操作的数学模型。对于含 K 种组分的体系，在任意膜微元（编号 n）中，气体渗透传质和物质平衡可以通过以下公式进行计算。任意组分 i 在膜微元 n 中的渗透量（$q_{i,n}$）可以描述为

$$q_{i,n} = J_i \frac{A_M}{N} \left(\begin{array}{c} \dfrac{p_{R,n-1}x_{i,n-1} - p_{P,n}y_{i,n}}{2} \\ + \dfrac{p_{R,n}x_{i,n} - p_{P,n+1}y_{i,n+1}}{2} \end{array} \right) \quad (2\text{-}19)$$

式中　　J_i——组分 i 的渗透速率；

A_M——膜分离器的有效面积；

N——膜分离器的离散化程度，即膜微元的个数；

$p_{R,n}$ 和 $p_{P,n}$——膜微元 n 的渗余气和渗透气的压力；

$x_{i,n}$ 和 $y_{i,n}$——膜微元 n 的渗余气和渗透气中组分 i 的摩尔分数。

渗余气在膜微元 n 中的流量变化（$\Delta Q_{R,n}$）为

$$\Delta Q_{R,n} = Q_{R,n-1} - Q_{R,n} = \sum_{i=1}^{K} q_{i,n} \tag{2-20}$$

膜微元 n 的渗余气出口中组分 i 的浓度（$x_{i,n}$）为

$$x_{i,n} = \frac{Q_{R,n-1} x_{i,n-1} - q_{i,n}}{Q_{R,n-1} - \sum_{i=1}^{K} q_{i,n}} \tag{2-21}$$

渗透气在膜微元 n 中的流量变化（$\Delta Q_{P,n}$）为

$$\Delta Q_{P,n} = Q_{P,n} - Q_{P,n+1} = \sum_{i=1}^{K} q_{i,n} \tag{2-22}$$

膜微元 n 的渗透气的出口中组分 i 的浓度（$y_{i,n}$）为

$$y_{i,n} = \frac{Q_{P,n+1} y_{i,n+1} + q_{i,n}}{Q_{P,n+1} + \sum_{i=1}^{K} q_{i,n}} \tag{2-23}$$

中空纤维膜分离器的进料方式可以是壳程（中空纤维外面的流道）或者管程（中空纤维的内腔）进料。在计算渗透传质和物质平衡时，可以不考虑进料方式的影响。然而，在计算压降时，气体在纤维丝外面的间隙或纤维内腔的流动差异不能忽略。

i 对于壳程进料方式：渗余气在中空纤维外面的流道内流动，渗透气在中空纤维内腔的流道内流动。渗余气在膜微元 n 中的流动压降可以表达为

$$\Delta p_{R,n} = p_{R,n-1} - p_{R,n} = 32 \frac{\mu_{R,n}}{d_{eo}^2} \frac{L_M}{N} \left(\frac{u_{R,n-1} + u_{R,n}}{2} \right) \tag{2-24}$$

与此同时，渗透气在膜微元 n 中的流动压降可以描述为

$$\Delta p_{P,n} = p_{P,n+1} - p_{P,n} = 32 \frac{\mu_{P,n}}{d_i^2} \frac{L_M}{N} \left(\frac{u_{P,n+1} + u_{P,n}}{2} \right) \tag{2-25}$$

ii 对于管程进料方式：渗余气在中空纤维内腔的流道内流动，渗透气在中空纤维外面的流道内流动。

渗余气在膜微元 n 中的流动压降可以表达为

$$\Delta p_{R,n} = p_{R,n-1} - p_{R,n} = 32 \frac{\mu_{R,n}}{d_i^2} \frac{L_M}{N} \left(\frac{u_{R,n-1} + u_{R,n}}{2} \right) \tag{2-26}$$

与此同时，渗透气在膜微元 n 中的流动压降可以描述为

$$\Delta p_{P,n} = p_{P,n+1} - p_{P,n} = 32 \frac{\mu_{P,n}}{d_{eo}^2} \frac{L_M}{N}\left(\frac{u_{P,n+1} + u_{P,n}}{2}\right) \tag{2-27}$$

其中，壳程流道的水力直径（hydraulic diameter）通过式（2-28）计算

$$d_{eo} = \frac{d_o(1-\varphi)}{\varphi} \tag{2-28}$$

在流动阻力计算公式中，$\mu_{R,n}$ 和 $\mu_{P,n}$ 分别为膜微元 n 渗余气和渗透气的黏度；L_M 为中空纤维的长度；d_i 和 d_o 分别为中空纤维的平均内径和平均外径；d_{eo} 为壳程流道的水力学等效直径；$u_{R,n}$ 和 $u_{P,n}$ 分别为膜微元 n 渗余气和渗透气的线速度；φ 为中空纤维膜组件的装填率。

由式（2-19）～式（2-27）可知模拟逆流操作膜微元 n 内传质的数值计算任务：已知渗余气从膜微元 $n-1$ 进入膜微元 n 的条件（$Q_{R,n-1}$; $x_{R,n-1}$; $p_{R,n-1}$）和渗透气从膜微元 $n+1$ 进入膜微元 n 的条件（$Q_{P,n+1}$; $y_{P,n+1}$; $p_{P,n+1}$），需要同时计算渗余气离开膜微元 n 进入膜微元 $n+1$ 的条件（$Q_{R,n}$; $x_{R,n}$; $p_{R,n}$）和渗透气从膜微元 n 进入膜微元 $n-1$ 的条件（$Q_{P,n}$; $y_{P,n}$; $p_{P,n}$）。为了降低求解难度，对气体渗透方程（2-19）进行重组

$$q_{i,n} = J_i \frac{A_M}{N}\left(\frac{\dfrac{p_{R,n-1}x_{i,n-1} + p_{R,n}x_{i,n}}{2}}{-\dfrac{p_{P,n}y_{i,n} + p_{P,n+1}y_{i,n+1}}{2}}\right) \tag{2-29}$$

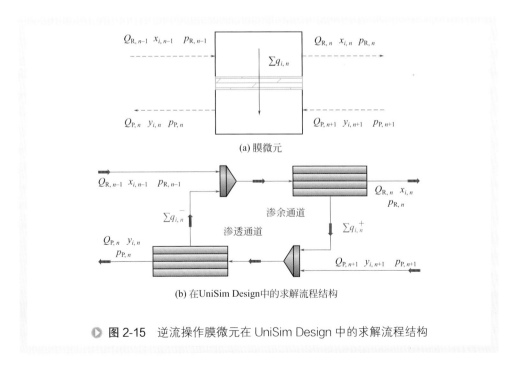

(a) 膜微元

(b) 在 UniSim Design 中的求解流程结构

图 2-15 逆流操作膜微元在 UniSim Design 中的求解流程结构

根据方程（2-29），逆流操作膜微元内任意组分 i 的跨膜渗透传质可以看作是渗余流体向真空状态跨膜渗透传质（$q_{i,n}^+$）与渗透流体向真空状态跨膜渗透传质（$q_{i,n}^-$）之差。多组分原料向真空跨膜渗透传质的计算，可以通过过程模拟软件 UniSim Design 的拓展膜分离模块 membrane-dll 实现，如图 2-15 所示。图 2-15(a) 中膜微元的气体渗透和物质平衡可以通过图 2-15(b) 所示的流程结构在模拟软件中近似实现。

在 UniSim Design 的求解流程结构中，渗余流体向真空状态跨膜渗透传质（$q_{i,n}^+$）的量可以通过式（2-30）计算。

$$q_{i,n}^+ = J_i \frac{A_M}{N} \left(\frac{p_{R,n-1}x_{i,n-1} + p_{R,n}x_{i,n}}{2} \right) \qquad (2\text{-}30)$$

渗透流体向真空状态跨膜渗透传质（$q_{i,n}^-$）的量则可以通过式（2-31）计算。

$$q_{i,n}^- = J_i \frac{A_M}{N} \left(\frac{p_{P,n}y_{i,n} + p_{P,n+1}y_{i,n+1}}{2} \right) \qquad (2\text{-}31)$$

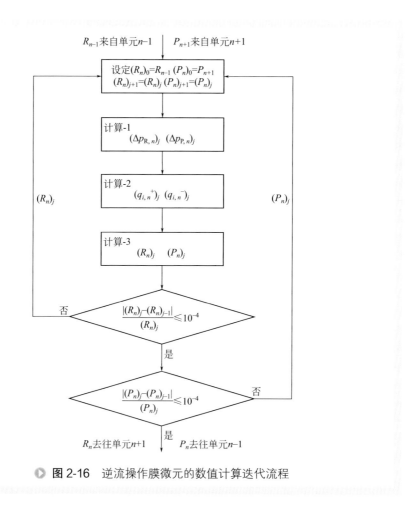

▶ 图 2-16 逆流操作膜微元的数值计算迭代流程

根据图 2-15(b) 描述的逆流操作膜微元求解流程结构，在过程模拟软件 UniSim Design 中，膜微元渗透传质的数值计算迭代流程如图 2-16 所示。

需要特别说明的是，在计算迭代流程中 (R_n) 和 (P_n) 不仅是迭代过程中膜微元 n 的渗余气和渗透气的代号，也是这两股气体的所有变量（$Q; x; y; p$）的集合。

② 膜微元并流操作的数学模型。膜分离器无论采用逆流还是并流操作，模拟膜微元中气体渗透传质和物质平衡时采用的状态变量及控制方法都不发生改变。然而，并流操作时渗透气的相对流动方向与逆流操作的相反，这导致状态变量的边界条件不同，这些改变在膜微元的模拟流程结构中体现为物流对应关系（物流编号）的变化。

在并流操作的膜微元中（编号 n），气体渗透传质和物质平衡可以通过以下公式进行计算。任意组分 i 在膜微元 n 中的渗透量可以描述为

$$q_{i,n} = J_i \frac{A_M}{N} \left(\begin{array}{c} \dfrac{p_{R,n-1} x_{i,n-1} - p_{P,n-1} y_{i,n-1}}{2} \\ + \dfrac{p_{R,n} x_{i,n} - p_{P,n} y_{i,n}}{2} \end{array} \right) \quad (2\text{-}32)$$

并流操作中，渗余气在膜微元 n 中的流量变化为

$$\Delta Q_{R,n} = Q_{R,n-1} - Q_{R,n} = \sum_{i=1}^{K} q_{i,n} \quad (2\text{-}33)$$

膜微元 n 的渗余气出口中组分 i 的浓度为

$$x_{i,n} = \frac{Q_{R,n-1} x_{i,n-1} - q_{i,n}}{Q_{R,n-1} - \displaystyle\sum_{i=1}^{K} q_{i,n}} \quad (2\text{-}34)$$

并流操作中，渗透气在膜微元 n 中的流量变化为

$$\Delta Q_{P,n} = Q_{P,n-1} - Q_{P,n} = \sum_{i=1}^{K} q_{i,n} \quad (2\text{-}35)$$

膜微元 n 的渗透气的出口中组分 i 的浓度为

$$y_{i,n} = \frac{Q_{P,n-1} y_{i,n-1} + q_{i,n}}{Q_{P,n-1} + \displaystyle\sum_{i=1}^{K} q_{i,n}} \quad (2\text{-}36)$$

计算流体在并流操作膜微元内流动的压降时，气体在纤维丝外面的间隙或纤维内腔的流动差异同样不能忽略。

ⅰ 对于壳程进料方式，渗余气在并流操作膜微元 n 中的流动压降可以表达为

$$\Delta p_{R,n} = p_{R,n-1} - p_{R,n} = 32 \frac{\mu_{R,n}}{d_{eo}^2} \frac{L_M}{N} \left(\frac{u_{R,n-1} + u_{R,n}}{2} \right) \quad (2\text{-}37)$$

与此同时，渗透气在膜微元 n 中的流动压降可以描述为

$$\Delta p_{\mathrm{P},n} = p_{\mathrm{P},n-1} - p_{\mathrm{P},n} = 32\frac{\mu_{\mathrm{P},n}}{d_{\mathrm{i}}^2}\frac{L_{\mathrm{M}}}{N}\left(\frac{u_{\mathrm{P},n-1}+u_{\mathrm{P},n}}{2}\right) \tag{2-38}$$

ii 对于管程进料方式，渗余气在并流操作膜微元 n 中的流动压降可以表达为

$$\Delta p_{\mathrm{R},n} = p_{\mathrm{R},n-1} - p_{\mathrm{R},n} = 32\frac{\mu_{\mathrm{R},n}}{d_{\mathrm{i}}^2}\frac{L_{\mathrm{M}}}{N}\left(\frac{u_{\mathrm{R},n-1}+u_{\mathrm{R},n}}{2}\right) \tag{2-39}$$

与此同时，渗透气在膜微元 n 中的流动压降可以描述为

$$\Delta p_{\mathrm{P},n} = p_{\mathrm{P},n-1} - p_{\mathrm{P},n} = 32\frac{\mu_{\mathrm{P},n}}{d_{\mathrm{eo}}^2}\frac{L_{\mathrm{M}}}{N}\left(\frac{u_{\mathrm{P},n-1}+u_{\mathrm{P},n}}{2}\right) \tag{2-40}$$

并流操作膜微元的求解过程同样面临着逆流操作膜微元求解时的问题：需要同时计算渗余气离开膜微元 n 进入膜微元 $n+1$ 的条件（$Q_{\mathrm{R},n}$；$x_{\mathrm{R},n}$；$p_{\mathrm{R},n}$）和渗透气从膜微元 n 进入膜微元 $n+1$ 的条件（$Q_{\mathrm{P},n}$；$y_{\mathrm{P},n}$；$p_{\mathrm{P},n}$）。对此，采用同样的策略拆分求解问题，降低求解难度。对气体渗透方程（2-32）进行重组

$$q_{i,n} = J_i\frac{A_{\mathrm{M}}}{N}\left(\begin{array}{c}\dfrac{p_{\mathrm{R},n-1}x_{i,n-1}+p_{\mathrm{R},n}x_{i,n}}{2}\\[2mm]-\dfrac{p_{\mathrm{P},n-1}y_{i,n-1}+p_{\mathrm{P},n}y_{i,n}}{2}\end{array}\right) \tag{2-41}$$

根据方程（2-41），并流操作膜微元内任意组分 i 的跨膜渗透传质可以看作是渗余流体向真空状态跨膜渗透传质（$q_{i,n}^{+}$）与渗透流体向真空状态跨膜渗透传质（$q_{i,n}^{-}$）之差，这与逆流操作膜微元的数值计算求解方式相同。于是，图 2-17(a) 中膜微元的气体渗透和物质平衡可以通过图 2-17(b) 所示的流程结构在模拟软件 UniSim Design 中近似实现。

在 UniSim Design 的求解流程结构中，渗余流体向真空状态跨膜渗透传质（$q_{i,n}^{+}$）的量可以通过式（2-42）计算。

$$q_{i,n}^{+} = J_i\frac{A_{\mathrm{M}}}{N}\left(\frac{p_{\mathrm{R},n-1}x_{i,n-1}+p_{\mathrm{R},n}x_{i,n}}{2}\right) \tag{2-42}$$

渗透流体向真空状态跨膜渗透传质（$q_{i,n}^{-}$）的量则可以通过式（2-43）计算。

$$q_{i,n}^{-} = J_i\frac{A_{\mathrm{M}}}{N}\left(\frac{p_{\mathrm{P},n-1}y_{i,n-1}+p_{\mathrm{P},n}y_{i,n}}{2}\right) \tag{2-43}$$

根据图 2-17(b) 描述的并流操作膜微元求解流程结构，在过程模拟软件 UniSim Design 中，膜微元渗透传质的数值计算迭代流程如图 2-18 所示。

显然，在过程模拟软件 UniSim Design 中，对并流操作膜微元和逆流操作膜微元的渗透传质进行数值计算的迭代流程基本相同，但为了表述流动主体（原料、渗余气或渗透气）的相对运动方向的差别，物流对应关系（物流编号）有所不同。

同样需要说明的是，在计算迭代流程中 (R_n) 和 (P_n) 不仅是迭代过程中膜微元 n

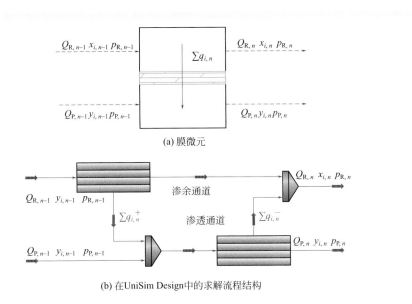

(a) 膜微元

(b) 在UniSim Design中的求解流程结构

渗余通道

渗透通道

▶ **图 2-17** 并流操作膜微元在 UniSim Design 中的求解流程结构

的渗余气和渗透气的代号，也是这两股气体的所有变量（$Q; x; y; p$）的集合。

（2）螺旋卷式气体膜分离器的有限元模型

螺旋卷式气体膜分离器的装配结构及流动主体（原料、渗余气或渗透气）的流动方式见图 2-19(a)。螺旋卷式膜组件一般由多个信封状膜袋（membrane envelope，三个方向利用弹性密封胶粘接密封）围绕收集渗透气的镂空中心管（permeate collection pipe）卷制而成。膜袋内装填有一层多孔隔网，充当渗透气的流道（permeate spacer），膜袋的开口通过弹性密封胶粘接在中心管上。卷制过程中，两个膜袋之间也装填有一层多孔隔网，充当原料 / 渗余气的流道（feed spacer）。在螺旋卷式膜组件中，原料 / 渗余气沿着中心管轴心方向流动，渗透气沿着卷绕方向流动，形成交叉流动的操作方式。

忽略膜组件卷绕形式的影响，螺旋卷式膜组件可以简化成多层平板膜堆积而成的膜堆，见图2-19(b)。在简化结构中，交叉流动的操作方式仍得以体现。根据图2-19反映的结构特征，一个包含 $N_{M.E.}$ 个膜袋的螺旋卷式膜组件，可以简化成 $2 \times N_{M.E.}$ 张膜片组装的平板膜堆。两张膜片共用一层隔网作为渗透气的通道或者渗余气的通道。也就是说，每一张膜片进行气体渗透传质和物料平衡的结构还包括：原料 / 渗余气的流道，由半层隔网构成；渗透气的流道，也是由半层隔网构成。显然，螺旋卷式膜组件中所有膜片的气体渗透传质和物料平衡的状况基本相同。

在此基础上，可以采用任意一张膜片为物理原型建立螺旋卷式膜组件的有限元离散结构（$M \times N$），如图 2-20 所示。由于一个膜组件有 $2 \times N_{M.E.}$ 张膜片，而在离散结构中一张膜片又被离散成 M 条，对于进料边界的任意膜微元，其进料

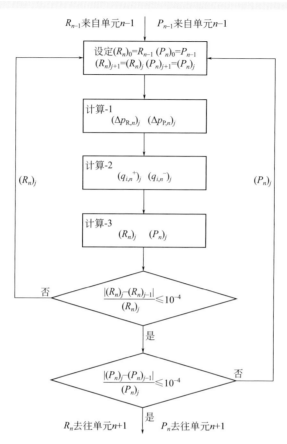

图 2-18 并流操作膜微元的数值计算迭代流程

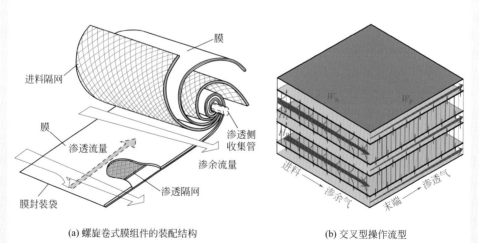

(a) 螺旋卷式膜组件的装配结构　　　　(b) 交叉型操作流型

图 2-19 螺旋卷式膜组件的装配结构及其操作流型

H_P—渗透侧流道高度；H_R—渗余侧流道高度；W_R—渗余侧流动长度；W_P—渗透侧流动长度

流量（$Q_{\mathrm{R},m\times1}$）为

$$Q_{\mathrm{R},m1} = \frac{Q_{\mathrm{F0}}}{2N_{\mathrm{M.E.}}M} \qquad (2\text{-}44)$$

在螺旋卷式膜组件的有限元模型中，任意膜微元的面积（A_{MCell}）为

$$A_{\mathrm{MCell}} = \frac{A_{\mathrm{M}}}{2N_{\mathrm{M.E.}}MN} \qquad (2\text{-}45)$$

式中　Q_{F0}——膜分离器的总进料流量；

　　　A_{M}——该分离器的总有效面积。

在操作方式为交叉流的膜微元（编号 $m\times n$）中，气体渗透传质和物质平衡可以通过以下公式进行计算。任意组分 i 在膜微元 $m\times n$ 中的渗透量可以描述为

$$q_{i,m\times n} = J_i A_{\mathrm{MCell}} \left(\begin{array}{c} \dfrac{p_{\mathrm{R},m\times(n-1)}x_{i,m\times(n-1)} - p_{\mathrm{P},(m-1)\times n}y_{i,(m-1)\times n}}{2} \\[2mm] + \dfrac{p_{\mathrm{R},m\times n}x_{i,m\times n} - p_{\mathrm{P},m\times n}y_{i,m\times n}}{2} \end{array} \right) \qquad (2\text{-}46)$$

渗余气在膜微元 $m\times n$ 中的流量变化为

$$\Delta Q_{\mathrm{R},m\times n} = Q_{\mathrm{R},m\times(n-1)} - Q_{\mathrm{R},m\times n} = \sum_{i=1}^{K} q_{i,m\times n} \qquad (2\text{-}47)$$

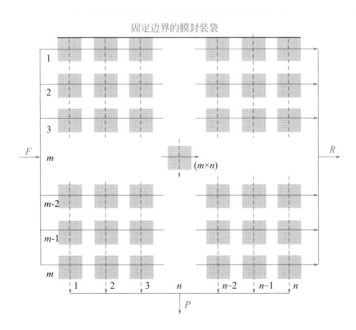

● **图 2-20**　交叉流操作的螺旋卷式膜的离散结构

F—进料；R—渗余气；P—渗透气

膜微元 $m \times n$ 的渗余气出口中组分 i 的浓度为

$$x_{i,m \times n} = \frac{Q_{R,m \times (n-1)} x_{i,m \times (n-1)} - q_{i,m \times n}}{Q_{R,m \times (n-1)} - \sum_{i=1}^{K} q_{i,m \times n}} \tag{2-48}$$

渗透气在膜微元 $m \times n$ 中的流量变化

$$\Delta Q_{P,m \times n} = Q_{P,m \times n} - Q_{P,(m-1) \times n} = \sum_{i=1}^{K} q_{i,m \times n} \tag{2-49}$$

膜微元 $m \times n$ 的渗透气的出口中组分 i 的浓度

$$y_{i,m \times n} = \frac{Q_{P,(m-1) \times n} y_{i,(m-1) \times n} + q_{i,m \times n}}{Q_{P,(m-1) \times n} + \sum_{i=1}^{K} q_{i,m \times n}} \tag{2-50}$$

渗余气在膜微元 $m \times n$ 中的流动压降可以表达为

$$\begin{aligned} \Delta p_{R,m \times n} &= p_{R,m \times (n-1)} - p_{R,m \times n} \\ &= 32 \frac{\mu_{R,m \times n}}{d_{eo \cdot R}^2} \frac{\varsigma_R W_R}{N} \left[\frac{u_{R,m \times (n-1)} + u_{R,m \times n}}{2} \right] \end{aligned} \tag{2-51}$$

与此同时，渗透气在膜微元 n 中的流动压降可以描述为

$$\begin{aligned} \Delta p_{P,m \times n} &= p_{P,(m-1) \times n} - p_{P,m \times n} \\ &= 32 \frac{\mu_{P,m \times n}}{d_{eo,P}^2} \frac{\varsigma_P W_P}{M} \frac{u_{P,(m-1) \times n} + u_{P,m \times n}}{2} \end{aligned} \tag{2-52}$$

在流动阻力计算公式中，ς_R 和 ς_P 分别为原料/渗余气和渗透气通过的多孔隔网流道的曲折因子；W_R 和 W_P 分别为原料/渗余气和渗透气通过的多孔隔网的距离；$d_{eo,R}$ 和 $d_{eo,P}$ 分别为渗余流道和渗透流道的水力学等效直径。

为了降低渗透传质模拟过程中迭代计算的难度，采用简化中空纤维膜组件计算过程的拆分求解策略，对气体渗透方程（2-46）进行重组。

$$q_{i,m \times n} = J_i A_{MCell} \left(\begin{array}{c} \dfrac{p_{R,m \times (n-1)} x_{i,m \times (n-1)} + p_{R,m \times n} x_{i,m \times n}}{2} \\ -\dfrac{p_{P,(m-1) \times n} y_{i,(m-1) \times n} + p_{P,m \times n} y_{i,m \times n}}{2} \end{array} \right) \tag{2-53}$$

根据方程（2-53），螺旋卷式组件的膜微元内任意组分 i 的跨膜渗透传质可以看作是渗余流体向真空状态渗透传质（$q_{i,m \times n}^+$）与渗透流体向真空状态渗透传质（$q_{i,m \times n}^-$）之差，这与中空纤维膜微元的数值计算求解方式相同。于是，图 2-21(a) 中膜微元的气体渗透和物质平衡可以通过图 2-21(b) 中所示的流程结构在 UniSim Design 中近似实现。

在 UniSim Design 的求解流程结构中，渗余流体向真空状态渗透传质（$q_{i,m \times n}^+$）

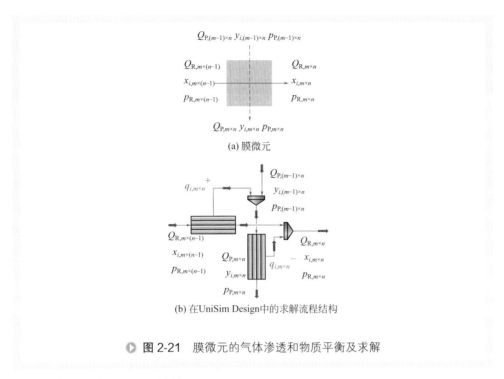

(a) 膜微元

(b) 在UniSim Design中的求解流程结构

▶ **图 2-21** 膜微元的气体渗透和物质平衡及求解

的量可以通过式（2-54）计算。

$$q_{i,m\times n}^{+} = J_i A_{\mathrm{MCell}} \left(\frac{p_{\mathrm{R},m\times(n-1)} x_{i,m\times(n-1)} + p_{\mathrm{R},m\times n} x_{i,m\times n}}{2} \right) \qquad （2\text{-}54）$$

渗透流体向真空状态跨膜渗透传质（$q_{i,m\times n}^{-}$）的量则可以通过式（2-55）计算。

$$q_{i,m\times n}^{-} = J_i A_{\mathrm{MCell}} \left(\frac{p_{\mathrm{P},(m-1)\times n} y_{i,(m-1)\times n} + p_{\mathrm{P},m\times n} y_{i,m\times n}}{2} \right) \qquad （2\text{-}55）$$

根据图 2-21(b) 描述的螺旋卷式膜组件的微元求解流程结构，在过程模拟软件 UniSim Design 中，膜微元渗透传质的数值计算迭代流程如图 2-22 所示。

在过程模拟软件 UniSim Design 中，对螺旋卷式膜组件内膜微元的渗透传质进行数值计算的迭代流程，与中空纤维膜分离器膜微元的数值计算迭代流程基本相同。流动主体（原料、渗余气或渗透气）的相对运动方向的差别，主要是通过物流对应关系（物流编号）的变化来表达。

需要特别说明的是：在计算迭代流程中，$(R_{m\times n})$ 和 $(P_{m\times n})$ 不仅是迭代过程中膜微元 $m\times n$ 的渗余气和渗透气的代号，也是这两股气体的所有变量（$Q; x; y; p$）的集合。

2. 非理想膜分离过程模拟的有限元模型

目前，浓度极化、膜参数随着压力/浓度发生变化等非理想因素的影响在气体膜分离过程模拟中往往被忽略。然而，随着高选择性、高渗透性气体分离膜的出

第二章 化工挥发性有机物的分离过程耦合   41

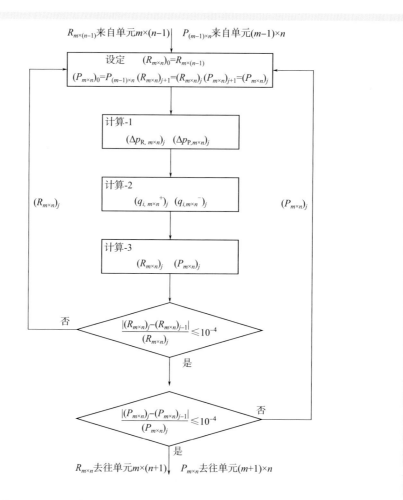

$R_{m×(n-1)}$来自单元$m×(n-1)$　　$P_{(m-1)×n}$来自单元$(m-1)×n$

设定　$(R_{m×n})_0=R_{m×(n-1)}$
$(P_{m×n})_0=P_{(m-1)×n}\ (R_{m×n})_{j+1}=(R_{m×n})_j\ (P_{m×n})_{j+1}=(P_{m×n})_j$

计算-1
$(\Delta p_{R,\,m×n})_j\quad(\Delta p_{P,\,m×n})_j$

计算-2
$(q_{i,\,m×n}{}^+)_j\quad(q_{i,m×n}{}^-)_j$

计算-3
$(R_{m×n})_j\quad(P_{m×n})_j$

$(R_{m×n})_j$　　　　　　　　　　　　　　　　　$(P_{m×n})_j$

否　　$\dfrac{|(R_{m×n})_j-(R_{m×n})_{j-1}|}{(R_{m×n})_j}\leqslant10^{-4}$

是

$\dfrac{|(P_{m×n})_j-(P_{m×n})_{j-1}|}{(P_{m×n})_j}\leqslant10^{-4}$　　否

是

$R_{m×n}$去往单元$m×(n+1)$　　$P_{m×n}$去往单元$(m+1)×n$

▶ **图 2-22　螺旋卷式膜组件膜微元渗透传质的数值计算迭代流程**

现，以及分离体系越来越复杂，如溶胀、塑化体系等，在气体膜分离过程的模拟模块中考虑这些非理想因素的影响，已成为提高模拟结果准确性、降低过程设计偏差的关键。基于有限元分析方法和 UniSim Design 软件平台建立的膜分离数值计算模型，可以通过对膜微元的求解流程结构和性能参数的调整，表达浓度极化和膜参数随着压力/浓度发生变化等非理想因素的影响，从而为特殊膜分离过程提供高准确性模拟手段。

（1）考虑浓度极化的有限元模型

对于高选择性、高渗透性气体分离膜的过程设计与优化，浓度极化的负面影响不可忽略。以天然气膜分离脱水为例，聚酰亚胺本征选择性 $\alpha_{H_2O/CH_4}\approx14000$，但实际操作表现出来的选择性只有 1000～3000，如果操作不慎，表观选择性甚至低于

100。此外，以聚酰亚胺为选择层的第二代氢气分离膜（$\alpha_{H_2/CH_4} > 150$，渗透速率$J_{H_2} > 200$ GPU）和以聚环氧乙烷基聚合物为选择层的二氧化碳分离膜（$\alpha_{CO_2/N_2} > 50$，$J_{CO_2} > 1000$ GPU），在工艺开发过程中也常常出现设计偏差较大等不利情况，这都与忽略浓度极化的影响有关。

在气体膜分离过程中，浓度极化对分离表现的影响如图2-23所示。由于黏滞力的影响，在膜的表面存在一个流动边界层。在边界层内，流体的流动状态为层流，气体扩散的传质阻力比较大，因而在流动主体和膜表面存在一定的浓度梯度。常见的气体膜分离数学模型中，渗透通量的计算往往忽略流动主体和膜表面之间的浓度梯度，采用渗余气和渗透气的主体条件（分压）代替膜表面的条件。

对于渗透性不高、选择性较低的气体分离膜，由于聚合物膜内的传质阻力远大于边界层的传质阻力，浓度极化的程度比较低，忽略其影响不会造成明显的偏差；然而，对于高选择性、高渗透性的膜，聚合物膜内的传质阻力大大减小，这就成倍地放大了边界层传质阻力的影响。如果要保证模拟过程的准确性，必须考虑浓度极化的影响。

根据图2-23中浓度极化影响的示意模型，对分离器内膜两侧通道结构进行细分：渗余流道由流动主体通道和边界层两部分组成；渗透流道也由流动主体通道和边界层两部分组成。在这种情况下，气体膜分离的传质过程可以假设成三个步骤：①渗余流道的主体通道向其边界层传质；②渗余流道的边界层与渗透流道的边界层之间的跨膜渗透传质；③渗透流道的边界层向其主体通道传质。显然，第1步传质过程和第3步传质过程分别对应渗余流道和渗透流道中浓度极化的影响。

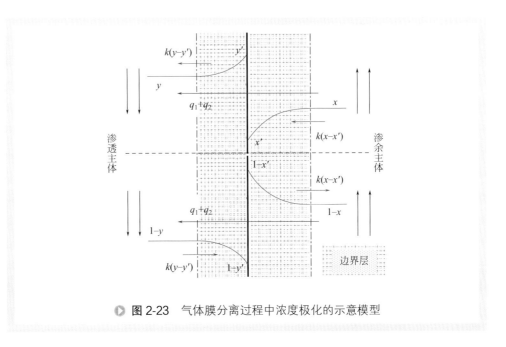

▶ 图2-23　气体膜分离过程中浓度极化的示意模型

基于上述假设的气体膜分离传质过程的三个步骤，对有限元模型中的膜微元的求解流程结构进行调整，实现浓度极化的模拟计算。对于中空纤维气体膜分离器，逆流操作膜微元的求解流程结构见图 2-24(a)，并流操作膜微元的求解流程结构见图 2-24(b)；对于采用交叉流动的螺旋卷式气体膜分离器，膜微元的求解流程结构见图 2-25。

图 2-24 和图 2-25 中的膜微元求解流程结构，还只是提供了对浓度极化的影响进行数值计算的逻辑位点。只有通过数学计算对逻辑位点中的参数进行关联调控，才能实现对浓度极化影响的模拟。根据图 2-23 中浓度极化影响膜分离的示意模型，通过计算渗余流道边界层内流体的流量，就可以判断渗余气参与跨膜渗透传质的程度，同样，通过计算渗透流道边界层内流体的流量，也可以判断渗透气对跨膜渗透传质的影响程度。

类似于 Whitman 等提出的相界面停滞膜模型（stagnant film model），气体分离膜表面的浓度边界层厚度可以通过计算速度边界层厚度来得到[26]。

气体在流道内流动的雷诺数（N_{Re}）

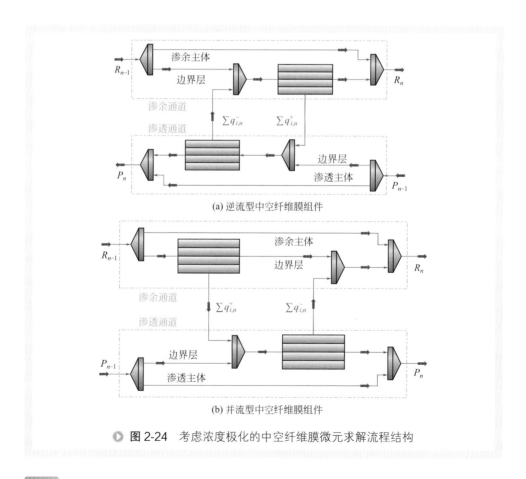

(a) 逆流型中空纤维膜组件

(b) 并流型中空纤维膜组件

▶ **图 2-24** 考虑浓度极化的中空纤维膜微元求解流程结构

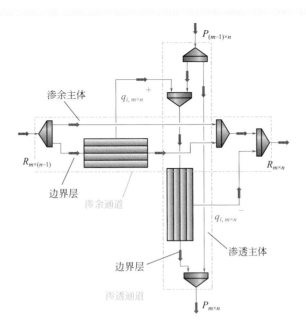

图 2-25 考虑浓度极化的螺旋卷式膜微元求解流程结构

$$N_{\text{Re}} = d_{\text{eo}} u \rho \mu^{-1} \tag{2-56}$$

气体在流道内流动的施密特数（N_{Sc}）

$$N_{\text{Sc}} = \mu \rho^{-1} D^{-1} \tag{2-57}$$

气体在流道内流动的速度边界层（velocity boundary layer）厚度

$$\delta_V = 4.96 d_{\text{eo}} N_{\text{Re}}^{-0.5} \tag{2-58}$$

对应的，浓度边界层（concentration boundary layer）的厚度

$$\delta_C = \delta_V N_{\text{Sc}}^{-1/3} \tag{2-59}$$

在此基础上，流道边界层内流体的体积流量可以通过式（2-60）计算，即

$$Q_{\text{Vol,B.L.}} = \frac{1}{3} \pi d_{\text{eo}} \delta_C u \tag{2-60}$$

式中　d_{eo}——流道的水力学等效直径；

　　　u——流动主体的线速度；

　　　ρ——流体的密度；

　　　μ——流体的黏度；

　　　D——气体中关键组分的扩散系数。

将进入膜微元的渗余气参数和渗余流道参数代入上述公式，可以计算渗余流

道中主体 / 边界层的气体分配比例，同样，将进入膜微元的渗透气参数和渗透流道参数代入上述公式，可以计算得到渗透流道中主体 / 边界层的气体分配比例，从而实现浓度极化影响的模拟。膜微元、渗余气、渗透气的对应关系见图 2-24 或图 2-25 中的物流编号。在过程模拟平台 UniSim Design 中，将上述公式在电算表格 Spreadsheet 进行编程计算，再利用调节器 Adjust 可以实现分配比例的关联调控。

（2）考虑膜性能参数变化的有限元模型

烃类蒸气对橡胶态聚合物膜材料有一定的溶胀作用，二氧化碳则对玻璃态聚合物膜材料有一定的塑化作用。如果聚合物膜材料的溶胀 / 塑化程度发生变化，气体分离膜的渗透速率以及渗透选择性都将发生改变。

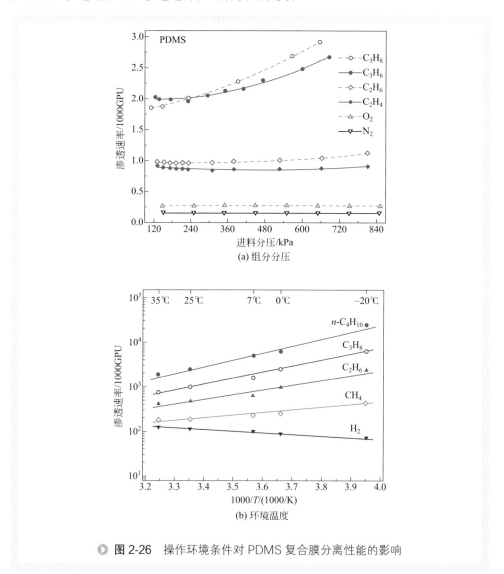

(a) 组分分压

(b) 环境温度

▶ **图 2-26** 操作环境条件对 PDMS 复合膜分离性能的影响

溶胀 / 塑化程度与聚合物所处环境中烃类蒸气或二氧化碳的分压有关。在聚二甲基硅氧烷复合膜中，无溶胀作用的永久性气体，比如 O_2 和 N_2，渗透速率（纯气）基本不受进料分压的影响，而强溶胀作用的烃类分子，比如 C_3H_8 和 C_3H_6，渗透速率（纯气）随着进料分压的提高而明显增加，见图 2-26(a)。此外，分离膜所处环境的温度也对溶胀 / 塑化有显著影响，见图 2-26(b)，n-C_4H_{10} 等有强溶胀作用的烃类分子，渗透速率（混合气）随操作温度的降低逐渐增加，而 H_2 等无溶胀作用的永久性气体则呈下降的趋势。

在气体膜分离器中，原料 / 渗余气的组成沿着主体流动方向不断变化。以加油站油罐呼吸气的处理为例，在有机蒸气膜的原料进口，轻烃（C_{2+}）浓度超过 20.0%（摩尔分数），而渗余气出口的轻烃浓度降低到 1.5%（摩尔分数）以下。此外，沿着渗余气主体流动方向，膜分离器的温度也因 Joule-Thomson 效应而逐渐改变。以气体膜分离提纯生物甲烷为例，原料进口 / 渗余气出口之间的温差（降温）达到 20℃。

显然，在有机蒸气分离膜或二氧化碳分离膜的实际应用中，气体的渗透速率和选择性不是恒等的。然而，气体膜分离过程的常见数学模型中，气体的渗透速率和渗透选择性往往按固定不变的常数处理。这些近似处理必然导致模拟结果出现偏差。

前文开发的有限元模型中，每个微元的膜分离性能参数只参与所在微元的渗透传质过程的数值计算，并且微元中渗余气的压力、组成和温度变化都非常小。也就是说，微元的膜性能参数完全可以根据压力、组成和温度的变化独立调整，这就为气体膜分离模拟过程中考虑溶胀 / 塑化程度的影响提供了契机。

对于给定的分离体系，通过气体渗透实验测定不同进料条件（不同进料压力、组成和温度）的气体渗透速率，就可以关联出气体渗透速率随着操作条件变化的函数，可以将之定义为气体的动态渗透速率（dynamic permeation rate，J_i^D）。

$$J_i^D = J_i^\circ \times f\left(T_R, p_R, x_j\right) \quad 1 \leqslant j \leqslant K \tag{2-61}$$

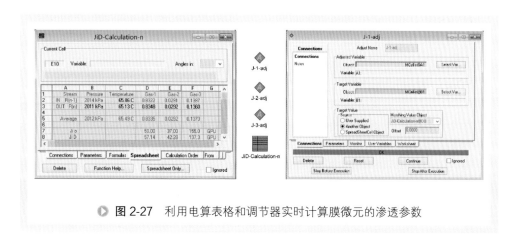

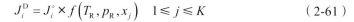

▶ **图 2-27** 利用电算表格和调节器实时计算膜微元的渗透参数

利用式（2-61），可以在过程模拟软件 UniSim Design 中通过电算表格 Spreadsheet 调用膜微元进料和渗余气的压力、温度和组成，计算出该微元中各种气体渗透参数。在此基础上，由调节器 Adjust 根据预设的调节逻辑将气体的渗透参数输入数值计算模块 Membrane-dll 中，从而可以实现膜分离性能参数的实时调节。在图 2-27 中给出了 UniSim Design 对膜微元中气体渗透参数实时计算与调节的界面。

三、多组分非理想双膜分离过程的有限差分数学模型

双膜组件的分离过程十分复杂，多种因素同时影响着分离效果，对其进行研究需要使用理论手段进行模拟和计算，因此建立直观、高效、精确的数学模型非常重要。双膜组件数学模型主要包括两部分——膜传质和膜分离器传质。

对于面向工业化装置大规模生产的双膜组件，其主要目的是提升聚合物膜材料较低的选择性。不同聚合物膜的传质过程并不相同，其中玻璃态聚合物膜（用于氢气回收或二氧化碳 / 甲烷分离等）仅需采用纯气渗透量测试的数据即可进行精确计算；而橡胶态聚合物膜（用于轻烃回收）的分离过程同时被组分、压力、温度等多个因素影响，目前计算方法主要依靠经验参数对实验现象进行拟合，无法反映实际的传质过程，且缺乏准确性。

文献报道的膜分离器传质过程普遍采用微分方法进行建模，但是这种方法的扩展性和求解稳定性较差。另一种建模方法是将膜分离器离散为多个串联单元，通过简化求解每个单元来计算膜分离器的分离过程。这种方法具有良好的扩展性，并且计算收敛的速度更快、求解更稳定，因此可采用离散方法进行建模。

1. 橡胶态聚合物均质膜非理想渗透模型的建立

目前实现工业化的橡胶态聚合物膜材料仅有 3～4 种，其中轻烃 /CO_2 或轻烃 /CH_4 选择性达到 4～10 的仅有 PDMS 和 POMS（聚甲基甲氧基硅烷）[27]。PDMS 特点为廉价易得、高透量、高选择性，与其他基膜材料亲和性好，易于制备商用复合膜。PDMS 是工业化轻烃分离装置的首选，目前几乎 95% 以上的膜法轻烃回收过程均采用 PDMS 膜材料。因此所有有机蒸气分离过程都以 PDMS 膜材料为模板进行讨论和计算。

PDMS 膜材料为橡胶态（玻璃化转变温度约为 –125 ℃），其链段非常柔软，因而更容易出现塑化、溶胀等非理想现象。PDMS 在分离有机气体（如 C_{2+}）时会产生复杂的变化。普通惰性气体（如 N_2）通过溶解扩散机理在 PDMS 中传质时，PDMS 的聚合物结构并不会发生改变；而当烃类溶解至 PDMS 中，由于具有良好的相容性，PDMS 的链段活动性会提高，局部自由体积也会随之扩展。由于聚合物膜材料内部链段空间的自由体积是提供气体扩散通道和选择性的主要结构，当自由体积扩张时，所有气体（尤其是高扩散性的小分子气体）的扩散性被显著提高，最终导致

PDMS 渗透量上升，选择性下降，这种现象被称为塑化作用[28-36]。当多种烃类气体同时存在于 PDMS 链段时，不但塑化作用显著，其分子间的竞争吸附作用同样影响着溶解性。

为解决自由体积理论中多个参数无法直观地从实验中获得的问题，多数研究选择采用经验系数或与气体渗透实验结果关联的方法来间接获得这些重要参数。然而这些方法都面临着误差过大和无法推广等问题，即实验中的系数仅针对单一纯气体系，变换聚合物和气体种类或改为混合气时，其实验方法变为不可用；同时，由于膜材料在实验中随着时间推移会发生可逆／不可逆的结构变化，这一现象经常使实验结果关联度大大下降。

可以采用分子动力学（MD）模拟方法改进这些不足，以使自由体积理论应用于模拟计算变为可能。分子动力学模拟具有直观有效、精确度高等特点，然而其缺点也十分显著：即使采用超大型集群计算机，其模拟尺度也仅能达到 1～10 nm 和 0.1～1 ms，这远远低于最小尺度的膜材料实验（空间尺度相差 10^{10} 倍以上）；在如此小的模拟尺度内，计算得出的统计扩散性和统计渗透性都与宏观尺度相差悬殊，与实验结果都有着 1～2 个数量级的差距。由于计算资源的限制，目前在膜领域中，分子动力学模拟仅作为考察材料相互作用、定性分析材料性质的辅助工具，并不能达到定量预测、计算的目的。

由于单膜组件结构相对简单，便于实验验证，在对双膜组件进行建模之前，应

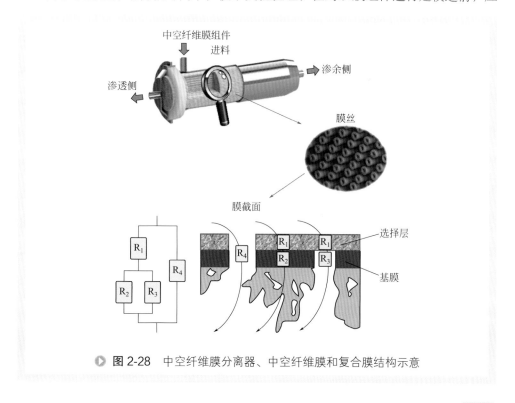

▶ **图 2-28** 中空纤维膜分离器、中空纤维膜和复合膜结构示意

先通过单膜组件逐一验证模型各个模块的可靠性。常见的单膜组件分为螺旋卷式和中空纤维式两种；其中，中空纤维式具有较高的填充密度，所以更常用于气体分离过程。典型的中空纤维膜分离器及其内部结构见图2-28，包括外壳、膜束、环氧树脂封头等部件。其中膜束由一束或多束中空纤维膜丝捆扎而成。通常气体分离膜材料为了提高透量，均采用复合结构，包括阻力较低、无选择性的多孔支撑层和具有选择性的涂层。这种多层结构增加了膜分离器建模的复杂性，需要逐个模块进行建模并整合。

（1）多孔支撑层传质模型

多孔支撑层膜通常渗透量较高，且选择性较低，气体在其中主要以黏性流和努森（Knudsen）扩散为主[37]。

$$J_{\text{sub}} = \frac{\varepsilon r}{l_2} r \frac{1}{8\mu RT} \overline{P} + \frac{4}{3}\sqrt{\frac{2}{\pi RMT}} \frac{\varepsilon r}{l_2} \tag{2-62}$$

式中　J_{sub}——膜透量，GPU[10^{-6} cm^3(STP)・cm/（cmHg・s）]；

　　　ε——膜孔隙率；

　　　r——平均孔径，m；

　　　l_2——有效厚度，m；

　　　μ——气体黏度，Pa・s；

　　　T——温度，K；

　　　M——气体分子量；

　　　$\overline{P}$——平均操作压力，Pa。

式（2-62）中有两个未知项，分别为r/l_2和r。确定这两个未知项需要通过基膜的纯气渗透实验进行关联。

当基膜处于复合膜中（覆盖涂层后），由于涂层的阻隔，孔道中的气体流速变低，黏性流可以近似忽略，孔道中流动主要为努森扩散[37]。

$$J_{\text{sub}}^{'} = \frac{4}{3}\sqrt{\frac{2}{\pi RMT}} \frac{\varepsilon r}{l_2} \tag{2-63}$$

式（2-63）中各参数意义同式（2-62）。

通常小分子气体，如N_2和O_2被用作测试气体来标定平均孔径和有效厚度。这些参数可以用来计算复合膜透量。

（2）复合膜透量模型

由于复合膜具有选择层和多孔支撑层两层结构，且气体在孔道、聚合物中可以同时进行传质，所以需要引入阻力复合模型对其进行描述。阻力复合模型的电阻等效图见图2-28，其中$R_1 \sim R_4$分别为选择层阻力项、基膜渗透阻力项、基膜孔道阻力项和缺陷阻力项[38]。

$$R_1 = \frac{l_1}{Perm^{涂层}\Delta d_{\ln 1}} \tag{2-64}$$

$$R_2 = \frac{l_2}{Perm^{sub}\Delta d_{\ln 2}} \tag{2-65}$$

$$R_3 = \frac{l_2}{\varepsilon r \Delta d_{\ln 2}}\sqrt{\frac{9\pi MRT}{32}} \tag{2-66}$$

$$R_t = R_1 + \frac{R_2 R_3}{R_2 + R_3} \tag{2-67}$$

式中　$\Delta d_{\ln 1}$，$\Delta d_{\ln 2}$——选择层和基膜的对数厚度，m；

　　　R_t——总阻力项。

当复合膜涂覆不当并含有缺陷时，膜缺陷阻力项为

$$R_4 = (\frac{\varepsilon^{def} r^{def}}{l_2}r^{def}\frac{1}{8\mu RT}\overline{P} + \frac{4}{3}\sqrt{\frac{2}{\pi RMT}}\frac{\varepsilon^{def} r^{def}}{l_2})^{-1}\Delta d_{\ln 12}^{-1} \tag{2-68}$$

式中　角标 def——膜存在缺陷情况下的性质参数。

相应地，总阻力项变为

$$R_t' = \frac{R_t R_4}{R_t + R_4} \tag{2-69}$$

由总阻力项可以计算复合膜的透量为

$$J = \frac{1}{R_t(d_{\ln 1} + d_{\ln 2})} \tag{2-70}$$

复合膜的透量模型需要集成至中空纤维膜分离器模型中以便通过实验结果验证。可采用离散形式进行建模，相关步骤与文献相同，因此简要叙述。将膜分离器视为串联的多个单元（图 2-29），分别计算每个单元传质后可得到的膜分离器的最终分离结果。

每个离散单元的物料平衡为

$$F_r^{j-1} + F_p^{j+1} - F_r^j - F_p^j = 0 \tag{2-71}$$

式中　F——流量，mol/s；

　角标 r——渗余侧；

　角标 p——渗透侧；

　　　j——单元序列。

各组分物料平衡为

$$F_r^{j-1}x_i^{j-1} + F_p^{j+1}y_i^{j+1} - F_r^j x_i^j - F_p^j y_i^j = 0 \tag{2-72}$$

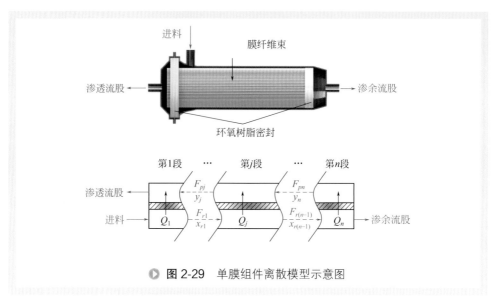

图 2-29　单膜组件离散模型示意图

中空纤维膜的传质过程可由下式描述

$$Q_i^j = J_i^j A^j (P_f^j \gamma_f^j x_i^j - P_P^j \gamma_P^j y_i^j) \tag{2-73}$$

式中　Q——渗透流量，mol/s；

　　　　A——膜面积，m^2；

　　　　γ——逸度系数；

　　x, y——渗余、渗透侧浓度；

角标 f——膜分离器进料。

渗透侧（膜丝内）压力变化可由哈根 - 泊肃叶方程描述[39]

$$\frac{dP_P}{dl} = -\frac{64/Re}{2d_i} \rho v^2 \tag{2-74}$$

式中　d_i——丝内直径，m；

　　　　v——主体流股流速，m/s；

　　　Re——雷诺数。

膜分离器壳程压力降同样可由哈根 - 泊肃叶方程描述（直径替换为当量直径 d_H）

$$\frac{dP_f}{dl} = -\frac{64/Re}{2d_H} \rho v^2 \tag{2-75}$$

膜分离器的建模采用商业化模拟平台 UniSim Design 和 Aspen HYSYS。通过在 VB 环境编译主体程序生成 ".dll" 文件，并与定义程序接口和可视化界面的 ".edf" 文件进行关联，并在 HYSYS 中注册后即可随时在 PFD 环境下调用。所有的物性参数均来自 UniSim Design 和 Aspen 物性数据库。

（3）中空纤维膜制备和表征

中空纤维膜由 PEI 基膜与 PDMS 涂层复合而成。多孔 PEI 基膜首先由干-湿相转化法制备，再浸入 PDMS 溶液中。经过真空烘箱干燥12h后，PDMS 已充分交联。通过电镜照片（图 2-30）可以发现，中空纤维膜的结构与图 2-28 中结构相吻合，证明复合膜透量模型可以适用。

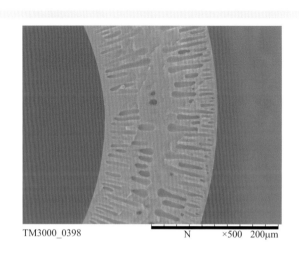

TM3000_0398   N   ×500   200μm

▶ 图 2-30   PDMS/PEI 中空纤维膜截面电镜照片

中空纤维膜的平均内外径分别为 704μm 和 1060 μm。纯气渗透测试表明，PEI 基膜的 N_2 和 O_2 透量分别为 5484 GPU 和 5034 GPU；基膜孔隙率为 0.70。由式（2-62）可得，基膜的平均孔径为 3.3 nm，有效厚度为 6.5 μm。

对 PDMS 平均分子直径有近似经验公式

$$d_e^{PDMS} = 1.47\sqrt[3]{M^{PDMS}} \tag{2-76}$$

试验中采用的 PDMS 材料分子量约为 1.8×10^6，由式（2-76）可得 PDMS 的平均分子直径为 17.8 nm，是 PEI 基膜平均孔径的 2 倍以上。因此可以推断，PDMS/PEI 复合膜在涂覆过程中应不会产生缺陷孔。

复合膜渗透测试结果表明，N_2 和 O_2 在 PDMS/PEI 复合膜中透量分别为 34 GPU 和 78 GPU。N_2 和 O_2 在 PDMS 中的渗透系数为 410 Barrer 和 800 Barrer，因此 PDMS/PEI 复合膜涂层厚度为 10.8 μm。

（4）中空纤维膜分离器的制备

取 4 根 PDMS/PEI 复合膜膜丝，捆扎后放入外径为 1 cm 的实验用膜分离器中，并用环氧树脂封堵渗余侧和渗透侧的间隙。将膜分离器直立静置，采用脱脂棉封堵其余孔隙，待环氧树脂固化完成后，修剪多余的膜丝。对膜分离器另一侧进行相同操作，并将该出口完全封堵，作为渗透侧死端。测得实验膜分离器中膜丝的有效长度为 30 cm。实验采用 C_3H_8/N_2 混合气体，其气体组成为（摩尔分数）62.3% N_2 和 37.7% C_3H_8。实验操作压力为 0.4 MPa，渗透侧为常压。实验装置如图 2-31 所示。图中：A 为色谱分析取样口；F 为鼓泡流量计；P 为压力表；T 为热电偶温度计。在实验进行时，膜分离器首先由氮气吹扫 10 min，再通入混合气体。流量计采用皂泡流量计，当流量计读数平稳 10 min 后取样记录。分离过程中，由低切割率（高原料流量）开始逐渐降低原料气流量，并稳定压力。每个取样点取样 3 次，同时记录该时刻的流量计读数。

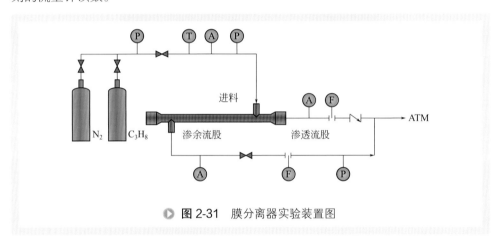

▶ 图 2-31　膜分离器实验装置图

（5）非对称复合膜透量模型的验证

在进行膜分离器的模拟计算之前，首先需要由分子动力学模拟获得关键参数。C_3H_8 具有较强的溶解性，PDMS 在处理 C_3H_8 时会产生强塑化作用。然而塑化作用难以用实验观测或宏观理论量化。比自由体积是表示聚合物自由体积的一个重要参数。通过观察比自由体积的变化，可以间接描述塑化作用的强弱，其定义为

$$v_{fs} = \frac{V_F}{V_F + V_0} \tag{2-77}$$

式中　V_F——聚合物自由体积，Å^3（1 Å =0.1nm）；

　　　V_0——聚合物占据体积，Å^3。

采用分子模拟方法和步骤，分别对 N_2/PDMS 体系和 C_3H_8/PDMS 体系进行计算。通过对计算终态的聚合物范德瓦耳斯体积进行着色和渲染，可以直观地从图 2-32 中观察到聚合物在溶解不同气体时自由体积的变化。

纯 PDMS 聚合物、PDMS/N_2 和 PDMS/C_3H_8 的比自由体积分别为 0.212、0.215 和 0.242。其中，PDMS/N_2 与纯 PDMS 的比自由体积仅有 1.4% 的差距，说明 N_2 对 PDMS 的塑化能力非常微弱；而 PDMS/C_3H_8 的比自由体积 [图 2-32（c）] 则提高较大，说明 C_3H_8 的塑化能力相对较强。这种现象与现场装置经验、文献结论和自由

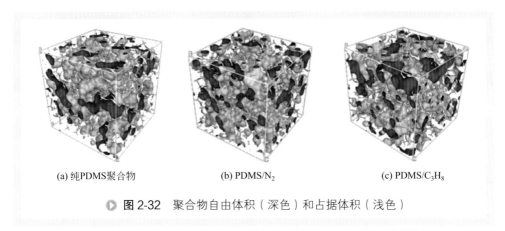

|(a) 纯PDMS聚合物|(b) PDMS/N₂|(c) PDMS/C₃H₈|

(a) 纯PDMS聚合物　　　　　(b) PDMS/N₂　　　　　(c) PDMS/C₃H₈

图 2-32 聚合物自由体积（深色）和占据体积（浅色）

体积理论预测相符[40]，说明分子动力学模拟计算过程结果可靠。

利用分子动力学模拟结果进行进一步关联可得到自由体积理论中浓度无关项参数，结果如图 2-33 所示。图 2-33 中，N_2 和 C_3H_8 的相关性（R^2）均达到 0.99，说明关联过程和结果高度可靠。文献报道的 PDMS 基础扩散性分别为 3.4×10^{-5} cm²/s（N_2）和 5.1×10^{-6} cm²/s（C_3H_8），均高于分子动力学计算结果（N_2 3.6×10^{-6} cm²/s，C_3H_8 2.3×10^{-6} cm²/s），其原因主要为尺度过小（模拟盒子边长为 32~40 Å，时间约为 1μs），由分子动力学统计方法得出的扩散性系数并不能反映该体系在宏观空间和时间上的动力学行为。

尽管如此，实际研究中采用的方法并不拘泥于采用分子模拟计算聚合物宏观性质，而在于利用分子模拟准确的分子相互作用计算得出宏观统计热力学理论所难以获得的尺度无关系数。通过量化和精确这些系数，可以采用理想精确实验结果作为

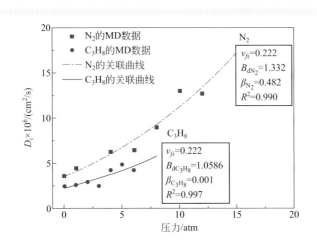

图 2-33 分子动力学模拟气体扩散性参数关联结果

v_{fs}—比自由体积；B—分子透过性；β—塑化因子；R^2—相关系数

锚定，进一步计算多组分复杂情况下的非理想膜过程，从而大大提高计算过程的准确性，并降低对计算资源的需求。

采用分子模拟中的计算步骤，结合表2-11中的气体参数可以预测PDMS选择性层的渗透系数；通过集成非对称复合膜透量计算模型，我们可以对有机蒸气分离过程进行模拟。有机蒸气回收实验的结果如图2-34所示，可以发现，采用理想模型计算的膜分离器分离过程与实验值有着约10%的偏差，在原料侧流量高时（切割率较低）误差更为显著。

表2-11　C_3H_8/N_2气体参数（35℃）

项目	C_3H_8	N_2
相互作用参数（χ_i）	0.39	0.51
摩尔体积（V_i）/(cm³/mol)	76	35
亨利常数（K）/ [cm³ (STP)/（cm³·cmHg）]	7.52	0.11
χ_{ij}	1.30	1.30

注：i、j 为两组分相互作用参数。

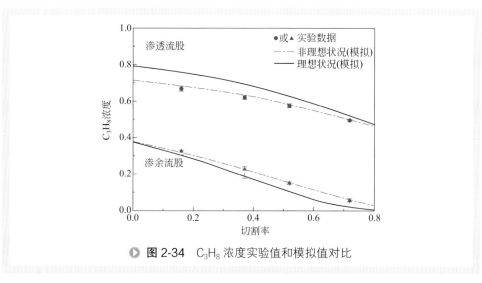

● 图2-34　C_3H_8 浓度实验值和模拟值对比

相比之下，采用提出的非理想模型计算结果则与实验值符合良好，在所有切割率区间内，相对误差均小于1%。然而需要注意的是，渗透侧、渗余侧的气体组成主要由膜材料的选择性决定，即自由度仅为1，可简单利用试差法或最小二乘法获得经验参数。通过获得的选择性参数，也可回归计算得到较为准确的渗透/渗余气组成。虽然这种方法仅适用于当前体系和装置，但相对简单，也可作为有机蒸气膜过程的经验计算方法。然而在工业应用中，不但膜分离过程的产品浓度十分重要，其产物的流量也同样是工程设计关注的重点。

在工程设计中，浓度决定了如何选择膜分离过程最优操作条件，而流量则直接决定了管路和装置的设计和选型，并直接影响着投资／产出比。虽然采用经验回归的形式可以推断出有机蒸气分离过程中膜材料的选择性，但其透量很难直接由回归得到；在工业化生产中，5～10组分的混合气十分常见，面对波动的操作条件和复杂的体系，经验模型回归的方法将不再可用。为进一步验证提出模型的准确性，图2-35将实验中获得的流量数据（流股速率）与所提出的模型进行比较。为细致观察众多非理想因素的影响，图2-35中分别单独去掉某个非理想因素来判断其对膜分离过程的影响。在图中，提出的非理想模型与实验值符合良好，即使在处理流量达到3000 cm^3/(s·m^2)时误差仍小于4%；相反，无论单独去掉哪一种非理想因素，最终的计算结果都无法与实验值完全吻合，其中塑化作用的效果最为明显，可使计算结果偏差达到50%以上。

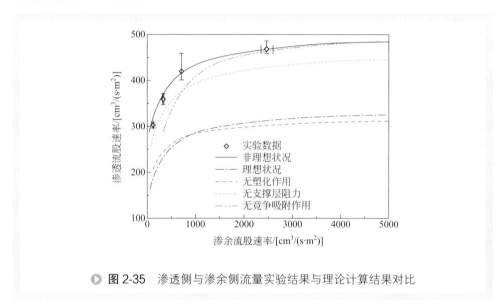

图2-35 渗透侧与渗余侧流量实验结果与理论计算结果对比

结合图2-34和图2-35可以发现，有机蒸气膜分离过程计算模型可以精确地模拟该过程，并可同时通过产品组成和产品流量的交叉对比，证明模型的准确性和可靠性。同时通过对图2-34现象的观察不难发现，在有机蒸气膜分离过程中，无论是基膜阻力的影响、竞争吸附作用的影响还是塑化作用的影响都十分显著，在模型计算中忽略一个或几个因素都将导致计算过程偏离实际。

2. 多流动形式双膜组件数学模型的建立

双膜组件是一种利用双向富集效应同时分离多种气体的特殊膜分离器。由于两种膜材料同时被填装到一个壳体中，两种膜之间的跨膜压差、浓度分布等都不相同，使双膜组件获得了与众不同甚至是更为优秀的分离效果。虽然双膜组件中每种膜的分离过程都与单膜组件遵循相同的原理，但由于额外增加的自由度，双膜组件仍然需要重新建模。

对于膜分离器，最显著也最易调控的特点和操作形式是流动形式。通常对于化工过程单元，无论在换热器中或是精馏塔中，逆流操作都可以保证推动力的最大化。在 20 世纪 70 年代，部分商业化膜公司通过简易拆分的两段膜进行实验，结果表明并流操作优于逆流操作。然而 Pan 等在后续的研究论文中指出，其结果是由于不正常计算渗透侧压力梯度所导致。Pan 等通过严格渗透侧压力梯度计算证明了对于单膜组件，逆流操作优于并流操作同样成立。基于这些研究，可以明显推论得到双膜组件的最优流动形式是逆/逆流操作。

如图 2-36 所示，由于双膜组件具有两种独立操作、运行的膜束，其具有多种不同的流动形式，包括并/并流、逆/逆流、逆/并流、并/逆流等；其中前两者为对称形式，可从单膜组件类比得出，而后两者则为双膜组件的独有流动形式。在双膜组件数学模型建立过程中，需要全面考虑多种流动形式的影响。

已有文献报道的双膜组件的数学模型多采用微分方法，其算法过程必须采用固定膜材料选择性进行代入，以实现浓度分布计算的迭代过程，再通过重新计算压力梯度生成新的初值以进行下一次迭代，直到收敛。通常微分模型采用牛顿迭代法（即打靶算法）确保算法收敛。然而打靶算法效率较低，常由于步长限制越过收

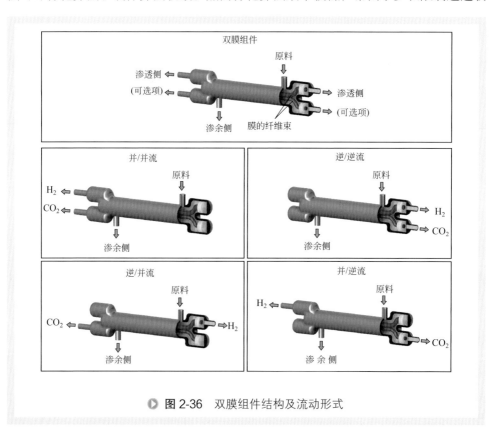

● 图 2-36 双膜组件结构及流动形式

敛区间，使计算发散。针对双边值问题的双膜分离过程，两个独立膜的不同压力梯度、流动方向造成的耦合效应使打靶算法的稳定性随组分的增加迅速降低。因此，虽然采用打靶算法的单膜组件数学模型十分常见，但文献报道的双膜组件微分模型仅针对三元体系进行算法优化，虽然提高了模型求解稳定性，但体系难以扩展至多元组分；若需要嵌入随组分、压力变化的透量模型，则需要对其列出相应的偏微分方程，不但使联立方程数量加倍，也同时增加了计算难度。

　　研究者提出基于有限差分法的离散化双膜组件数学模型求解算法，其传质及流动关系见图 2-37，其离散格式及算法迭代过程避免了低效的打靶算法，使收敛过程不但稳定，而且精度较高。有限差分法是通过将微分方程离散至线性节点上，通过泰勒级数展开微分算子后进行代数计算的方法。然而有限差分法具有一定的缺点，例如离散格式的选取不但影响着计算精度，更影响着计算效率与稳定性。通常易于计算的离散格式是显示格式，然而其求解稳定性极差。迎风格式具有较高的计算稳定性，在某些情况下可以做到求解的无条件稳定（例如 Crank-Nicoleson 格式），但为满足稳定性判据，必须要牺牲精度，即离散单元不可达到任意小。针对双边界条件的逆流双膜分离过程，常规的有限差分法离散格式难以满足要求，因此需要从传质方程自身出发推导适用于双膜组件的离散格式。

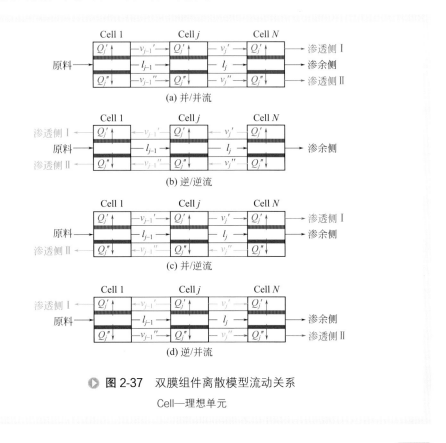

图 2-37　双膜组件离散模型流动关系

Cell—理想单元

（1）双膜组件传质方程

首先将双膜组件视为串联的多个理想单元，其架构见图 2-36。对于任意一种膜材料，其传质方程为

$$Q_{i,j}^k = J_{i,j}^k A_j^k (P_{f,j} x_{i,j} - P_{P,j}^k y_{i,j}^k)$$ （2-78）

式中　角标 i, j, k——组分指标，单元指标，膜指标；

　　　　角标 f, P——高压侧，渗透侧。

为方便后文推导，现引入组分摩尔流率

$$v_{i,j}^k = F_{P,j}^k y_{i,j}^k$$ （2-79）

$$l_{i,j}^k = F_{r,j} x_{i,j}$$ （2-80）

式中　v, l——渗透侧及渗余侧组分摩尔流率，mol /s。

组分摩尔流率加和后可得渗透侧、渗余侧的总摩尔流量

$$F_{P,j}^k = \sum_{i=1}^c v_{i,j}^k$$ （2-81）

$$F_{r,j} = \sum_{i=1}^c l_{i,j}$$ （2-82）

通过式（2-79）～式（2-82）可以实现不同组分浓度和流量之间的换算。同时，由于在模型中存在部分相同项，为方便书写，定义如下系数表达形式

$$\lambda_{ri,j}^k = \frac{J_{i,j}^k A_j^k P_{f,j}}{F_{r,j}}$$ （2-83）

$$\lambda_{Pi,j}^k = \frac{J_{i,j}^k A_j^k P_{P,j}^k}{F_{P,j}^k}$$ （2-84）

其中，式（2-83）、式（2-84）对所有流动形式均适用。

双膜组件中两种膜的面积比是双膜组件中至关重要的参数，其定义为

$$R = \frac{A^I}{A^{II}}$$ （2-85）

式中　R——膜面积比。

以此为基础，可通过物料守恒对各种流动形式的双膜组件进行建模。

（2）并/并流双膜组件数学模型

并/并流双膜组件具有简单的流动形式，其模拟过程不需要求解方程组。对于离散单元 j, k 的渗透流量为

$$Q_{i,j}^k = v_{i,j}^k - v_{i,j-1}^k$$ （2-86）

式中　当 $j=1$ 时 $v_{i,0}^k$——膜丝内死端处流量。

式（2-86）可重写为

$$v_{i,j}^k = \left(\frac{\lambda_{\mathrm{r}i,j}^k}{\lambda_{\mathrm{p}i,j}^k + 1}\right)l_{i,j}, j = 1 \tag{2-87}$$

对于其他任意离散单元，其物料平衡为

$$l_{i,j-1} - l_{i,j} + \sum_k (v_{i,j-1}^k - v_{i,j}^k) = 0 \tag{2-88}$$

在 $j=1$ 时，将式（2-87）代入式（2-88）可得

$$l_{i,j} = \frac{l_{i,j-1}}{1 + \dfrac{\lambda_{\mathrm{r}i,j}^{\mathrm{I}}}{\lambda_{\mathrm{p}i,j}^{\mathrm{I}} + 1} + \dfrac{\lambda_{\mathrm{r}i,j}^{\mathrm{II}}}{\lambda_{\mathrm{p}i,j}^{\mathrm{II}} + 1}}, j = 1 \tag{2-89}$$

式中 $l_{i,0}$——进料组分摩尔流率，mol/s。

对于离散单元 2~N，可以写出渗余侧、渗透侧的组分摩尔流率表达式，即

$$l_{i,j} = \frac{l_{i,j-1} + (1 - \dfrac{1}{\lambda_{\mathrm{p}i,j}^{\mathrm{II}} + 1})v_{i,j}^{\mathrm{I}} + (1 - \dfrac{1}{\lambda_{\mathrm{p}i,j}^{\mathrm{II}} + 1})v_{i,j}^{\mathrm{II}}}{1 + \dfrac{\lambda_{\mathrm{r}i,j}^{\mathrm{I}}}{\lambda_{\mathrm{p}i,j}^{\mathrm{I}} + 1} + \dfrac{\lambda_{\mathrm{r}i,j}^{\mathrm{II}}}{\lambda_{\mathrm{p}i,j}^{\mathrm{II}} + 1}}, j = 2 \sim N \tag{2-90}$$

$$v_{i,j}^k = \frac{\lambda_{\mathrm{r}i,j}^k}{\lambda_{\mathrm{p}i,j}^k + 1}l_{i,j} + \frac{1}{\lambda_{\mathrm{p}i,j}^k + 1}v_{i,j-1}^k, j = 2 \sim N \tag{2-91}$$

由于并/并流模型方程可以顺序求解，在已知原料流量、组成的情况下，可以简单求解双膜组件整体浓度分布。

（3）逆/逆流双膜组件数学模型

逆/逆流双膜组件的求解相对复杂。由于逆流流动是一种边值问题，其建模需要求解隐式方程组。逆/逆流双膜组件的渗透侧物料平衡为

$$Q_{i,j}^k = v_{i,j}^k - v_{i,j+1}^k \tag{2-92}$$

重写式（2-90）可得

$$l_{i,j} = \left(\frac{\lambda_{\mathrm{p}i,j}^{\mathrm{I}} + 1}{\lambda_{\mathrm{r}i,j}^{\mathrm{I}}}\right)v_{i,j}^{\mathrm{I}} - \frac{1}{\lambda_{\mathrm{r}i,j}^{\mathrm{I}}}v_{i,j+1}^{\mathrm{I}} \tag{2-93}$$

对于每个离散单元，其物料平衡可以写为

$$l_{i,j-1} - l_{i,j} + \sum_k (v_{i,j+1}^k - v_{i,j}^k) = 0 \tag{2-94}$$

将式（2-93）代入式（2-94）可得

$$v_{i,j}^{\mathrm{II}} = v_{i,j-1}^{\mathrm{I}}(-\frac{\lambda_{\mathrm{p}i,j-1}^{\mathrm{I}} + 1}{\lambda_{\mathrm{r}i,j-1}^{\mathrm{I}}\lambda_{\mathrm{p}i,j}^{\mathrm{II}}})$$

$$+v_{i,j}^{\mathrm{I}}\left[\frac{1}{\lambda_{\mathrm{r}i,j-1}^{\mathrm{I}}\lambda_{\mathrm{P}i,j}^{\mathrm{II}}}+\frac{(\lambda_{\mathrm{r}i,j}^{\mathrm{II}}+1)(\lambda_{\mathrm{P}i,j}^{\mathrm{I}}+1)}{\lambda_{\mathrm{r}i,j}^{\mathrm{II}}\lambda_{\mathrm{P}i,j}^{\mathrm{I}}}+\frac{1}{\lambda_{\mathrm{P}i,j}^{\mathrm{I}}}\right]$$

$$+v_{i,j+1}^{\mathrm{I}}\left(\frac{\lambda_{\mathrm{r}i,j}^{\mathrm{I}}+1}{\lambda_{\mathrm{r}i,j}^{\mathrm{I}}\lambda_{\mathrm{P}i,j}^{\mathrm{II}}}-\frac{1}{\lambda_{\mathrm{P}i,j}^{\mathrm{II}}}\right) \tag{2-95}$$

将式（2-95）代入式（2-94）中可得方程组

$$\begin{bmatrix} E_{1,1} & G_{1,2} & H_{1,3} \\ D_{i,1}^2 & E_{i,2}^2 & G_{i,3}^2 & H_{i,4}^2 \\ \ddots & \ddots & \ddots & \ddots & \ddots \\ & D_{j,j-1} & E_{j,j} & G_{j,j+1} & H_{j,j+2} \\ & & \ddots & \ddots & \ddots & \ddots \\ & & & D_{N-1,N-3} & E_{N-1,N-2} & G_{N-1,N-1} & H_{N-1,N} \\ & & & & D_{N,N-2} & E_{N,N-1} & G_{N,N} \end{bmatrix} \cdot \begin{bmatrix} v_{i,1}^{\mathrm{I}} \\ v_{i,2}^{\mathrm{I}} \\ \vdots \\ v_{i,j}^{\mathrm{I}} \\ \vdots \\ v_{i,N-1}^{\mathrm{I}} \\ v_{i,N}^{\mathrm{I}} \end{bmatrix} = \begin{bmatrix} B_{i,1} \\ 0 \\ \vdots \\ 0 \\ \vdots \\ 0 \\ 0 \end{bmatrix}$$

$$\tag{2-96}$$

其中

$$B_{i,1}=\left(-1-\frac{1}{\lambda_{\mathrm{P}i,j}^{\mathrm{II}}}\right)l_{i,0} \tag{2-97}$$

$$D_{j,j-1}=\frac{\lambda_{\mathrm{P}i,j-1}^{\mathrm{I}}+1}{\lambda_{\mathrm{r}i,j-1}^{\mathrm{I}}}+\frac{\lambda_{\mathrm{P}i,j-1}^{\mathrm{I}}+1}{\lambda_{\mathrm{r}i,j-1}^{\mathrm{I}}\lambda_{\mathrm{r}i,j}^{\mathrm{II}}} \tag{2-98}$$

$$E_{j,j}=-\frac{1}{\lambda_{\mathrm{r}i,j-1}^{\mathrm{I}}}-\frac{\lambda_{\mathrm{P}i,j}^{\mathrm{I}}+1}{\lambda_{\mathrm{r}i,j}^{\mathrm{I}}}-\frac{\lambda_{\mathrm{P}i,j-1}^{\mathrm{I}}+1}{\lambda_{\mathrm{r}i,j}^{\mathrm{I}}\lambda_{\mathrm{P}i,j+1}^{\mathrm{II}}}-\frac{1}{\lambda_{\mathrm{r}i,j-1}^{\mathrm{I}}\lambda_{\mathrm{P}i,j}^{\mathrm{II}}}-\frac{(\lambda_{\mathrm{r}i,j}^{\mathrm{II}}+1)(\lambda_{\mathrm{P}i,j}^{\mathrm{I}}+1)}{\lambda_{\mathrm{r}i,j}^{\mathrm{II}}\lambda_{\mathrm{P}i,j}^{\mathrm{I}}}-\frac{1}{\lambda_{\mathrm{P}i,j}^{\mathrm{I}}}-1$$

$$\tag{2-99}$$

$$G_{j,j+1}=\frac{1}{\lambda_{\mathrm{r}i,j}^{\mathrm{I}}}+\frac{1}{\lambda_{\mathrm{r}i,j}^{\mathrm{I}}\lambda_{\mathrm{P}i,j+1}^{\mathrm{II}}}+\frac{(\lambda_{\mathrm{r}i,j+1}^{\mathrm{II}}+1)(\lambda_{\mathrm{P}i,j+1}^{\mathrm{I}}+1)}{\lambda_{\mathrm{r}i,j+1}^{\mathrm{II}}\lambda_{\mathrm{P}i,j+1}^{\mathrm{I}}}+\frac{1}{\lambda_{\mathrm{P}i,j+1}^{\mathrm{II}}}+\frac{\lambda_{\mathrm{r}i,j}^{\mathrm{II}}+1}{\lambda_{\mathrm{r}i,j}^{\mathrm{I}}\lambda_{\mathrm{P}i,j}^{\mathrm{II}}}+\frac{1}{\lambda_{\mathrm{P}i,j}^{\mathrm{II}}}+1$$

$$\tag{2-100}$$

$$H_{j,j+2}=-\frac{\lambda_{\mathrm{r}i,j+1}^{\mathrm{II}}+1}{\lambda_{\mathrm{r}i,j+1}^{\mathrm{I}}\lambda_{\mathrm{P}i,j+1}^{\mathrm{II}}}-\frac{1}{\lambda_{\mathrm{P}i,j}^{\mathrm{II}}} \tag{2-101}$$

注意式（2-96）对每个组分都成立，其方程解法可采用高斯列主消元法。通过求解式（2-96），每个离散单元的组分摩尔流率均可被解出，从而其他浓度、流量分布可以被推导和计算。

传统逆流膜分离过程的数学模型多采用微分方法。由于逆流膜分离过程是一种双移动边值（压力梯度因素造成）的多参数微分方程组，其求解方法通常采用龙格库塔法进行打靶算法，不但求解效率低，其求解精度也严重不足。研究者提出的模型采用了高斯列主消元法，其对于三、四对角矩阵的求解效率高、鲁棒性强，大大提高了模型计算过程的效率和精度。

（4）并/逆流、逆/并流双膜组件数学模型

由于并/逆流和逆/并流流型是镜像对称关系，在数学演绎上二者并无差别，仅需将膜指标互换即可求解，故在此节仅讨论并/逆流流型的数学建模。并/逆流流动形式的双膜组件传质方程组与逆/逆流双膜组件相同，都是移动双边界条件问题，其求解过程也类似。然而由于并/逆流双膜组件内两种膜具有流动形式的区分，因此需要采用不同的推导方法。

并/逆流双膜组件建模从并流膜（膜 I）开始，其渗透侧物料守恒为

$$Q_{i,j}^k = v_{i,j}^k - v_{i,j-1}^k \tag{2-102}$$

重写式（2-102）可得

$$l_{i,j} = \left(\frac{\lambda_{\mathrm{P}i,j}^{\mathrm{I}} + 1}{\lambda_{\mathrm{r}i,j}^{\mathrm{I}}} \right) v_{i,j}^{\mathrm{I}} - \frac{1}{\lambda_{\mathrm{r}i,j}^{\mathrm{I}}} v_{i,j-1}^{\mathrm{I}} \tag{2-103}$$

对于每个离散单元，其物料平衡可以写为

$$l_{i,j-1} - l_{i,j} + v_{i,j+1}^{\mathrm{I}} - v_{i,j}^{\mathrm{I}} + v_{i,j+1}^{\mathrm{II}} - v_{i,j}^{\mathrm{II}} = 0 \tag{2-104}$$

将式（2-103）代入式（2-102）可得

$$v_{i,j}^{\mathrm{II}} = v_{i,j-2}^{\mathrm{I}} \left(\frac{1}{\lambda_{\mathrm{r}i,j-1}^{\mathrm{I}} \lambda_{\mathrm{P}i,j}^{\mathrm{II}}} \right)$$

$$+ v_{i,j}^{\mathrm{I}} \left(-\frac{\lambda_{\mathrm{P}i,j-1}^{\mathrm{II}} + 1}{\lambda_{\mathrm{r}i,j-1}^{\mathrm{I}} \lambda_{\mathrm{P}i,j}^{\mathrm{II}}} - \frac{\lambda_{\mathrm{r}i,j}^{\mathrm{II}} + 1}{\lambda_{\mathrm{r}i,j}^{\mathrm{I}} \lambda_{\mathrm{P}i,j}^{\mathrm{II}}} - \frac{1}{\lambda_{\mathrm{P}i,j}^{\mathrm{II}}} \right)$$

$$+ v_{i,j+1}^{\mathrm{I}} \left[\frac{(\lambda_{\mathrm{r}i,j}^{\mathrm{II}} + 1)(\lambda_{\mathrm{P}i,j}^{\mathrm{I}} + 1)}{\lambda_{\mathrm{r}i,j}^{\mathrm{I}} \lambda_{\mathrm{P}i,j}^{\mathrm{II}}} + \frac{1}{\lambda_{\mathrm{P}i,j}^{\mathrm{II}}} \right] \tag{2-105}$$

可得方程组

$$\begin{bmatrix} G_{1,1} & H_{1,2} & & & & & \\ E_{2,1} & G_{2,2} & H_{2,3} & & & & \\ D_{3,1} & E_{3,2} & G_{3,3} & H_{3,4} & & & \\ & \ddots & \ddots & \ddots & \ddots & & \\ & D_{j,j-2} & E_{j,j-1} & G_{j,j} & H_{j,j+1} & & \\ & & \ddots & \ddots & \ddots & \ddots & \\ & & & D_{N-1,N-3} & E_{N-1,N-2} & G_{N-1,N-1} & H_{N-1,N} \\ & & & & D_{N,N-2} & E_{N,N-1} & G_{N,N} \end{bmatrix} \cdot \begin{bmatrix} v_{i,1}^{\mathrm{I}} \\ v_{i,2}^{\mathrm{I}} \\ v_{i,3}^{\mathrm{I}} \\ \vdots \\ v_{i,j}^{\mathrm{I}} \\ \vdots \\ v_{i,N-1}^{\mathrm{I}} \\ v_{i,N}^{\mathrm{I}} \end{bmatrix} = \begin{bmatrix} B_{i,1} \\ 0 \\ 0 \\ \vdots \\ 0 \\ \vdots \\ 0 \\ 0 \end{bmatrix}$$

$$\tag{2-106}$$

其中

$$B_{i,1} = (-1 - \frac{1}{\lambda_{\mathrm{P}i,j}^{\mathrm{II}}})l_{i,0} \tag{2-107}$$

$$D_{j,j-2} = -\frac{1}{\lambda_{\mathrm{r}i,j-1}^{\mathrm{I}}} - \frac{1}{\lambda_{\mathrm{r}i,j-1}^{\mathrm{I}} \lambda_{\mathrm{P}i,j}^{\mathrm{II}}} \tag{2-108}$$

$$E_{j,j-1} = \frac{\lambda_{\mathrm{P}i,j-1}^{\mathrm{I}} + 1}{\lambda_{\mathrm{r}i,j-1}^{\mathrm{I}}} + \frac{1}{\lambda_{\mathrm{r}i,j}^{\mathrm{I}}} + 1 + \frac{1}{\lambda_{\mathrm{r}i,j}^{\mathrm{I}} \lambda_{\mathrm{P}i,j+1}^{\mathrm{II}}} + \frac{\lambda_{\mathrm{P}i,j}^{\mathrm{II}} + 1}{\lambda_{\mathrm{r}i,j-1}^{\mathrm{I}} \lambda_{\mathrm{P}i,j}^{\mathrm{II}}} + \frac{1}{\lambda_{\mathrm{P}i,j}^{\mathrm{II}}} + \frac{\lambda_{\mathrm{r}i,j}^{\mathrm{II}} + 1}{\lambda_{\mathrm{r}i,j}^{\mathrm{I}} \lambda_{\mathrm{P}i,j}^{\mathrm{II}}} \tag{2-109}$$

$$G_{j,j} = -\frac{\lambda_{\mathrm{P}i,j}^{\mathrm{I}} + 1}{\lambda_{\mathrm{r}i,j}^{\mathrm{I}}} - 1 - \frac{\lambda_{\mathrm{P}i,j}^{\mathrm{I}} + 1}{\lambda_{\mathrm{r}i,j}^{\mathrm{I}} \lambda_{\mathrm{P}i,j+1}^{\mathrm{II}}} - \frac{\lambda_{\mathrm{r}i,j+1}^{\mathrm{II}} + 1}{\lambda_{\mathrm{r}i,j+1}^{\mathrm{I}} \lambda_{\mathrm{P}i,j+1}^{\mathrm{II}}} - \frac{1}{\lambda_{\mathrm{P}i,j+1}^{\mathrm{II}}} - \frac{(\lambda_{\mathrm{r}i,j}^{\mathrm{II}} + 1)(\lambda_{\mathrm{P}i,j}^{\mathrm{I}} + 1)}{\lambda_{\mathrm{r}i,j}^{\mathrm{I}} \lambda_{\mathrm{P}i,j}^{\mathrm{II}}} - \frac{1}{\lambda_{\mathrm{P}i,j}^{\mathrm{II}}} \tag{2-110}$$

$$H_{j,j+1} = \frac{(\lambda_{\mathrm{r}i,j+1}^{\mathrm{II}} + 1)(\lambda_{\mathrm{r}i,j+1}^{\mathrm{I}} + 1)}{\lambda_{\mathrm{r}i,j+1}^{\mathrm{I}} \lambda_{\mathrm{P}i,j+1}^{\mathrm{II}}} + \frac{1}{\lambda_{\mathrm{P}i,j}^{\mathrm{II}}} \tag{2-111}$$

通过求解式（2-106），每个离散单元的组分摩尔流率均可被解出，从而其他浓度、流量分布可以被推导和计算。

（5）双膜组件模型求解方法

双膜组件求解需要迭代计算，初值的选取对最终结果的准确性和收敛过程的速度有着至关重要的影响。本模型初值生成采用错流模型，即每个离散单元的渗透侧组成和流率与其他串联单元无关，而完全由膜材料的渗透性质决定，其传质方程为

$$Q_{i,j}^{k} = J_{i,j}^{k} A_{j}^{k} (P_{\mathrm{f},j} x_{i,j} - P_{\mathrm{P},j}^{k} y_{i,j}^{k'}) = v_{i,j}^{k} \tag{2-112}$$

其中，错流浓度 $y_{i,j}^{k'}$ 可由渗透流量求得

$$y_{i,j}^{k'} = \frac{Q_{i,j}^{k}}{\sum\limits_{i=1}^{c} Q_{i,j}^{k}} \tag{2-113}$$

每个离散单元的物料守恒方程为

$$l_{i,j-1} - l_{i,j} - \sum_{k} v_{i,j}^{k} = 0 \tag{2-114}$$

在求解过程中，首先要选取离散程度（N）。Coker 等和 Thundyil 等均对离散程度做过考察，其结论表明至少需要 $N=100$ 才可以保证求解准确性。为节约计算资源并保证计算过程的可靠性，计算均采用 $N=100$。

膜分离器的压力计算过程仅需选取不同流动形式对应的初值，在每次迭代结束后更新膜分离器组成、流动分布数据即可。计算收敛由下式判断

$$\left| \frac{\Delta F_{\mathrm{r}}}{F_{\mathrm{r}}} \right| \leq \text{Tolerance} \qquad [2\text{-}115(a)]$$

64　分离过程耦合强化

$$\left|\frac{\Delta F_{\mathrm{P}}}{F_{\mathrm{P}}}\right| \leqslant \text{Tolerance} \qquad\qquad [2\text{-}115(b)]$$

式中　　ΔF_{r}，ΔF_{P}——每两次迭代结果的流量差值；

　　　　Tolerance——迭代偏差的容许值。

对于除模型验证外的所有计算，计算误差均为 10^{-5}；对于模型验证过程，由于流量较小，所以误差降低为 10^{-9}［由式（2-115）可知，误差均为相对误差］。

（6）双膜组件模型验证

多篇文献中报道了双膜组件的模拟结果和实验结果。Sengupta 等[41]建立了不考虑膜渗透侧压降的微分模型，其分离体系为 H_2、N_2 和 CO_2，膜材料为 CA（醋酸纤维素）和 SR（硅橡胶）。

图 2-38 中为所提出模型结果与 Sengupta 等结果的对比。为方便表达每种流型对应的快气（即分离效果），双膜组件流动形式的表达将采用如下方法：并（对应快气）/并（对应快气）流，或逆（对应快气）/逆（对应快气）流。通过图 2-38 验证可以发现，当渗透侧压力降被忽略时，提出的模型与文献报道模型结果几乎完全一致。这一结论可以由两种模型算法解释。虽然微分模型是精确模型，但并不能求出精确解析解，在求解过程中仍然需要采用龙格库塔法进行数值求解，而龙格库塔法本质上是一种离散方法，具有 3～4 阶精度。离散求解方法本质上是采用隐式迎风格式离散的连续性方程，其推导过程仅用于保证直接得到无条件稳定的离散格式。由于微分模型和离散模型最终都需要离散格式求解，所以二者最终结果必然相同。实际上，隐式迎风格式的离散模型精度和求解稳定性均好于龙格库塔法。

在真实情况下，膜分离器的渗透侧压力降非常大，通常不可被忽略。Sengupta

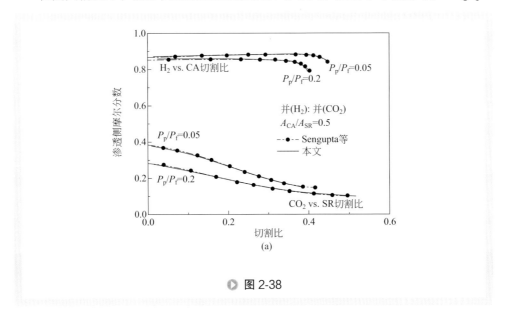

● 图 2-38

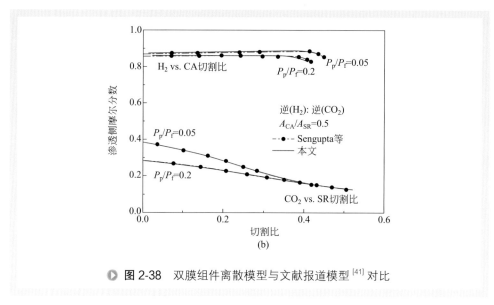

图 2-38 双膜组件离散模型与文献报道模型[41]对比

等[42,43]在其他研究中对 He、N_2、CO_2 体系进行了双膜组件分离实验，其实验结果与提出模型计算结果的对比如图 2-39 所示。在图 2-39 中，模型预测结果与实验结果符合良好，证明了所提出模型的可靠性。基于以上模型验证，可以将所提出的模型应用于其他后续研究中。

3. 双膜组件非理想数学模型的建立

（1）双膜组件非理想数学模型计算过程

结合膜透量非理想模型和双膜组件数学模型，得到可用于计算多组分有机蒸气

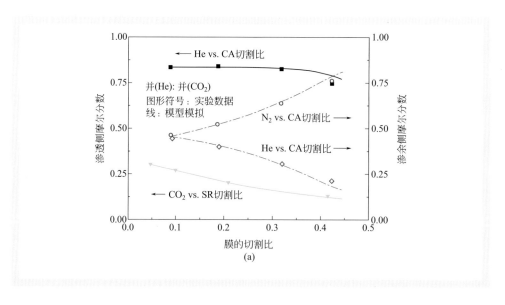

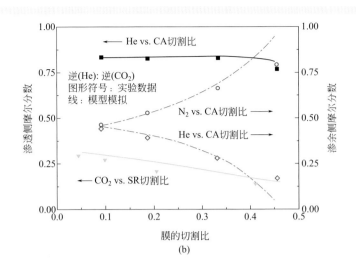

(b)

● **图 2-39** 双膜组件离散模型与文献报道实验结果对比[42, 43]

混合气体体系的双膜组件非理想模型。非理想膜透量在离散化双膜分离器模型中的集成需要在原有双膜分离器模型算法基础上额外增加一次非理想透量分布的迭代，其计算流程框图见图 2-40。

由图 2-40 可以发现，非理想膜透量的引入与计算膜组件内压力降的方法类似，在每次迭代后对透量分布进行重新计算，并更新参数作为下一次迭代计算的基础，首次迭代生成的初值可以由理想膜透量代替。由于在第二次迭代后非理想膜透量的

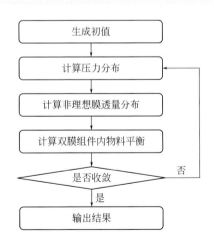

● **图 2-40** 考虑非理想膜透量的双膜组件数学模型计算流程

变化较小，因此额外加入的计算步骤仅会增加极少的迭代次数。

（2）双膜组件计算模型在商业化软件中的嵌入与应用

利用所提出单、双膜数学模型结构简单算法实现形式简易的特点，将所提出的数学模型嵌入商业化流程模拟软件中。

利用商业化流程模拟软件界面友好、内建库丰富的特点，实现了膜分离过程的快捷、准确计算，同时为膜过程设计提供了高效的工具。HYSYS 提供了 EDF 扩展软件和内建的 Custom Operation 模块，通过将所建立的模型编译为 DLL 动态链接库文件并利用 EDF 文件进行索引和 UI（User-interface）设计，在 HYSYS 中进行注册表注册后即可实时调用，不但避免了采用 User-defined Operation 时循环计算导致的内部调用死循环问题，也填补了商业化模拟软件中膜分离计算模块的空白。

所建立的膜分离计算模块"MemCal"具有高速收敛（大型流程计算时间小于

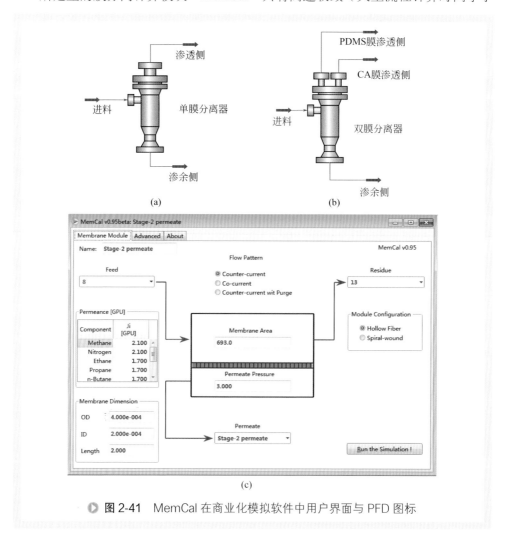

▶ 图 2-41 MemCal 在商业化模拟软件中用户界面与 PFD 图标

1s）、精度高、参数设置简便、可扩展性高等特点，其 UI 界面与 PFD 图标见图 2-41。后文中设计均基于此计算工具。

第四节 应用实例

1. 膜耦合过程

以厌氧发酵生物气为原料生产压缩天然气是大规模利用生物质资源的重要途径。通过发酵得到的生物气（25 ℃，101.3 kPa），主要含有 CH_4［～50%（摩尔分数）］、CO_2［～45%(摩尔分数)］、空气［<1%(摩尔分数)］和 H_2S（50～5000 μL/L），以及饱和水蒸气 H_2O［～3%（摩尔分数）］。为了满足大规模工业应用的需要，生物甲烷的规格必须满足天然气管道传输、储运及使用的要求：CH_4 浓度大于 97%（摩尔分数），CO_2 含量小于 1%（摩尔分数），H_2S 含量低于 10 μL/L。开发高效低成本的分离工艺，是生物甲烷大规模应用的重要环节。

甲烷回收率偏低是单级气体膜分离提纯系统最主要的不足。采用单级生物甲烷膜分离提纯系统时，即使膜分离器的进料压力提高到 3.04 MPa，单级系统的甲烷回收率也只有 77.1% 左右。为了进一步提高提纯过程中甲烷的回收率，必须对膜分离流程进行改进。基于单级系统的分析，采用二级膜分离系统提高目标物质回收率。二级气体膜分离提纯系统成功解决了单级系统回收率较低的问题，见图 2-42。然而，二级系统流程复杂，设备投资高。面对大规模的生物气处理的生产需求，必须

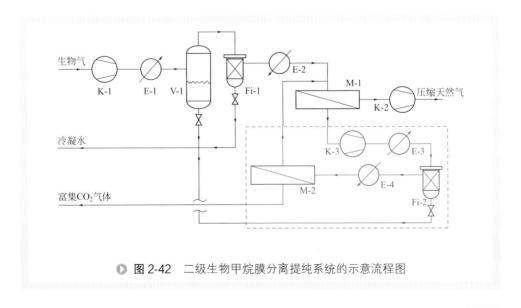

● 图 2-42　二级生物甲烷膜分离提纯系统的示意流程图

开发流程相对简单，投资相对较低的膜分离系统。

根据单级分离系统中渗透气甲烷浓度变化的特征，将膜分离器按合适比例重排为两段，大连理工大学膜科学与技术研究开发中心阮雪华[44]开发了一级二段气体膜分离系统，如图2-43所示。厌氧发酵生物气经第一段膜分离后，渗余气中的二氧化碳浓度下降到14.2%（摩尔分数），进入第二段膜分离。在二段膜中，渗余气甲烷浓度达到97.0%（摩尔分数），经进一步压缩（K-2）后可作为产品压缩天然气；渗透气甲烷含量大于52.4%（摩尔分数），与原料生物气一起进入K-1增压后生产甲烷，模拟结果表明一级二段系统的甲烷收率达到95.0%。

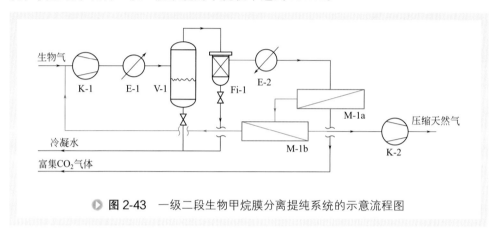

▶ **图2-43** 一级二段生物甲烷膜分离提纯系统的示意流程图

对环氧乙烷驰放气回收过程进行研究设计。以某厂环氧乙烷生产排放气气量160 Nm^3/h，乙烯浓度23.12%（体积分数），氩气浓度12.32%（体积分数），年运行时间8000h为例，大连欧科膜技术工程有限公司提出膜分离和反应过程耦合工艺流程如图2-44所示。

从环氧乙烷反应器产出的驰放气经过膜分离后，在膜的渗透侧得到富含乙烯的

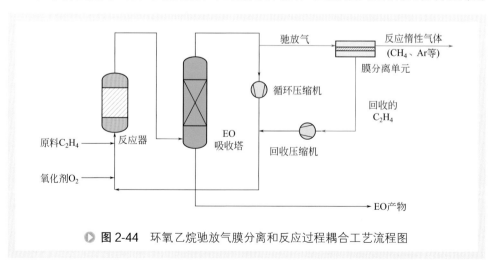

▶ **图2-44** 环氧乙烷驰放气膜分离和反应过程耦合工艺流程图

渗透气流，返回到现有的回收压缩机，再与循环气汇合返回到反应器循环利用，膜截留侧的贫乙烯、富氩气的气流进入废热锅炉回收能量。该过程乙烯的回收率一般 >85%，典型案例采用该工艺过程，截留侧氩气浓度提高了 5%~8%，乙烯浓度从约 22% 降到了 7%~9%，乙烯回收率达到 90% 以上。每年回收乙烯 300 多吨，甲烷 130 多吨。

2. 分离 + 精馏耦合过程

基于聚酰亚胺膜的 TFE（四氟乙烯）精制尾气分离特征，大连理工大学膜科学与技术研究开发中心构建精馏/膜分离耦合流程[44]，其示意结构见图 2-45。经水洗、碱洗、压缩和脱水等预处理后的粗 TFE 中段进入精馏塔（a），在塔底获得精制 TFE，不凝气从塔顶排出；塔顶尾气含有大量 TFE，首先进入精密过滤器（b）除去夹带的固体颗粒和液雾，然后进入换热器（c）回收冷量，再进入加热器（d）升温，保证气体温度与膜分离器（e）的使用要求一致；预处理合格的不凝气进入聚酰亚胺膜分离器，不凝杂质气体 N_2、CO 和 O_2 优先渗透，从渗透侧排出系统，送往焚烧装置进行无毒化处理，目标物质 TFE 被聚酰亚胺膜截留，在渗余侧富集；富集的 TFE 经循环压缩机（f）升压、冷却器（g）和换热器（c）降温后返回精馏塔。

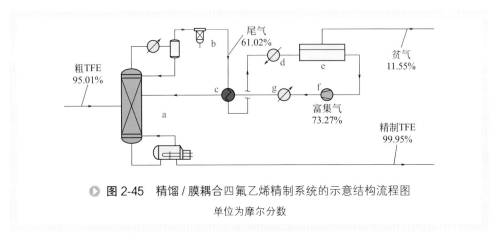

▶ **图 2-45** 精馏/膜耦合四氟乙烯精制系统的示意结构流程图
单位为摩尔分数

在耦合流程的模拟过程中，精馏塔的操作条件将参考工业使用的参数：塔顶压力为 1.30 MPa；塔底压力为 1.35 MPa；塔顶冷凝温度为 −30 ℃，并假设维持恒定；塔底再沸器的温度小于 0 ℃，避免加热过程导致 TFE 自聚。

每根气体膜组件的有效面积为 60 m^2。根据膜分离器的使用要求，不凝气经预处理加热至 30 ℃进入膜分离系统。考虑气体通过过滤器、换热器和管道的流动阻力，膜分离器进口压力设为 1.25 MPa；考虑气体在膜分离器内的流动阻力，渗余气的压力设为 1.20 MPa；考虑不凝气进入焚烧装置的流动阻力，渗透气压力设为 0.15 MPa。循环压缩机的出口压力设为 1.50 MPa，保证富含 TFE 的渗余气能够克服换热器和管道的阻力，返回精馏塔。在冷却器（g）中富含 TFE 的循环气被冷却到 40 ℃

左右。然后在换热器（c）中循环气被冷却到 −10 ℃以下。

粗四氟乙烯的组成参考中国某氟化工厂 5 kt/a 四氟乙烯生产装置的数据，见表2-12。根据聚合规格，精制后的四氟乙烯纯度为 99.95%（摩尔分数）。此外，根据精馏塔顶部操作条件，排出的不凝气中 TFE 的含量为 61.02%（摩尔分数），其他主要为 CO，以及少量 N_2 和 O_2。

表2-12　中国某氟化工厂5 kt/a四氟乙烯生产装置的粗产品

参 数	数 值
压力 /MPa	1.40
温度 /℃	−20
流量 /(kg/h)	705
波动 /%	± 10.0
TFE 组成 /%（摩尔分数）	95.096
$CHClF_2$ 组成 /%（摩尔分数）	0.042
CO 组成 /%（摩尔分数）	4.827
N_2 组成 /%（摩尔分数）	0.028
O_2 组成 /%（摩尔分数）	0.007

3. 膜分离+压缩+冷凝耦合工艺（高浓度有机气体体系——小本体聚丙烯不凝气的回收过程）

在小本体聚丙烯生产过程中，传统方式采用压缩冷凝工艺对驰放气中丙烯单体进行回收，降低生产的单耗。但由于受压力及冷凝温度的制约，不凝气中仍含有大量浓度高达 50%～80%（体积分数）的丙烯单体无法回收。在 BP-Amoco 气相丙烯聚合工艺中，树脂脱气的排放气中含有20%的丙烯，造成了烃类的大量浪费。采用压缩冷凝和膜分离单元的耦合过程可以将这些排放气中99%以上的丙烯回收利用。

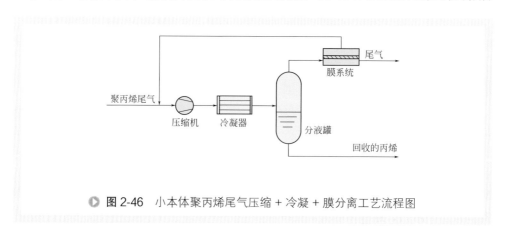

▶ 图 2-46　小本体聚丙烯尾气压缩 + 冷凝 + 膜分离工艺流程图

排放气由压缩机两级压缩压力到 1.8～2.1MPa，经冷凝器冷凝变成气液混合物流入压缩罐进行分离，通过合理设计冷凝器及压缩罐的位置和结构，以及操作时对压缩罐液位和压力严格控制，液态丙烯和不凝气充分分离，回收得到液态的丙烯。但由于热力学气液平衡的限制，在不凝气中仍然含有一定量的丙烯。

对小本体聚丙烯不凝气的回收过程进行研究设计。以某厂小本体聚丙烯生产装置的不凝气为例，其不凝气典型组分如表2-13所示。

表2-13　小本体聚丙烯生产装置的不凝气典型组分

组分	摩尔浓度 /%
C_3H_8	2.22
C_3H_6	66.71
C_2H_6	0.06
N_2	31.01

对该不凝气中的有机气体进行回收，采用压缩 + 冷凝 + 膜分离工艺[45]，流程如图 2-46 所示。

从分液罐出来的不凝气经净化进入膜分离器，膜分离器的渗透侧得到富丙烯的气流返回，膜分离器的尾气排放到装置的放空系统。典型案例采用该工艺过程，处理后尾气中丙烯的浓度小于 10%，丙烯回收率为 99% 左右。每年可以回收丙烯 500多吨，单耗降低约 3%。

4. 膜分离 + 压缩 + 冷凝 + 精馏耦合工艺

对于含烃石化尾气的轻烃回收，常见的工艺包括浅冷分离系统（SCS）、石化企业中常见的汽油吸收稳定系统（GAS）、典型橡胶态聚合物膜分离系统（RPM），SCS 和 GAS 的轻烃回收率非常接近，但 GAS 的能耗略高于 SCS。尤其是特意为轻烃回收建立汽油吸收稳定系统时，巨大的装置投资也不利于 GAS。对于 RPM 来说，当原料轻烃浓度 ≤ 72%（摩尔分数）时，其轻烃回收率已经高于 SCS 和 GAS，但RPM 的能耗远高于 SCS 和 GAS。随着原料轻烃含量降低，RPM 的轻烃回收率逐渐下降，但 SCS 和 GAS 的下降速度更快，RPM 的优势更加明显；此外，当原料轻烃浓度 ≤ 57%（摩尔分数）时，RPM 的能耗低于 GAS，当原料轻烃浓度 ≤ 45%（摩尔分数）时，RPM 的能耗才能低于 SCS。总的来说，对于 CHC/CH₄ 混合体系，SCS和 GAS 的功能相似，GAS 能耗略高，二者适用于处理轻烃浓度 ≥ 55%（摩尔分数）的含烃石化尾气；RPM 适合处理轻烃浓度 ≤ 55%（摩尔分数）的含烃石化尾气；当原料轻烃浓度 ≤ 15%（摩尔分数）的时候，由于单级 RPM 的分离能耗过高，不宜直接采用。SCS 和 GAS 的轻烃回收情况非常相似，两者的功能非常接近，只不过 GAS的能耗略高于 SCS，GAS 的优势分离区域完全被 SCS 覆盖。因此，在设计综合回收含烃石化尾气的分离过程时，可以只考虑 SCS 和 RPM 这两种轻烃分离回收技术[44]。

图 2-47 给出了典型橡胶态聚合物膜分离系统（RPM）回收轻烃的流程。由于气体分离膜不能直接得到液态轻烃，在 RPM 的模拟过程中加入 SCS 实现轻烃液化。含烃石化尾气压缩到 2.0 MPa 后进入预处理装置，再经循环水冷却到 40 ℃，经精馏塔脱除高沸点轻烃后进入膜分离器，氢气、甲烷等不凝气被气体分离膜截留而轻烃优先透过，在渗透侧富集。渗透气经压缩冷凝分离出的轻烃返回膜分离系统，未冷凝的组分进入 −20 ℃ 低温冷凝，得到的液态轻烃送往精馏装置进一步分离。此工艺流程对于原料轻烃浓度为 55%（摩尔分数）的 CHCs/CH₄ 混合体系回收率可以达到 87% 左右。

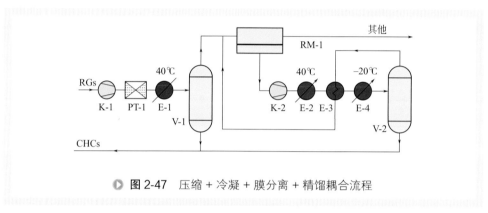

图 2-47 压缩 + 冷凝 + 膜分离 + 精馏耦合流程

5. 压缩 + 冷凝 + 膜分离 +PSA 耦合工艺

炼油厂和石化行业生产的芳烃易燃易爆，有剧毒。由于其具有挥发性，为了安全及防止对环境造成污染，现在芳烃罐区多采用内浮顶罐加氮封的方式对芳烃进行储存。虽然使用内浮顶罐储存芳烃在很大程度上降低了芳烃的挥发率，更加安全和节能，但是由于浮顶与罐壁间的密封元件密封性不足，在实际应用中仍无法完全避免芳烃的蒸发损耗。当储罐进料时，罐内液位上升，压力升高，必须从呼吸口排出浮顶上方的气体以平衡罐内压力，芳烃和氮气也由此而排出，这样不仅造成芳烃和氮气的损失，同时也造成了环境污染。

对芳烃罐区呼吸气的处理过程进行研究设计[47]，开发了压缩 + 冷凝 + 膜分离 +PSA 工艺过程，工艺流程如图 2-48 所示。

主要的工艺过程为：压缩—冷凝—膜分离—变压吸附。系统由有机气回收单元（VRU）和排放气净化单元组成。VRU 含压缩机系统、膜分离器和真空泵等设备，PSA 由吸附罐组成。

流程为：储罐上部的芳烃油气与氮封装置通入的氮气混合气，在压力值超出呼吸阀呼出值时进入油气回收处理装置，经螺杆压缩机增压至操作压力（通常为 0.47 MPa 左右）。压缩机可以使用回收的冷凝液（芳烃）作为工作液，压缩后的气体/密封液经压缩机冷凝器冷却后，温度降到 45 ℃ 以下，然后进入分液罐，气

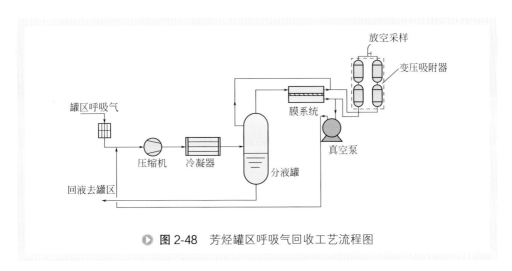

放空采样

变压吸附器

罐区呼吸气

膜系统

真空泵

压缩机 冷凝器

分液罐

回液去罐区

● 图 2-48　芳烃罐区呼吸气回收工艺流程图

液分离后的液体是回收的产品，在压力的作用下返回罐区，气相部分进入膜分离器，真空泵在膜的渗透侧产生真空，以提高膜分离的效率。经膜分离净化后的气体进入吸附器，吸附操作压力为 0.45 MPa（G）左右，吸附效果优于常压吸附，排放气的各种有机物含量均达到排放标准。另一股为烃类得到富集的渗透气体，由真空泵进入压缩机入口继续进行气液分离过程。这种耦合技术已在国内新建炼化企业的储运罐区应用实施，效果良好。

6. 压缩 + 吸收 + 膜分离过程

装车站台挥发油气回收系统几乎能够回收所有的挥发有机成分，如汽油、石脑油、甲基叔丁基醚(MTBE)、酒精、醚类、芳香族化合物(苯、二甲苯)以及氯化物等。仅使用膜分离装置，投资和运行费用较高，采用膜技术与其他技术耦合的工艺，系统性能可以达到并超过目前世界上最严格的排放标准。压缩 + 吸收 + 膜分离过程耦合工艺过程主要适合于大规模、气量波动较大、含有低碳组分、处于爆炸范围的有机气体的处理，特别是在安全性和达标要求严格的地方。典型的工艺流程[2]如图2-49 所示。

汽油蒸气 / 空气的混合物经液环压缩机加压至操作压力（通常表压为 2.3 bar，1bar=0.1MPa）。液环式压缩机使用液体汽油密封，形成非接触的密封环，可消除气体压缩产生的热量。压缩后的气体与环液一同进吸收塔中部，在塔内可将环液与压缩气体分离。贫油泵将低标号的汽油输送到吸收塔顶部。气态的油气在塔内由下向上流经填料层与自上而下喷淋的液态汽油对流接触，液态汽油会将大部分油气吸收，形成富集的油品。富集的油品包括喷淋液体汽油和回收的油气，在富油泵的输送下返回汽油储罐。剩下的油气 / 空气混合物以较低的浓度经塔顶流出后进入膜分离器。膜分离器由一系列并联的安装于管路上的膜组件构成（数量取决于装置的设计产量）。真空泵在膜的渗透侧产生真空，以提高膜分离的效率。膜分离器将混合

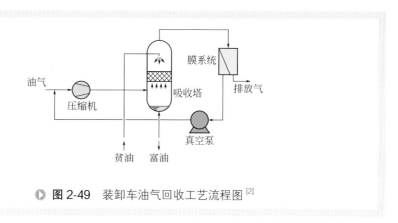

图 2-49　装卸车油气回收工艺流程图[2]

气体分成两股——含有少量烃类的截留物流和富集烃类的渗透流。净化的截留物流浓度低于排放标准可以直接排入大气。渗透流循环至压缩机入口，与收集的排放油气相混合，进行上述循环。

上述汽油的回收是在喷淋塔中完成的。一是因为蒸汽带压，二是因为渗透流再循环造成的物流富集。这就导致进入喷淋塔的物流为两相流——烃蒸气和液态烃。利用罐区内的液体汽油作为压缩机的密封液和吸收塔的吸收剂，不会造成二次污染。由罐区进入油气回收系统的一定质量的液体汽油，经过喷淋吸收后，以较多的质量流量流出油气回收系统。这样，回收的油气以液体形式返回罐区，实现了油气的回收，由于回收的组分为轻组分，因此对油品的品质没有影响。

该工艺过程油气回收率通常可以达到 99%，尾排非甲烷烃浓度低于 25 g/Nm³ 的排放标准，可直接排放。

7. 压缩 + 吸收 + 膜分离 + PSA 过程

炼厂、油库等油气挥发量大且集中的地方，对油气的排放浓度要求较严格。如欧洲 TI Air 规定的烃浓度 150 mg/m³，《石油炼制工业污染物排放标准》（GB31570—2015）和《石油化学工业污染物排放标准》（GB31571—2015）中非甲烷总烃限值 120 mg/m³，北京、天津地方标准限值 80 mg/m³，导致单一的回收技术很难满足排放标准要求，且经济性也不高。

针对炼厂、油库等油气回收过程进行研究设计，开发了压缩 + 吸收 + 膜分离 + PSA 工艺过程，充分发挥各技术的优势特点，使整个油气回收工艺达到最优[47]。典型的工艺流程如图 2-50 所示。

该工艺由三部分组成。第一部分为液环压缩机与吸收塔构成传统的压缩 / 冷凝 / 吸收工艺；第二部分为膜分离工艺；第三部分是变压吸附（PSA）工艺。根据不同的排放要求，第三部分可选。原料气中的油气浓度与温度、压力及汽油的装卸过程有关，一般为 30%～40%。油气经压缩机增压后送入吸收塔用汽油吸收。压缩机采用液环式，环液为汽油，在增压的同时也可以起到降温的作用。压缩后的油气为过

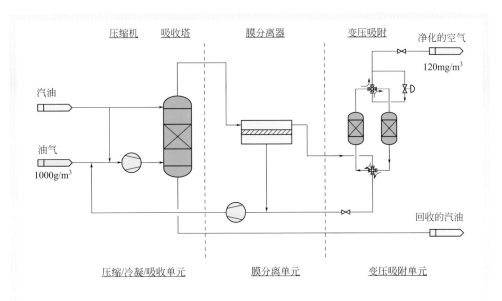

压缩机　吸收塔　　膜分离器　　　变压吸附　　净化的空气 120mg/m³

汽油

油气 1000g/m³

回收的汽油

压缩/冷凝/吸收单元　　膜分离单元　　变压吸附单元

● **图 2-50** 炼厂、油库油气回收压缩＋吸收＋膜分离＋PSA 工艺流程图

饱和的气液混合物，在吸收塔内被由上喷淋而下的汽油吸收掉其中的液相组分。吸收塔内冷的汽油与热的油气直接接触实现传质过程直接换热，提高了换热效率。回收的汽油由吸收塔塔底流出。从吸收塔顶流出的饱和油气/空气混合物流入膜分离单元，进一步回收其中的油气。经过膜分离器后，产生两股物流：一股为富集油气的渗透气，返回压缩机前循环；另一股为净化后的空气，其中含有少量的油气（10 g/m³），可以满足欧洲94/63/EC排放标准（35 g/m³）。若在膜分离后采用变压吸附工艺，可进一步将其油气浓度降至 120 mg/m³，甚至 80 mg/m³。

　　该流程充分发挥了各种工艺的优点，首先利用压缩/冷凝/吸收工艺将原料气压力升高，这样既可以借助冷凝/吸收工艺回收其中的部分油气，也为吸收和膜分离操作创造了有利条件。因为压力越高，冷凝、吸收的效果越好；同时膜是以压差为推动力的，膜的进料压力和渗透压力相差越大越有利于膜的分离操作。经过前两个单元处理后，由膜尾气侧排出的物流油气浓度已经可达 10g/m³，如果在膜单元后接入变压吸附单元，利用其低尾排的特点，可将尾气浓度进一步降低。由于大部分的油气在进入变压吸附前已经被回收，这就使变压吸附单元的负荷大大降低，从而可以降低 PSA 投资和维护成本，提高其使用寿命，最终使整个油气回收流程得以优化。

8. 缓冲＋压缩＋吸收＋膜分离＋PSA 过程

　　许多间歇操作的过程产生的排放气，其气量、气体的组分波动范围非常宽，很难合理设计后续的回收工艺，大连欧科膜技术工程有限公司开发了专有的气囊式气柜技术，可以实现气量的均衡和组成的均质，降低后续设备投资。接下来再采用缓冲＋压缩＋吸收＋膜分离＋PSA过程的工艺流程实现有机气体的处理。典型应用过程包括间歇操作的过程，如间歇反应器的驰放气、油品、化学品装车过程等[45]。

在一个汽油装车、芳烃装车以及洗槽车过程油气的处理项目中，其气量的波动范围为0～4600 m^3/h，采用气囊式气柜技术后，均衡后的设计气量为1000 m^3/h，大大有利于后续回收工艺的设计，工艺流程图如图2-51所示。达到最终处理后的尾气满足非甲烷总烃 ≤ 80 mg/m^3、苯 ≤ 4 mg/m^3、甲苯 ≤ 15 mg/m^3、二甲苯 ≤ 20 mg/m^3的要求，直接排放。

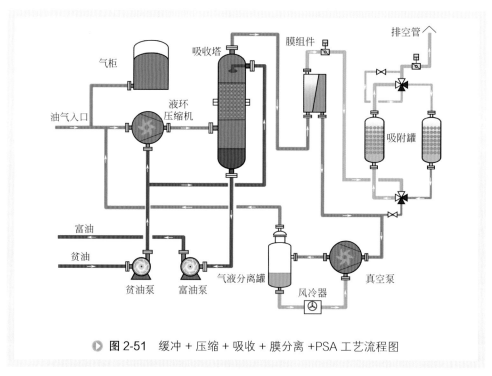

▶ **图 2-51**　缓冲＋压缩＋吸收＋膜分离＋PSA工艺流程图

9. 双膜分离器、压缩冷凝和精馏耦合工艺[47]

随着石油采集量的剧增，多数油田采用二氧化碳驱油技术增加原油采收效率，造成了油田伴生气中二氧化碳含量的急剧升高。在大庆油田等枯竭油田中，油田伴生气二氧化碳含量约为40%（摩尔分数）以上。高浓度的二氧化碳对油田伴生气油气回收工艺造成了严重的影响，不但增加了冷凝、精馏系统的负荷，也降低了有机蒸气膜分离系统的分离效率。传统的氨洗技术由于溶液再生消耗过大的问题，在处理高浓度二氧化碳时会大幅提高操作费用，提高了油田伴生气回收工艺的成本。

双膜组件可以有效地通过两种膜材料的相互作用提升分离效率，同时有望通过两种膜相反的选择性降低慢组分在原料侧极化的现象，提高油田伴生气的回收效率。通过采用双膜组件代替单膜串联过程中的膜组件[46]，可以得到双膜油田伴生气回收过程，其装置连接如图2-52所示。原料气首先通过压缩机增压，并通过冷凝器和精馏塔回收轻烃；不凝气进入双膜组件内同步分离 CO_2 和轻烃，其中 CA 分离的 CO_2 直接注入油田作为驱油剂使用，降低了 CO_2 捕集成本，并提高了油田采收率；PDMS 分离的轻烃组分返回压缩机，重新进行冷凝 - 精馏进行回收。双膜油田伴生气回收过程的设计充分利用了双膜组件双向分离的特点，避免了氨洗等 CO_2 脱除方法的高能耗、高操作费用问题。

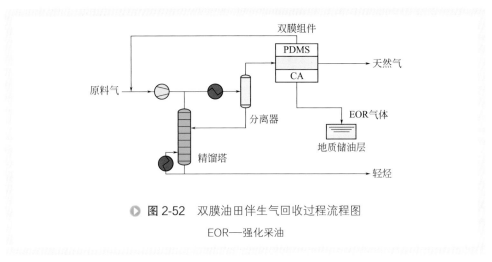

▶ **图 2-52 双膜油田伴生气回收过程流程图**
EOR——强化采油

通过强化膜分离组件可以有效降低二氧化碳的影响。将有机蒸气膜（橡胶态膜材料，优先透过有机蒸气）和二氧化碳分离膜（玻璃态膜材料，优先透过氢气）同时组装到膜组件中，即双膜分离器，使轻烃和二氧化碳被同时分离，有效提高膜分离过程的分离效果[47,48]。该工艺采用新型双膜分离器对压缩冷凝操作的不凝气进行处理，利用双向富集效应对二氧化碳和轻烃同时进行分离，解决了有机蒸气膜选择性较低的问题。富集的轻烃返回压缩机进行回收；二氧化碳产品可直接注入油田进行驱油，不但降低了二氧化碳捕集、贮存的成本，还提高了油田采油效率。此外，由于双膜分离器的高分离效率，循环流股和精馏系统中二氧化碳含量显著降低，使轻烃精制过程的操作消耗大幅降低。经工艺优化，轻烃产品单耗可降低63%以上，设备投资降低43%。油田伴生气双膜分离器回收工艺同时提高了分离系统的操作柔性，提升了最优操作范围，使系统在面对原料波动时具有更广泛的调节空间。由于减少了吸收、再生等操作步骤，双膜分离器工艺更适用于油田、气田等应用场所。

一、小结

围绕气体膜分离技术推广应用及新工艺研发过程中的关键问题，在气体临界性质 / 膜分离选择性关联指导膜分离器的筛选、非理想膜分离过程的有限元数值计算、膜分离过程化学势损失分析及多级结构优化设计、复杂体系多技术梯级耦合分离序列的图解规划快捷设计四大方面进行一系列研究，主要研究结果如下。

（1）基于气体在非促进传递型聚合物中渗透传质的机理——溶解 - 扩散模型，以七种常见聚合物材料为分析对象，系统研究了气体渗透性能与临界性质之间的关系，绘制出橡胶态和玻璃态聚合物中气体溶解选择性 vs. 临界温度、扩散选择性 vs. 临界体积的近似关联曲线，为膜材料的筛选、膜组件的优选匹配提供了理论指导。

（2）基于 UniSim Design 过程模拟软件平台建立了中空纤维膜组件（逆流操作、并流操作流型）和螺旋卷式膜组件（交叉流操作）的有限元数值计算模块，为气体膜分离过程的设计与优化提供了高准确性的模拟工具。在有限元模型的基础上，对膜微元的求解流程结构进行调整、对局部膜分离性能参数和操作条件进行独立调控，在模拟过程中表达流动阻力、浓度极化、膜性能随着操作条件变化等非理想因素的影响，为特殊膜分离过程提供高准确性模拟手段。

（3）通过结合分子模拟、自由体积理论和有机蒸气膜工业生产过程，提出了高效、准确的橡胶态膜非理想渗透系数计算模型，并建立了考虑非理想因素的多流动形式双膜组件的离散数学模型；通过结合 Flory-Huggins 理论和自由体积理论，建立了考虑竞争吸附、溶胀、交联、塑化作用及操作压力影响的橡胶态膜非理想渗透模型。与文献中混合气在 PDMS 膜中渗透实验结果对比，提出的模型可以准确计算混合气在 PDMS 膜中传质的渗透系数。

（4）通过将阻力复合模型嵌入橡胶态膜非理想渗透模型，并与单膜组件传质模型集成，建立了考虑多种非理想因素的有机蒸气膜分离过程模型；建立了逆 / 逆流、并 / 并流、并 / 逆流、逆 / 并流等多种流动形式双膜组件的数学模型，其膜材料渗透系数采用所提出的非理想膜渗透系数计算方法，实现了双膜组件非理想分离过程的准确计算。所建立的模型具有较强的鲁棒性和扩展性，将提出的单、双膜数学模型嵌入商业化流程模拟软件中，实现了膜过程的快捷、准确设计，为后续分离过程设计及优化工作提供了有效的理论计算工具。

（5）从双组分气体膜分离过程出发，建立了描述膜分离过程由开始到完结状态涉及的能量转变的热力学分析模型，在此基础上，通过衡量过程用能合理程度，鉴别影响分离效率的关键环节，明确过程中可以避免的能量损失，为多级膜分离过程的结构设计和操作参数的优化提供理论指导。气体膜分离过程的热力学分析模型是寻求能耗最小分离过程以及快捷设计复杂气体膜分离系统的重要理论指导工具。

二、展望

围绕气体膜分离技术推广应用及新工艺的研发进行了一系列研究，为气体膜分离流程的设计与优化提供理论指导工具，为气体膜分离与传统技术的有机结合，及其在新体系中的推广应用打下坚实的基础，但是仍有很多需要进行深入研究的内容，可进一步拓展和完善的地方主要如下。

（1）建立的预测聚合物膜选择性的关联曲线及公式，还只是基于几种代表性聚合物的渗透传质参数的经验结果。进一步研究聚合物的堆积密度、自由体积、主链扭曲程度、支链基团尺寸等参数对聚合物的尺寸筛分能力的影响，以及聚合物中特殊元素和官能团对气体溶解/吸附能力的影响，是完善膜分离性能预测工具的重点。

（2）基于过程模拟软件 UniSim Design 的膜分离有限元模型，虽然已经能够模拟浓度极化和渗透速率动态可变等非理想因素的影响，但尚需要采用合适的分离体系进行验证，并对一些关键参数通过准确可靠的实验进行校正，才能将多组分非理想膜分离过程的有限元数值计算模块实际应用于工业过程设计。

（3）膜分离过程是一个多尺度过程，微观上气体分子与聚合物材料的相互作用仍存在机理解释不清、微观计算结果与宏观实验结果偏差过大等问题，现有研究和理论基础仍处于探索阶段。若能通过结合微观（分子模拟）、介观 [格子玻尔兹曼方法（LBM）、计算流体力学（CFD）模拟]、宏观（流程模拟）等理论和方法完善膜分离理论，将可以进一步实现膜分离过程的准确预测。

（4）双膜组件作为复杂的膜分离组件形式，非理想因素较多，如不同膜面积以及膜丝排列对传质的影响等因素仍然有待考察。这部分工作需要 CFD 方法和理论支持，且计算量大，同时缺乏有效实验手段验证，是研究的难点。

参考文献

[1] Carlier P, Hannachi H, Mouvier G. The chemistry of carbonyl compounds in the atmosphere—a review[J]. Atmospheric Environment, 1986, 20(11): 2079-2099.

[2] 李辉, 王树立, 赵会军, 等. 膜分离技术在油气回收中的应用 [J]. 污染防治技术, 2007, 20(2): 61-63.

[3] Khan F I, Ghoshal A K. Removal of valatile organic compounds from polluted air[J]. Journal of Loss Prevention in the Process Industries, 2000, 13(6): 527-545.

[4] Parmar G R, Rao N N. Emerging control technologies for volatile organic compounds[J].

Critical Reviews in Environmental Science and Technology, 2008, 39(1): 41-78.

[5] Baker R. Future directions of membrane gas-separation technology[J]. Membrane Technology, 2001, 2001(138): 5-10.

[6] Nunes S P, Peinemann K V. Membrane technology: In the chemical industry(Second)[M]. Revised and Extended Edition, 2006: 9-14.

[7] Strathmann H. Membrane separation processes: Current relevance and future opportunities[J]. AIChE Journal, 2001, 47(5): 1077-1087.

[8] Koros W J, Mahajan R. Pushing the limits on possibilities for large scale gas separation: Which strategies?[J]. Journal of Membrane Science, 2001, 181(1): 141.

[9] Mivechian A, Pakizeh M. Performance comparison of different separation systems for H_2 recovery from catalytic reforming unit off-gas streams[J]. Chemical Engineering & Technology, 2013, 36(3): 519-527.

[10] Qian Y, Yang Q, Zhang J, et al. Development of an integrated oil shale refinery process with coal gasification for hydrogen production[J]. Industrial & Engineering Chemistry Research, 2014, 53(51): 19970-19978.

[11] Robeson L M. The upper bound revisited[J]. Journal of Membrane Science, 2008, 320(1): 390-400.

[12] Wijmans J, Baker R. The solution-diffusion model: A review[J]. Journal of Membrane Science, 1995, 107(1-2): 1-21.

[13] Freeman B D. Basis of permeability/selectivity tradeoff relations in polymeric gas separation membranes[J]. Macromolecules, 1999, 32(2): 375-380.

[14] Lin H, Freeman B D. Gas solubility, diffusivity and permeability in poly (ethylene oxide)[J]. Journal of Membrane Science, 2004, 239(1): 105-117.

[15] Pathare R, Agrawal R. Design of membrane cascades for gas separation[J]. Journal of Membrane Science, 2010, 364(1): 263-277.

[16] Islam M A, Buschatz H. Gas permeation through a glassy polymer membrane: Chemical potential gradient or dual mobility mode?[J]. Chemical Engineering Science, 2002, 57(11): 2089-2099.

[17] Kocherginsky N. Mass transport and membrane separations: Universal description in terms of physicochemical potential and Einstein's mobility[J]. Chemical Engineering Science, 2010, 65(4): 1474-1489.

[18] Marrero T R, Mason E A. Gaseous diffusion coefficients[J]. Journal of Physical and Chemical Reference Data, 1972, 1(1): 3-118.

[19] Merkel T C, Bondar V I, Nagai K, et al. Gas sorption, diffusion, and permeation in poly (dimethylsiloxane)[J]. Journal of Polymer Science Part B: Polymer Physics, 2000, 38(3): 415-434.

[20] Kim J H, Ha S Y, Lee Y M. Gas permeation of poly (amide-6-b-ethylene oxide) copolymer[J]. Journal of Membrane Science, 2001, 190(2): 179-193.

[21] Merkel T C, Bondar V, Nagai K, et al. Gas sorption, diffusion, and permeation in poly (2, 2-bis (trifluoromethyl)-4, 5-difluoro-1, 3-dioxole-co-tetrafluoroethylene)[J]. Macromolecules, 1999, 32(25): 8427-8440.

[22] Shishatskiy S, Nistor C, Popa M, et al. Polyimide asymmetric membranes for hydrogen separation: Influence of formation conditions on gas transport properties[J]. Advanced Engineering Materials, 2006, 8(5): 390-397.

[23] Okamoto K, Fuji M. Gas permeation properties of poly (ether imide) segmented copolymers[J]. Macromolecules, 1995, 28(20): 6950-6956.

[24] Liu Y, Wang R, Chung T S. Chemical cross-linking modification of polyimide membranes for gas separation[J]. Journal of Membrane Science, 2001, 189(2): 231-239.

[25] Chiou J S, Paul D R. Gas permeation in a dry nafion membrane[J]. Industrial & Engineering Chemistry Research, 1988, 27(11): 2161-2164.

[26] Zydney A L. Stagnant film model for concentration polarization in membrane systems[J]. Journal of Membrane Science, 1997, 130(1): 275-281.

[27] Nitsche V, Ohlrogge K, Stürken K. Separation of organic vapors by means of membranes[J]. Chemical Engineering & Technology, 1998, 21(12): 925-935.

[28] Scholes C A, Stevens G W, Kentish. The effect of hydrogen sulfide, carbon monoxide and water on the performance of a PDMS membrane in carbon dioxide/nitrogen separation[J]. Journal of Membrane Science, 2010, 350(1): 189-199.

[29] Scholes C A, Stevens G W, Kentish S E. Modeling syngas permeation through a poly dimethyl siloxane membrane by Flory–Rehner theory[J]. Separation and Purification Technology, 2013, 116: 13-18.

[30] Yoo J S, Kim S J, Choi J S. Swelling equilibria of mixed solvent/poly (dimethylsiloxane) systems[J]. Journal of Chemical & Engineering Data, 1999, 44(1): 16-22.

[31] Flory P J. Statistical mechanics of swelling of network structures[J]. The Journal of Chemical Physics, 1950, 18(1): 108-111.

[32] Suwandi M S, Stern S A. Transport of heavy organic vapors through silicone rubber[J]. Journal of Polymer Science Part B: Polymer Physics, 1973, 11(4): 663-681.

[33] Stern S A, Fang S M, Frisch H L. Effect of pressure on gas permeability coefficients. A new application of "free volume" theory[J]. Journal of Polymer Science Part B: Polymer Physics, 1972, 10(2): 201-219.

[34] Stem S A, Mauze G R, Frisch H L. Tests of a free - volume model for the permeation of gas mixtures through polymer membranes. CO_2 - C_2H_4, CO_2 - C_3H_8, and C_2H_4 - C_3H_8 mixtures in polyethylene[J]. Journal of Polymer Science Part B: Polymer Physics, 1983, 21(8): 1275-

1298.

[35] Saxena V, Stern S A. Concentration-dependent transport of gases and vapors in glassy polymers: II. Organic vapors in ethyl cellulose[J]. Journal of Membrane Science, 1982, 12(1): 65-85.

[36] Stern S A, Saxena V. Concentration-dependent transport of gases and vapors in glassy polymers[J]. Journal of Membrane Science, 1980, 7(1): 47-59.

[37] Feng X, Shao P, Huang R Y M, et al. A study of silicone rubber/polysulfone composite membranes: Correlating H_2/N_2 and O_2/N_2 permselectivities[J]. Separation and Purification Technology, 2002, 27(3): 211-223.

[38] Beuscher U, Gooding C H. Characterization of the porous support layer of composite gas permeation membranes[J]. Journal of Membrane Science, 1997, 132(2): 213-227.

[39] Marriott J, Sørensen A. A general approach to modelling membrane modules[J]. Chemical Engineering Science, 2003, 58(22): 4975-4990.

[40] Petropoulos J H. Plasticization effects on the gas permeability and permselectivity of polymer membranes[J]. Journal of Membrane Science, 1992, 75(1-2): 47-59.

[41] Sengupta A, Sirkar K K. Multicomponent gas separation by an asymmetric permeator containing two different membranes[J]. Journal of Membrane Science, 1984, 21(1): 73-109.

[42] Sengupta A, Sirkar K K. Ternary gas mixture separation in two-membrane permeators[J]. AIChE Journal, 1987, 33(4): 529-539.

[43] Sengupta A, Sirkar K K. Ternary gas separation using two different membranes[J]. Journal of Membrane Science, 1988, 39(1): 61-77.

[44] 阮雪华. 气体膜分离及其梯级耦合流程的设计及优化 [D]. 大连: 大连理工大学, 2014.

[45] 屈晓禾. 芳烃储罐区油气回收方案的确定 [J]. 石油石化节能, 2015, 5(3): 47-49.

[46] Chen B, Ruan X H, Xiao W, et al. Synergy of CO_2 removal and light hydrocarbon recovery from oil-field associated gas by dual-membrane process[J]. Journal of Natural Gas Science and Engineering, 2015, 26: 1254-1263.

[47] Chen B, Jiang X B, Xiao W, et al. Dual-membrane natural gas pretreatment process as CO_2 source for enhanced gas recovery with synergy hydrocarbon recovery[J]. Journal of Natural Gas Science and Engineering, 2016, 34: 563-574.

[48] Chen B, Ruan X H, Jiang X B, et al. Dual-membrane module and its optimal flow pattern for H_2/CO_2 separation[J]. Industrial & Engineering Chemistry Research, 2016, 55(4): 1064-1075.

第三章

CO_2 捕集及超纯制备的分离过程耦合强化

第一节　研究背景及意义

CO_2 捕集是 21 世纪人类社会亟须解决的重要课题[1]。一方面，化石能源的消耗日益增加，CO_2 已成为全球气候变暖的最大影响因素，持续影响人类生存环境。另一方面，CO_2 作为天然气、煤田气、沼气等能源气的常见伴生气必须预先脱除，否则会降低燃料热值同时腐蚀管道。同时，CO_2 作为大宗基础化工原料，在化工、食品、医药、电子等领域有巨大需求，高附加值的超纯 CO_2 更是实现碳资源产品价值跃升、补偿碳捕集成本的有效途径。传统上对 CO_2 的分离主要采用变压吸附（PSA）、化学吸收、低温蒸馏等方法。然而，单一气体分离技术只对特定浓度范围内的气源有较好的效果，无法适应化工领域气体排放来源广、组成多、浓度变化大、处理要求高的多重需要，经济效益还有待提高。仅依靠单一分离技术（包括吸附、精馏、吸收、膜分离等）不能满足这种复合要求，为了实现对低浓度 CO_2 气源的有效回收和高浓度 CO_2 的进一步提纯产品化，需要围绕具体气源开发耦合分离过程，拓展分离技术适宜的碳捕集浓度范围，深入挖掘耦合分离技术的提纯潜力，实现 CO_2 高效捕集和提纯过程强化。

我国高校和相关科研院所针对这一领域的国家重大需求，通过近 20 年的研发，以分离过程耦合强化为主要研究思路，开发了以吸收 - 精馏 - 膜分离为核心过程的耦合技术，取代了传统的催化燃烧脱烃和水解脱硫技术，确立了在该领域的领先地位，逐步成为 CO_2 高效捕集和提纯的替代性技术。

第二节　关键问题

由于工业废气中 CO_2 含量低、杂质多，传统吸收、吸附剂和膜材料分离效率不够高，相应分离技术捕集能耗大，成本高；更重要的是，现有分离材料对重组分杂质的脱除精度都无法达到 1 ppm（1 ppm = 10^{-6}）级，严重制约了超纯产品的制备。因此，制约 CO_2 捕集提纯效率的关键问题主要有三个方面。

（1）CO_2 精细分离材料（吸收剂、吸附剂、气体分离膜等）对工业中低浓度 CO_2 气源的捕集效率不够高，操作、再生成本居高不下，亟须系列高效分离材料的创制，以保证复杂重组分杂质的高效、超纯级脱除，实现高效捕集，从分离源头减少 CO_2 的排放。

（2）分离效率提高后过程对质量流、能量流的利用需求提高，亟须从热力学理论指导，建立分析模型，进行质量流、能量流优化设计，提高能量利用率，在化工生产和分离过程中保证经济性、环保性和绿色可持续性。

（3）要实现对工业气源的全浓度 CO_2 产品制备（工业级→食品级→超纯级），亟须吸附、精馏、膜分离等分离技术集成，将高效 CO_2 分离材料和高效集成分离技术以系统的工艺包形式在产业中应用，开拓工业碳资源循环利用的新途径。

第三节　强化原理

CO_2 捕集的三个关键问题中，捕集材料是关键问题的瓶颈，以膜材料的研发为例：气体膜分离的基本原理是根据混合气体中各组分在压力的推动下透过膜的传递速率不同，从而达到分离目的。对不同结构的膜，气体通过膜的传递扩散方式不同，因而分离机理也各异。根据膜形态的差异，可将膜分为多孔膜和均质膜（非多孔膜）；相应的分离机理可归结为通过多孔膜的：努森扩散、黏性流扩散和分子筛分；气体通过非多孔膜主要为溶解 - 扩散机理[2]：

（1）努森扩散

在膜孔径小于气体分子的平均自由程的情况下，气体分子与孔壁之间的碰撞概率远大于气体分子之间的碰撞概率，此时气体通过微孔的传递属于努森扩散。一般而言，努森扩散发生在 2～100 nm 的孔道内。孔道孔径在 50 nm 以下时，努森扩散起主导作用。

$$G_{\text{mol}} = \frac{8r(p_1 - p_2)}{3L(2\pi MRT)^{1/2}} \qquad (3\text{-}1)$$

式中 r ——孔道半径，m；

$\quad\quad R$ ——阿伏伽德罗常数，6.022×10^{-23} /mol；

$\quad\quad T$ ——环境温度，K；

$\quad\quad M$ ——气体分子量，g/mol；

$\quad\quad L$ ——膜厚度，m。

由式（3-1）可以看出，努森扩散对气体分离有一定作用，分子量越小其渗透通量越大，努森扩散对应的分离因子为分子量之比的 -0.5 次方，分离因子用式（3-2）计算可得

$$\alpha^* = \frac{(F_k)_A}{(F_k)_B} = \sqrt{\frac{M_B}{M_A}} \qquad (3\text{-}2)$$

式中 F_k ——扩散速率，mol/（$m^2 \cdot s$）；

$\quad\quad M$ ——气体分子量，g/mol。

（2）黏性流扩散

当微孔的直径远大于气体分子的自由程时，气体分子与孔壁之间的碰撞概率远小于气体分子之间的碰撞概率，此时气体通过微孔的传递属于黏性流扩散，分离因子用式（3-3）计算可得

$$\alpha^* = \frac{(F_k)_A}{(F_k)_B} = \frac{\eta_B}{\eta_A} \qquad (3\text{-}3)$$

式中 η ——气体黏度，$Pa \cdot s$。

这主要可以用于分离气体分子尺寸相差较大的气体混合物，而对于分子量相近、结构相似的气体混合物，例如空气中的氧气和氮气，这种分离方式很难得到有效的分离效果。

（3）分子筛分

如果膜孔径介于不同尺寸分子之间，那么小分子可以通过膜孔，而大分子被截留，从而产生了筛分效果。利用分子筛分的原理可以获得较好的分离效果，这种膜分离机理一般适用于分子筛膜、炭膜等无机膜。

（4）溶解-扩散

溶解-扩散机理可以很好地解释气体透过非多孔膜的现象。当气体混合物通过聚合物膜时，由于各气体组分在膜中的溶解-扩散系数的差异，导致气体透过膜的渗透速率不同，在驱动力——各气体组分在膜两侧分压差的作用下，渗透速率较快的气体（如氢气、水蒸气等）就优先透过膜并在膜的低压侧被富集；而渗透速率较慢的气体（如氮气、甲烷等）则在膜的高压侧滞留而被富集，从而实现了气体分离。

一般来说，气体在膜表面的吸附和解吸过程都能较快地达到平衡，而气体在膜内的渗透扩散较慢，是气体透过膜的速率的控制步骤。分离因子用式（3-4）计算可得

$$\alpha^* = \frac{P_A}{P_B} = (\frac{D_A}{D_B})(\frac{S_A}{S_B}) \tag{3-4}$$

式中　P——渗透系数，Barrer，1 Barrer=10^{-10}·cm^3(STP)·cm/(cm^2·s·cmHg)；

　　　D——扩散系数，cm^2/s；

　　　S——溶解度系数，cm^3(STP)/(cm^3·cmHg)。

对代表性气体在典型聚合物中的传质参数（D，S，P）进行表征，是研究聚合物特征参数、气体分子性质影响气体扩散/溶解度系数的基本手段。在实验过程中，渗透系数可通过测试气体在特定压差下通过特定厚度聚合物膜的通量得到。气体在膜中的扩散系数一般通过时间延迟法（time lag method）测定[3,4]。根据溶解-扩散机理可知，溶解度系数 S 等于渗透系数 P 与扩散系数 D 之比。当 P 和 D 都已知，这意味着 S 也是已知的。

按照材料类型，CO_2 分离膜可分为聚合物膜和无机膜，其中聚合物膜由于具有良好的加工特性，最适宜大面积制备，因而成为工业化应用的首选。20 世纪末，聚合物膜的研究主要集中于普通聚合物膜，如玻璃态的聚砜（PSF）、聚酰亚胺（PI）、醋酸纤维素（CA）以及橡胶态的聚二甲基硅氧烷（PDMS）等。进入 21 世纪，聚合物膜材料开始呈现多元化的发展趋势，如微孔有机聚合物膜材料开始成为研究热点。

(1) 普通聚合物膜

普通聚合物膜是指完全依赖溶解-扩散机制实现分离的聚合物膜。普通聚合物膜材料的优势在于廉价易得，但缺点是分离性能普遍不高，膜渗透性和选择性相互制约的 trade-off 效应始终是制约这类膜材料发展的瓶颈问题。1991 年，美国空气化工产品有限公司的 Robeson 提出了聚合物膜材料的 trade-off 效应[5]，并以膜的选择性对渗透性作图，绘制了著名的 Robeson 上界（upper bound），将绝大多数普通聚合物膜的数据点限定在了上界的下方。2008 年，Robeson 又对其进行了修正和完善（图 3-1）[6]。目前，Robeson 上界已成为衡量膜材料气体分离综合性能优劣的国际通用标准。

美国德州大学奥斯汀分校的 Freeman 对 trade-off 效应形成的机制进行了定量分析[7]，指出 trade-off 效应对于以"溶解-扩散"机制为主要传递机制的普通聚合物膜材料尤其明显，并提出了解决 CO_2 分离膜 trade-off 效应的策略：①对于尺寸差别较大的 CO_2-CH_4 体系，需同时提高分子的链刚性和链间距；②对于尺寸差别较小的 CO_2-N_2 体系，以及具有"反选择性"特征（分子动力学尺寸较大的组分优先透过膜）的 CO_2-H_2 体系，需同时提高膜的溶解选择性和链间距。新加坡国立大学的 Chung 等进一步总结了玻璃态高分子膜和橡胶态高分子膜分别用于 CO_2-CH_4 体系和 CO_2-N_2 体系的优势[8,9]。

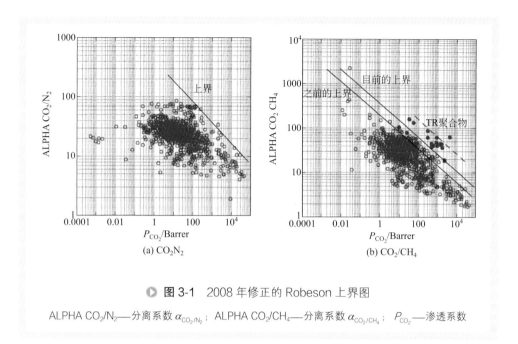

● 图3-1　2008年修正的 Robeson 上界图

ALPHA CO$_2$/N$_2$——分离系数 α_{CO_2/N_2}；ALPHA CO$_2$/CH$_4$——分离系数 α_{CO_2/CH_4}；P_{CO_2}——渗透系数

典型的玻璃态高分子膜材料包括聚砜、醋酸纤维素、聚醚砜、聚偏氟乙烯、聚丙烯腈、聚酰亚胺等。其中，聚酰亚胺的玻璃化转变温度大多高于 300 ℃，且具有良好的机械稳定性和热稳定性，因此是最适合 CO$_2$–CH$_4$ 体系的 CO$_2$ 分离膜材料之一[10-12]。从材料化学的角度分析，聚酰亚胺是由芳香二酐和二胺缩聚而成的一大类含有酰亚胺单元的高分子的总称，可通过灵活选择二酐和二胺的类型和比例进行分子设计，因而调节余地大，功能延展性强。特别地，通过改变单体上苯环桥联基团，可增加高分子链运动空间位阻，同时提高链刚性和链间距，有利于克服 trade-off 效应制约。例如，以六氟二酐（6FDA）为单体的聚酰亚胺 6FDA-DAM，其 CO$_2$ 渗透系数可达 400 Barrer，而一般玻璃态高分子的 CO$_2$ 渗透系数多在 10 Barrer 以下。目前，聚酰亚胺膜的开发已日臻成熟，部分膜材料综合性能接近 Robeson 上界，且可通过相转化法制备出耐压中空纤维非对称膜，显著降低膜活性分离层的厚度。然而，聚酰亚胺膜用于规模化捕集 CO$_2$ 还存在三方面的问题：

① 膜材料的本征渗透系数很难超过 1000 Barrer，不利于实现高通量。

② 高分子链刚性过强，且具有一定的疏水性，在原料气含水的情况下易因水的竞争吸附而造成分离性能下降。

③ 若要长期、稳定工作，还需解决其老化、塑化等问题。

工业上应用最多的橡胶态高分子膜材料是廉价易得且成膜性能优良的聚二甲基硅氧烷（PDMS）[13,14]。PDMS 的 CO$_2$ 渗透系数高达 2700 Barrer，但由于链运动性太强，膜的 CO$_2$/CH$_4$、CO$_2$/N$_2$ 选择性均小于 10，难以单独使用。相比于 PDMS，富含聚氧乙烯（PEO）链段的橡胶态高分子可通过乙氧基（EO）单元与 CO$_2$ 发生四极矩相互作用，显著强化膜材料的溶解机制，因而更适合于捕集 CO_2。

（2）无机膜

无机膜主要包括沸石膜、炭膜、氧化硅膜、金属有机骨架（MOF）膜等[15]，一般具有规整孔道，且孔径和亲疏性可调，主要依靠尺寸筛分和表面扩散机制实现分离，因而易实现较高的分离性能。大部分无机膜能克服 trade-off 效应，渗透系数和选择性数据均超越 Robeson 上限。无机膜的缺点在于加工性能较差，难以制备大面积无缺陷膜。尽管沸石膜已在醇水分离等渗透蒸发过程中实现工业应用，但由于气体分子对缺陷更为敏感，目前尚无沸石膜用于碳捕集的报道。相比而言，炭膜是在稠环类高分子膜的基础上热解炭化形成的，因而加工性更好，更有望在短期内获得工业应用[16]。

（3）微孔有机聚合物膜

微孔有机聚合物主要包括热重排聚合物（thermally rearranged polymer, TR 聚合物）和固有孔聚合物（polymer of intrinsic microporosity）两种。

Freeman 课题组于 2007 年提出了通过聚酰亚胺的热重排在膜内创造规整孔穴的方法和理论[17]，进而提出了热重排聚合物的概念。实现热重排要求聚酰亚胺的二胺单体为芳香二胺，且在氨基的邻位有含活性氢原子的取代基（如羟基、巯基、氨基等）。在 350～450 ℃高温下，聚酰亚胺的五元酰亚胺环即可与该取代基发生消去一分子 CO_2 的反应，生成新的五元杂环，从而形成多环共平面连接的长程刚性片段。这类片段的刚性比聚乙炔类高分子形成的片段更强，因而可创造出形貌和尺寸更为规则的微孔。长程刚性片段的长度和堆积效率还可通过改变聚酰亚胺的单体类型调控，进而实现热重排高分子微孔尺寸的精确调控。因此，热重排可强化聚酰亚胺的扩散机制，使膜表现出高 CO_2 渗透系数和高 CO_2/CH_4 选择性。多数热重排高分子的 CO_2/CH_4 分离性能超越了 2008 年的 Robeson 上界（图 3-1 中的蓝色数据点）。然而，热重排高分子不溶于任何溶剂，不具有溶液加工特性，制备热重排高分子膜时须提前将聚酰亚胺前体膜加工成装填膜组件所需的形状，再进行热重排处理。因此，在规模化制膜时，可能出现传热不均匀的问题，影响膜的最终性能。此外，由于热重排的温度条件的限制，这类膜材料难以进行官能团修饰，不利于溶解机制的强化。目前，热重排高分子膜的开发还停留在实验室阶段，其商业化应用前景尚不明朗。

固有孔聚合物（PIMs）膜是微孔有机高分子膜最典型的代表。2004 年，英国曼彻斯特大学的 McKeown 课题组提出了 PIMs 的概念[18,19]，即高分子本身即由若干长程刚性片段桥联而成，且能溶于部分有机溶剂，可通过溶液加工方法制成微孔高分子膜。PIMs 膜的溶液加工特性，是其相比于热重排高分子膜的一大进步。此外，由于过程无需高温处理，使得在膜材料的多孔骨架上修饰亲 CO_2 的有机官能团成为可能，有利于溶解机制的强化。上述优势使 PIMs 膜可能集成高分子膜的加工特性和无机膜的传递特性，因而成为膜领域的研究热点。

在 PIMs 中，长程刚性片段的桥联结点具有一定的柔性，因而使其能溶于有机溶剂。然而，结点的柔性也使得 PIMs 膜的孔道规整程度不如链刚性更强的热重排高分子膜，因此固有孔高分子膜的选择性普遍不高。最近，McKeown 课题组通过桥联结点的设计，进一步提高了 PIMs 骨架的刚性，使膜的选择性显著提高[20]。另外，有研究学者开始尝试使用 PIMs 中制备成本较低的 PIM-1 制备杂化膜和中空纤维膜[21,22]。

（4）离子液体

离子液体的电荷中心易与 CO_2 的四极矩发生相互作用，使 CO_2 在离子液体中的溶解度远高于 CH_4、N_2 等气体，因此离子液体也逐渐被用作 CO_2 分离膜的制备材料[23,24]。离子液体支撑液膜是液膜的一种，可克服普通液膜易挥发、不稳定的问题，发挥液膜渗透系数高的优势，且可通过分子设计赋予其更多功能。目前，离子液体支撑液膜已成为新化学与膜和膜过程的重要结合点之一。

然而，离子液体支撑液膜仍存在膜液在高跨膜压差下易流失的问题，本课题组的赵薇博士研究了离子液体支撑液膜膜液流失的机理[25]，并提出在离子液体中加入少量水可提高其分离性能[26]。此外，离子液体对 H_2S、CO、SO_2、NO_x 等气体以及水蒸气均非常敏感，若将离子液体支撑液膜实际应用于 CO_2 分离，还需深入研究杂质气体与离子液体的相互作用。

类似的，从分子相互作用机制入手，调控分离材料活性中心性质，开发系列高效 CO_2 分离材料，研制出以"保碳脱硫"吸收剂、高抗氧化吸收剂（AEEA）、耐溶胀高效分离膜和双离子改性精细吸附剂为代表的高效 CO_2 分离材料。

进一步，通过系统分析现阶段吸附及膜分离过程中分离组分、能量的不合理应用，研究者提出在 CO_2 精细分离与超纯化制备过程中"质量流按照梯级分离，能量流品位按照梯级利用"的利用策略，按照关键组分浓度将质量流分类，建立梯级分离系统，低浓度质量流先进入系统，充分分离后再与高浓度组分汇合。通过采用不同选择性和分离效率组件构建梯级膜分离系统、半贫液梯级吸收、梯级洗脱和再生等系列技术，实现了质量流在精细分离过程中的梯级分离；对能量流进行分类，采用夹点技术对换热网络进行合理匹配，高品位的能量流（如高压、高温体系）先进入分离系统，充分消耗其传质、传热推动力后，再与低品位的能量流汇合，提高整个分离系统的能量利用率。

该领域研究基于分离过程热力学精确分析与设计。建立分离过程的热力学分析模型，确定分析过程中能量损失的关键环节，优化工艺流程结构，控制溶剂蒸发和气体浓差混合，提高能量循环利用率，充分发挥高性能分离材料的优势，提高生产装置的经济效益和竞争力。最后，集成耦合分离工艺包开发应用，以过程的分离效率为判据，确定吸收、膜分离、吸附精馏的优势分离浓度，开发从低浓度气源制备

超纯 CO_2 的集成分离技术及工艺包，实现全浓度系列 CO_2 产品（99.5% 工业级→99.9% 食品级→99.9999% 超纯级）的多元化联产。

第四节 应用实例

一、面向 CO_2 捕集分离的高性能混合基质膜

单纯的聚合物膜和无机膜均存在优劣：聚合物膜分离性能较低但加工性能好，无机膜分离性能较高但不易大面积制备。为制备性能更加优良的气体分离膜，研究者提出混合基质膜的概念[27]，即将传递性能更好的无机颗粒掺杂到聚合物基体中，从而结合聚合物膜与无机膜的优点。近十年来，随着高性能分离材料的日渐丰富以及先进制备技术的不断开发，混合基质膜已成为气体分离膜的重要发展方向[28-30]。混合基质膜沿用了聚合物膜的制备工艺，其常见形式为对称结构［图 3-2（c）］和非对称结构［图 3-2（d）］。

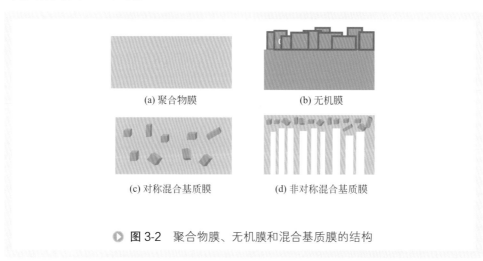

(a) 聚合物膜   (b) 无机膜

(c) 对称混合基质膜   (d) 非对称混合基质膜

▶ 图 3-2 聚合物膜、无机膜和混合基质膜的结构

混合基质膜气体分离性能的优劣主要取决于以下三个方面：第一，聚合物基体的性质；第二，无机填料的选择；第三，无机填料添加量以及两相的界面黏合力／相互作用。引入无机粒子会改变聚合物基底膜的性质，由于无机粒子大多带有孔道结构，且无机粒子减少聚合物分子链缠结，增大分子链间距，这些影响都能使气体的透过系数增大。但是，无机粒子十分容易团聚，这样会导致混合基质膜的界面上出现非选择性的空穴，这会大大降低混合基质膜的气体分离效果。因此，选用适当的

无机填料和聚合物基体，并且保证无机填料能够均匀地分散其中是混合基质膜的重要条件。

混合基质膜中的无机填料有以下作用：

① 改变聚合物链段的堆积密度，增大基质膜的自由体积，提高混合基质膜的气体分离能力。

② 无机填料可通过基团改性，使气体在混合基质膜中的溶解性增加。常见的无机填料包括沸石、碳分子筛（CMS）、聚倍半硅氧烷（POSS）、碳纳米管（CNT）等。

碳分子筛。碳分子筛是 20 世纪 70 年代发展起来的一种新型吸附剂，由于 CMS 对某些气体有很好的吸附作用，且孔径与气体分子的动力学直径相近，因此 CMS 也具有很好的气体分离效果[31-33]。CMS 用于混合基质膜中并不需要进行特殊的处理就能很好地分散在聚合物基体中，而且可以通过调节 CMS 的孔径大小来调控对不同气体的分离。

聚倍半硅氧烷。聚倍半硅氧烷是由硅氧骨架组成的无机笼状粒子，在其八个顶角上，Si 原子所连接的基团 R 可以为活性或者惰性基团，具有较强的可设计性和气体选择性。POSS/ 聚合物纳米复合材料中 POSS 与有机相间通过强的化学键结合，无机粒子不容易团聚，无机有机相界面结合力强，POSS 能很好地分散在聚合物基质中，易于通过共聚、接枝或共混等方式与聚合物基体复合[34,35]。POSS/ 聚合物纳米复合材料的综合性能优异，可以提高复合材料的热稳定性和力学性能，改善复合材料的加工性能，具有显著的阻燃性，并且可以通过功能化合成满足不同需要的改性聚合物。

碳纳米管。碳纳米管是一种新型自组装材料，碳纳米管是具有独特的极其细小的片层结构的无机纳米材料，其呈现为中空管状结构，由碳原子构成的石墨片层排列在一起，每一层间的间距保持固定的距离，一般在 0.35 nm 左右，直径一般在 2.0～20 nm 之间。按照组成碳纳米管的石墨片层的数目，碳纳米管可分为单壁碳纳米管（SWCNT）和多壁碳纳米管（MWCNT）。SWCNT 是仅由一个石墨片层卷曲形成的近乎完美的无机分子。而 MWCNT 相当于基于同一卷曲轴心的直径大小不一的单壁碳纳米管的集合体。单壁碳纳米管因为结构相对稳定，其化学稳定性比较强，而多壁碳纳米管因为碳纳米管的表面结构复杂，在其结构中常常有残留的杂质（通常是制备过程中残留的无定形碳，羰基等），而且随着直径的增大，多壁碳纳米管更容易存在凹凸塌陷等缺陷，这使得多壁碳纳米管的化学活性更强。碳纳米管中碳原子之间以共价键相连，由于碳纳米管的大长径比和结构中的纳米管径，使得其具有改善气体的选择透过性的潜力。Chen 和 Skoulidas[36,37]证明，碳纳米管内壁光滑的孔道结构使得气体在碳纳米管中的传输速率远远大于在其他填料中的传输速率，在提高聚合物热力学性能的同时，大大提高了聚合物膜材料的气体性能，是一种非常适合气体分离的无机纳米填料。然而，Kim 等发现在聚合物中随着加入的功能化

CNT 增加，气体的选择性却在下降，膜的力学性能也变差[38]。这是由于碳纳米管之间存在很强的范德瓦耳斯力，容易在聚合物基体中发生团聚现象。当发生团聚现象时，会导致聚合物基体上产生缺陷，甚至使聚合物膜破裂，这会大大影响聚合物膜的力学性能和气体选择性能，因此如何避免碳纳米管团聚使之均匀分散在聚合物基体中就成为碳纳米管聚合物复合材料研究的工作重点之一。

以往实验研究表明，影响混合基质膜性能的因素包括以下四点：连续相/分散相相界面形貌，聚合物与填料搭配，填料粒径，填料的沉积团聚[39,40]。

一般来说，非理想的性能表现归咎于非理想的聚合物连续相/无机分散相相界面形貌。其余三个影响因素（聚合物与填料搭配、填料粒径、填料的沉积团聚）大都是通过影响相界面形貌而影响混合基质膜性能的。图 3-3 展示的是 4 种典型的相界面形貌[41]。图 3-3(a) 展示是 Maxwell 模型对应的理想状态，两相间浸润良好，且不存在第三相态，具有理论上最好的综合性能。图 3-3 (b) 常见于以沸石分子筛为填料的混合基质膜中，由于无机材料与聚合物相容性较差，两者无法紧密结合，相界面处出现空隙（void），在这种情况下，由于空洞的阻力远远低于沸石分子筛，气体分子并不会通过沸石分子筛，填料的作用仅仅在于降低有效膜厚，因此膜通量将得以提升，选择性基本没有改变，考虑到添加无机材料带来的机械强度下降及成本提升，这种形貌是毫无意义的。但是也有研究者反其道而行，向橡胶态聚合物中添加无孔纳米硅颗粒，无孔纳米硅颗粒仅起到产生空洞降低有效膜厚的作用，利用这种空洞形貌提升气体通量，这种膜结构称为非传统混合基质膜。图 3-3 (c) 中，聚合物在贴近填料处形成第三相，宏观表现为聚合物固化（rigidification），微观角度即

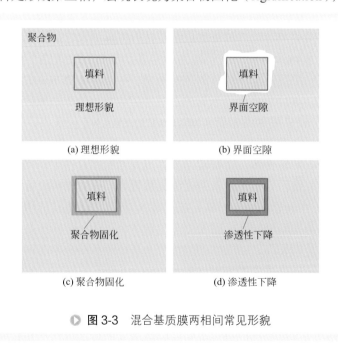

▶ 图 3-3　混合基质膜两相间常见形貌

聚合物链灵活性下降，堆叠更为紧密，原本聚合物赖以实现气体传输的自由体积大幅度减少；固化的聚合物部分无法实现有效传质过程，减小了有效膜面积，固化越严重对渗透性能的影响越大。图 3-3 (d) 表现的是聚合物链渗透封堵填料表面孔洞，导致填料表层分离性能及渗透性能大大下降。图 3-3 (c)、(d) 的共同点在于，均有渗透性能差的第三相将填充多孔材料包覆在内，使多孔填料无法起到传输气体的作用。

近年来，研发的混合基质聚合物膜的性能不断提升，极大地推动了 CO_2 分离膜的应用进程。一些典型的分离膜性能如表 3-1 和表 3-2 所示。

表3-1　SPEEK类膜CO_2渗透选择性能比较

膜	填料质量分数 /%	CO_2 渗透系数 / Barrer	CO_2/N_2 选择性	CO_2/CH_4 选择性	测试条件	参考文献
SPEEK-TiO$_2$-DA-PEI	15	1629	64	58	纯气，298.15K，0.1MPa，湿膜	[42]
SPEEK-TNT-IM	8	2090	62.0	56.8	纯气，298.15K，0.1MPa，湿膜	[43]
SPEEK-PEI@MIL-101(Cr)	40	2490	80	71.8	纯气，298.15K，0.1MPa，湿膜	[44]
SPEEK-S-MIL-101	40	2064	53	50	纯气，303.15K，0.15MPa，湿膜	[45]
SPEEK-GO-DA-Cys	8	1247	114.5	81.8	纯气，298.15K，0.1MPa，湿膜	[46]
SPEEK-SiO$_2$-C	20	1421	57.1	54.3		
SPEEK-SiO$_2$-S	20	1321	54.2	50.3	纯气，298.15K，0.1MPa，湿膜	[47]
SPEEK-SiO$_2$-N	20	2043	68.3	64.5		

表3-2　Pebax类膜CO_2渗透选择性能比较

膜	CO_2 渗透系数 / Barrer	CO_2/N_2 选择性	CO_2/CH_4 选择性	测试条件	参考文献
Pebax-CaCl$_2$（1：30）	2133	142	38	纯气，298.15K，0.3MPa，湿膜	[48]
Pebax-MgCl$_2$（1：30）	1412	168	42	纯气，298.15K，0.3MPa，湿膜	[49]
Pebax-Ca$_{1.5}$PW（1：60）	1515	228	48	纯气，298.15K，0.3MPa，湿膜	[50]
Pebax-CaLs（15：1）	3585	71	29	纯气，298.15K，0.3MPa，湿膜	[51]

膜	CO_2渗透系数 / Barrer	CO_2/N_2 选择性	CO_2/CH_4 选择性	测试条件	参考文献
Pebax-Fe(DA)$_3$	86	—	74	纯气, 303.15K, 1.0MPa, 干膜	[52]
Pebax1657-Pro(Silica)$_1$	161.5	82.8	65.5	纯气, 298.15K, 0.1MPa, 干膜	[53]
Pebax-CANs-30	2026	85	33	纯气, 298.15K, 0.2MPa, 湿膜	[54]
P-PEGDME(40)-CNT(5)	743	108	—	纯气, 298.15K, 1.0MPa, 湿膜	[55]
Pebax-ImGO (0.8)	76.2	105.5	29.3	纯气, 298.15K, 0.8MPa	[56]
Pebax-PEG-PEI-GO-10	1330	120	45	纯气, 303.15K, 0.2MPa, 湿膜	[57]
Pebax-PEI-MCM-41-20	1521	102	41	纯气, 298.15K, 0.2MPa, 湿膜	[58]
Pebax-IL@ZIF-8 (15)	104.9	83.9	34.8	纯气, 298.15K, 0.1MPa, 湿膜	[59]

目前，为提高膜的 CO_2 渗透选择性能，国内多个课题组通过改性现有膜材料，强化选择透过机制，制备了一系列兼具高渗透性能和高选择性能的 CO_2 分离膜[60,61]。这些高性能 CO_2 分离膜可分为炭膜、聚酰亚胺类膜、SPEEK 类膜、Pebax 类膜和固定载体膜。提高炭膜渗透性能的方法是选择合适的前驱体和引入纳米材料。加入颗粒尺寸小、孔道尺寸大和具有三维孔结构的纳米材料比优化前驱体更能提高炭膜的渗透性能。提高聚酰亚胺类膜性能的方法是分子设计和引入功能纳米材料。与分子设计相比，引入功能纳米材料，能更为便捷地强化选择透过机制，但无论是分子设计还是引入功能纳米材料，由于聚酰亚胺本质上疏水，聚酰亚胺类膜的 CO_2 渗透选择性能提高不多。提高 SPEEK 类膜性能的方法是添加功能化纳米材料。功能化纳米材料所含功能基团可以在膜内强化选择透过机制，提高 SPEEK 类膜的 CO_2 渗透选择性能。提高 Pebax 类膜性能的方法是加入金属盐、原位引入纳米材料和物理共混引入纳米材料。加入金属盐改性 Pebax 类膜，可利用盐析效应，强化不同选择透过机制，提高 Pebax 类膜的性能。原位引入纳米材料改性 Pebax 类膜，可实现分子水平的混合，精确调节膜结构，强化选择透过机制，提高 Pebax 类膜的性能。物理共混引入纳米材料改性 Pebax 类膜，可便捷地将各种功能基团引入膜内，强化选择透过机制，提高 Pebax 类膜的性能。提高固定载体膜性能的方法包括交联、共混、共聚和引入纳米材料等。含载体的交联剂交联改性聚乙烯胺（PVAm）简单、有效，强化反应选择机制和扩散选择机制，能大幅提高膜的渗透选择性能。聚合物共混改性 PVAm，

强化反应选择机制，能提高膜的渗透选择性能。共聚可将氨基、醚氧基和交联结构引入膜内，同时强化反应选择、溶解选择和扩散选择机制，能大幅地提高膜的渗透选择性能。引入 CO_2 亲和纳米材料，不仅可以提高聚合物与纳米材料间的相容性，而且 CO_2 亲和纳米材料所含功能基团可以强化选择透过机制，此外，部分纳米材料自身可构建 CO_2 快速传递通道，促进 CO_2 的传递，能大幅提高固定载体膜的性能。

总之，针对不同的膜材料，通过不同的方法在膜内引入特定结构或功能基团，可提高膜的 CO_2 渗透选择性能。不同的功能基团强化不同的选择透过机制。由于能与 CO_2 发生可逆反应，氨基、羧酸根和碳酸根能强化反应选择机制；由于对 CO_2 有强亲和性，磺酸基（或根）、羧基、羟基和醚氧基能强化溶解选择机制。

二、面向 CO_2 捕集分离的高性能吸收、吸附材料

从 CO_2 分离材料的分子作用机制及微结构调控入手，研制出可脱除烟气中二氧化硫、不影响二氧化碳的"避碳脱硫"溶剂，实现脱硫脱硝的同步进行，大比例降低脱硫成本。针对目前主流碱性吸收剂对 SO_2/CO_2 的溶解选择性不高的关键问题，利用 CO_2 和 SO_2 在碱性溶液中形成共轭酸碱的差异性，建立了对酸性气体分子具有特定结合能力的有机弱酸 / 强碱配制的"保碳脱硫"复合吸收剂体系，大大提高了 SO_2/CO_2 的溶解选择性。在实际工业生产应用中，脱硫率达到 99%，CO_2 损失由传统吸收剂的 70% 减小至 2%，从根本上解决了碱液洗涤脱硫时 CO_2 大量损失的问题。以分子设计理论为指导，开发出以叔胺基团为活性中心的吸收剂（羟乙基乙二胺，AEEA）。吸收剂损耗降低为 MEA（乙醇胺）的 1/10，CO_2 平衡吸收浓度提高 1 倍（图 3-4），大大提高了吸收过程的效率，吸收装置尺寸减小一半以上，再生解吸温度由采用 MEA 时的 110℃降低至 96℃，综合操作成本和装置投资比，目前主流 MEA 吸收技术减少 1/3，正在大范围替代 MEA 溶剂[62-64]（AEEA 吸收剂与国内外主流 MEA 吸收技术性能和生产成本对比见表 3-3）。

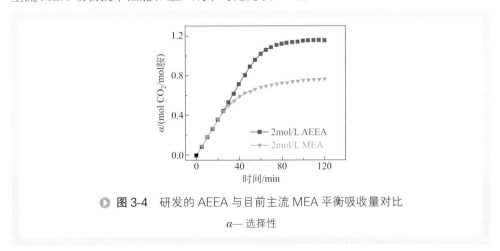

> 图 3-4　研发的 AEEA 与目前主流 MEA 平衡吸收量对比

α— 选择性

表3-3　AEEA吸收剂与国内外主流MEA吸收技术性能和生产成本对比

性能参数	国内 MEA 吸收剂	挪威 MEA 吸收剂	AEEA 吸收剂
单位溶剂吸收能力 /(CO_2 L/L)	19	18.5	31
吸收（再生）塔内传质时间 /s	52（47）	53（49）	30（26）
消耗冷却水量 /(吨 / 吨 CO_2)	270	274	86
再生温度 /℃	106～110	106～110	85～96
再生中压蒸汽量 /(吨 / 吨 CO_2)	2.8	2.9	1.0
溶剂消耗 /(kg / 吨 CO_2)	2.1	2.2	0.2
吸收塔高度 /m	63	64	23
直接生产成本 /(元 / 吨 CO_2)	552.3	>600	283.2

　　以聚丙烯腈基为前驱体，通过溶液纺丝、预氧化和炭化制备碳纤维基材，精确控制调控活化温度、时间及活化剂 CO_2 空速，实现对聚丙烯腈基 ACF 的可控化深层刻蚀，制备出具有珊瑚状多孔结构的活性碳纤维，比表面积高（340m^2/g），机械强度大（弹性模量 30.4GPa），乙醛吸附容量为 15.6mg/g，吸附精度达到 0.1μg/g，与活性炭为代表的传统吸附剂相比，吸附容量提高近 70%。根据乙烯与过渡金属离子形成 σ-π 配键理论，在酸性 Y 型沸石分子筛中掺杂 Ag、Cu、Co 等杂离子，制备的双离子改性分子筛吸附剂，有效提高烃类的吸附选择性和吸附容量，乙烯吸附容量达到 30.1mg/g，吸附精度达到 0.1μg/g。研制高效吸附剂，将 H_2S 的吸附量提升到了 263mg/g，是法国 ZnO 吸附剂的 1.67 倍[65-67]。

　　通过研究 CO_2 与聚合物中特殊官能团的相互作用机制，提出利用醚氧键对 CO_2 的亲和性，提高膜材料的选择性和渗透性（α CO_2/N_2 达到 47.2）；利用含氟基团提高聚合物主链的缠结程度，抑制 CO_2 对膜材料的塑化溶胀作用，不仅可用于 CO_2 的捕集提纯，还可广泛应用于多种含烃尾气回收项目中[68]。通过研究气体临界温度 vs. 溶解选择性、临界体积 vs. 扩散选择性等，建立了根据分离体系优选膜材料的理论[69,70]。

　　综合上述 CO_2 捕集分离材料的集成优势，实现快速吸收、不氧化降解、吸收能耗低的目的；同时，基于吸附剂的表面可调控特性，可以分别脱除高浓度二氧化碳中的硫化物、氮氧化物、油脂、含氧有机物、轻烃、苯系物和重金属（汞、砷、镉、铅）等杂质。

三、吸附 - 精馏 - 膜耦合过程用于 CO_2 捕集和超纯化

　　在实现了低浓度 CO_2 气源中高含量杂质组分的高效脱除后，气源中的痕量重组分杂质的精细脱除就成为超纯级 CO_2 产品制备的最重要难题。研究者提出采用操作

条件温和的化学吸附法代替催化燃烧法，通过创制具有自主知识产权的系列高选择性的双离子改性重组分精细吸附剂，成功实现将 CO_2 中重组分杂质的超纯级脱除（ 0.1μg/g 级 ），使工业化制备 99.9999% 的超纯 CO_2 成为可能。

通过建立低浓度 CO_2 捕集过程的热力学分析模型，研究整个分离过程的能耗分布，确定了低浓度 CO_2 捕集能耗高的重要原因是解吸过程消耗大量蒸汽和 CO_2 冷却过程消耗大量循环水。研究团队通过调控活性中心与 CO_2 的结合能力，将解吸温度降低至约 96 ℃，提出采用沸点高、比热容小的低黏度复配溶剂（苯甲醇、丁二醇）替代水，将吸收剂沸点由 106 ℃提高到 140℃，通过减少溶剂汽化大幅降低再生蒸汽消耗。在实际应用中采用高沸点复配溶剂配制的 AEEA 吸收剂，再生过程的蒸汽消耗减少 60% 以上，冷却水消耗减少 65% 以上[71]。

低温精馏过程有消耗是高纯/超纯 CO_2 工业生产过程能耗大的另一个重要原因。为了对低温精馏进行改造，降低冷量消耗，通过 SHBWR 方程对吸附 - 精馏耦合过程进行热力学分析，发现 CO_2 精馏塔塔顶 / 塔底焓变近似相等，在此基础上提出采用热泵技术，减少精馏塔的能耗。新技术使精馏塔顶能耗降低为原有工艺能耗的60%，单位质量产品能耗降低 10% 以上。

在以上研究的基础上，进行了耦合捕集提纯工艺包的开发及应用。以过程的分离效率为判据，确定各种技术的优势分离区间，开发 CO_2 高效集成捕集提纯的新技术及专有工艺包，实现全浓度系列产品的多元化联产，开拓了工业碳资源循环和利用的新途径[72-74]。建立 CO_2 捕集提纯的吸收 /膜分离 /吸附精馏集成分离流程：提出采用化学吸收和气体膜分离技术捕集低浓度气源中的 CO_2，获得浓度达到 95% 的工业级粗产品；然后，采用吸附精馏技术将粗产品分离纯化，突破了现有流程复杂、能耗高、不能制备超纯 CO_2 的技术瓶颈，得到工业化生产纯度达到 "5 个 9" 甚至 "6 个 9" 的超纯级产品。进一步，开发出低浓度 CO_2 捕集及超纯 CO_2 制备技术，工

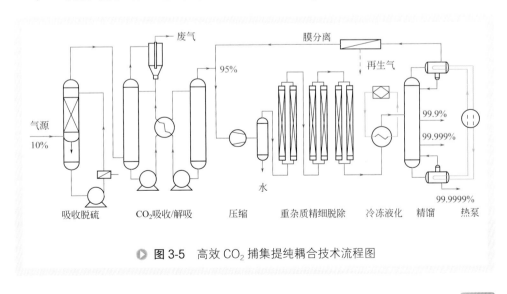

▶ **图 3-5** 高效 CO_2 捕集提纯耦合技术流程图

业化应用于不同浓度 CO_2 气源分离序列的构建，实现了化学吸收、气体膜分离、吸附及精馏技术的互取所长、互补所短，提高了 CO_2 捕集和提纯过程的分离效率，是集成创新。开发出具有从低浓度气源制备超纯 CO_2 的集成分离技术专利群及工艺包（图 3-5），实现了各种规格产品（工业级、食品级、超纯级）的多元化联产。

该技术适用于各个行业的二氧化碳尾气的捕集、提纯，应用企业覆盖燃煤发电厂、炼钢厂、水泥厂、石灰厂、镁砂厂、硼砂厂、化肥厂、炼油厂、酒精厂等。从2007 年至今，太仓新太酒精有限公司、梅河口市阜康酒精有限责任公司、苏州金宏气体股份有限公司等企业多次采用该技术，建设了二期和五期装置，充分体现了该技术的先进性和长期市场竞争力；2010 年为徐州金宏二氧化碳科技开发有限公司设计建立的 10 万吨 / 年的工业食品级 CO_2 生产装置是国内最大规模的 CO_2 生产装置之一（图 3-6，图 3-7）；2013 年为某公司设计建立的超纯 CO_2 设备，在国际上首次实现了工业化制备 99.9999% 的超纯 CO_2，脱除精度高于同类技术 1 个数量级（日本技术制备的超纯 CO_2 最高纯度为 99.999%），是目前国际上纯度最高的二氧化碳产品。项目提纯制备的高纯度 CO_2 已用于食品生产上，美国可口可乐公司驻华总部派人经过严格检测，采用了经此技术生产的二氧化碳产品，现已投入可口可乐公司在

◗ 图 3-6 徐州 10 万吨 / 年工业食品级 CO_2 联产提纯装置

(a) 某厂2000吨/年超纯CO_2装置　　　(b) 某厂酒精发酵尾气3万吨/年CO_2生产装置(二期)

◗ 图 3-7 代表性工业应用项目

东北 4 个省区的 9 家公司的生产应用，并且在全国范围内通用。高纯 CO_2 产品还应用在如人体胚胎冷冻、电子刻蚀、液晶生产等高端行业。目前，生产的 CO_2 产品已经覆盖碳化物合成、食品、医药、电子、液晶、航天、激光、焊接、去油等领域。

该耦合强化分离技术与国内外同类技术相比，整个工艺过程简单，设备投资少，每吨 CO_2 耗电 160 kW·h，比催化燃烧法减少 1/3，工业化产品纯度高（可达到超纯级，99.9999%，脱除精度高于同类技术 1 个数量级），该技术与现有国内外技术、应用实例对比见表3-4和表3-5。以上创制的高效 CO_2 分离材料和开发的集成捕集提纯技术，均已实现工业化应用，创造了显著的经济效益，为 CO_2 的减排和高效节能分离做出了突出贡献。

表3-4　耦合强化分离技术与各主流分离技术对比

项目	水消耗 /（$m^3/km^3\ CO_2$）	电耗 /（$kW \cdot h/km^3$ CO_2）	生产成本 /（元 / 吨 CO_2）
物理吸收	40～80	515～540	392
化学吸收	113	418	363
变压吸附	7	430～470	416
催化燃烧	138	652	452
耦合强化分离技术	3	356	186

表3-5　耦合强化分离技术与国外先进分离技术比较

分类	日本技术		耦合强化分离技术	
应用实例	案例1	案例2	案例3	案例4
CO_2 产品（摩尔分数）/%	99.996	99.995	99.9995	99.9999
烃类杂质 /μg/g	26	12	1	<0.1
CO/μL/L	3.5	0.5	0.2	<0.2

此外，大连理工大学代表中国于 2009 年起与欧盟九个国家联合，成功承担欧盟第七框架计划"二氧化碳的捕集提纯与高压管道输送"，大连理工大学的工作得到了欧盟官员和同行的高度评价，并继续代表中国作为主要团队参加国实施第二期项目研究。研究团队联合英国学者，建立 CO_2 在超高压管路中输送和释放的过程模型，提出捕集后高浓度 CO_2 输送的适宜距离及有效释放压力等关键参数，为 CO_2 捕集和超高压输送技术建立了应用理论[70]。2015 年，在辽河油田，由大连理工大学主导建设的长 260m、直径 250mm 的世界上最大的二氧化碳输送管道成功完成二氧化碳高压管道输送安全性能实验，将管道承受压力由 10.0 MPa 提高到 15.0 MPa，从实验角度实现了 CO_2 捕集和超高压输送。开展的百万吨级规模二氧化碳输送 - 泄漏

扩散实验，获得的数据纳入欧盟化工设计数据库，为世界范围内二氧化碳管道输送提供基础数据。

综上，针对二氧化碳高效捕集、提纯的关键科学问题，从二氧化碳分离材料分子作用机制及微结构调控入手，成功研制了仅吸收二氧化硫、不吸收二氧化碳的高效"避碳脱硫"溶剂；创新开发了新型二氧化碳复合吸收溶剂，相比传统溶剂，新溶剂吸收量大、选择性强、不氧化降解，装置投资和运行成本降低 1/3；科学配制了选择性吸附二氧化碳在内不同杂质的 16 种固体吸附剂；耦合集成了溶剂吸收法与吸附精馏法相结合的高纯二氧化碳捕集及分离工艺，率先将二氧化碳提纯至 99.9999% 的国际最高纯度；建成国际首条超临界二氧化碳输运工业化试验管道，试验数据计入欧盟化工设计数据库。研究成果适用于各行业含二氧化碳尾气的捕集提纯，符合国家节能减排、绿色低碳的发展战略。

该领域成果先后获中国专利优秀奖、日内瓦国际发明展金奖及国家技术发明奖金奖。近 20 年来，先后在国内外成功筹建 53 套大型二氧化碳捕集提纯工业化生产装置，创造产值 28 亿元以上，新增利税 9.4 亿元，减少二氧化碳排放量近 1 亿吨。该技术荣获 2012 年中国专利优秀奖，2015 年世界知识产权组织颁发的日内瓦国际发明展金奖，2018 年辽宁省科技进步一等奖等。

第五节 小结与展望

分离 CO_2 的耦合技术近年来发展很快，膜分离、吸附等技术尤为突出，相比于传统分离技术有独特优势，将是下一阶段国内外研究的热点。目前，制约该领域进一步发展和规模化拓展应用的主要问题体现在：目前高性能膜材料的开发和应用仍然难以摆脱价格限制，需要进一步降低膜材料及膜组件研制成本；同时，一些常见的工业气体成分及复杂体系对膜分离、吸附等过程的影响缺乏系统深入的研究，相关设计模型匮乏，耦合过程的优化和技术优势区间不明确，这也是限制相关技术实际应用的重要方面。因此，今后需要进一步开发新型分离膜材料来满足价格低廉、稳定性高的市场需求；重点研究关键分离材料在实际应用条件下的性能，建立基础数据库和设计工艺包群；研究并揭示其他常见气体组分对膜材料及分离过程的影响，为新工艺的研发提供理论支撑。

参考文献

[1] Li L, Zhao N, Wei W, et al. A review of research progress on CO_2 capture, storage, and

utilization in Chinese academy of sciences[J]. Fuel, 2013, 108: 112-130.

[2] Mulder M. Basic principles of membrane technology[M]. Springer Science & Business Media, 2012.

[3] Daynes H A. The process of diffusion through a rubber membrane[J]. Proceedings of the Royal Society of London. Series A, Containing Papers of a Mathematical and Physical Character, 1920, 97(685): 286-307.

[4] Robeson L M. Correlation of separation factor versus permeability for polymeric membranes[J]. Journal of Membrane Science, 1991, 62(2): 165-185.

[5] Barrer R M, Rideal E K. Permeation, diffusion and solution of gases in organic polymers[J]. Transactions of the Faraday Society, 1939, 35: 628-643.

[6] Robeson L M. The upper bound revisited[J]. Journal of Membrane Science, 2008, 320(1-2): 390-400.

[7] Freeman B D. Basis of permeability/selectivity trade off telations in polymeric gas separation membranes[J]. Macromolecules, 1999, 32(2): 375-380.

[8] Xiao Y, Low B T, Hosseini S S, et al. The strategies of molecular architecture and modification of polyimide-based membranes for CO_2 removal from natural gas—a review[J]. Progress in Polymer Science, 2009, 34(6): 561-580.

[9] Lau C H, Li P, Li F, et al. Reverse-selective polymeric membranes for gas separations[J]. Progress in Polymer Science, 2013, 38(5): 740-766.

[10] Kim T H, Koros W J, Husk G R, et al. Relationship between gas separation properties and chemical structure in a series of sromatic polyimides[J]. Journal of Membrane Science, 1988, 37(1): 45-62.

[11] Chung T S, Shao L, Tin P S. Surface modification of polyimide membranes by diamines for H_2 and CO_2 separation[J]. Macromolecular Rapid Communications, 2006, 27(13): 998-1003.

[12] Wind J D, Staudt-Bickel C, Paul D R, et al. The effects of crosslinking chemistry on CO_2 plasticization of polyimide gas separation membranes[J]. Industrial & Engineering Chemistry Research, 2002, 41(24): 6139-6148.

[13] Nakagawa T, Nishimura T, Higuchi A. Morphology and gas permeability in copolyimides containing polydimethylsiloxane block[J]. Journal of Membrane Science, 2002, 206(1-2): 149-163.

[14] Yeom C K, Lee S H, Song H Y, et al. Vapor permeations of a series of VOCs/N_2 mixtures through PDMS membrane[J]. Journal of Membrane Science, 2002, 198(1): 129-143.

[15] Pera-Titus M. Porous inorganic membranes for CO_2 capture: Present and prospects[J]. Chemical Reviews, 2014, 114(2): 1413-1492.

[16] Ismail A F, David L I B. A review on the latest development of carbon membranes for gas separation[J]. Journal of Membrane Science, 2001, 193(1): 1-18.

[17] Park H B, Jung C H, Lee Y M, et al. Polymers with cavities tuned for fast selective transport of small molecules and ions[J]. Science, 2007, 318(5848): 254-258.

[18] Budd P M, Ghanem B S, Makhseed S, et al. Polymers of intrinsic microporosity (PIMs): Robust, solution-processable, rrganic nanoporous materials[J]. Chemical Communications, 2004 (2): 230-231.

[19] Budd P M, Elabas E S, Ghanem B S, et al. Solution-processed, organophilic membrane derived from a polymer of intrinsic microporosity[J]. Advanced Materials, 2004, 16(5): 456-459.

[20] Carta M, Malpass-Evans R, Croad M, et al. An efficient polymer molecular sieve for membrane gas separations[J]. Science, 2013, 339(6117): 303-307.

[21] Bushell A F, Attfield M P, Mason C R, et al. Gas permeation parameters of mixed matrix membranes based on the polymer of intrinsic microporosity PIM-1 and the zeolitic imidazolate framework ZIF-8[J]. Journal of Membrane Science, 2013, 427: 48-62.

[22] Yong W F, Li F Y, Xiao Y C, et al. High performance PIM-1/Matrimid hollow fiber membranes for CO_2/CH_4, O_2/N_2 and CO_2/N_2 separation[J]. Journal of Membrane Science, 2013, 443: 156-169.

[23] Lei Z, Dai C, Chen B. Gas solubility in ionic liquids[J]. Chemical Reviews, 2014, 114(2): 1289-1326.

[24] Lozano L J, Godínez C, De Los Rios A P, et al. Recent advances in supported ionic liquid membrane technology[J]. Journal of Membrane Science, 2011, 376(1-2): 1-14.

[25] Zhao W, He G H, Nie F, et al. Membrane liquid loss mechanism of supported ionic liquid membrane for gas separation[J]. Journal of Membrane Science, 2012, 411: 73-80.

[26] Zhao W, He G H, Zhang L, et al. Effect of water in ionic liquid on the separation performance of supported ionic liquid membrane for CO_2/N_2[J]. Journal of Membrane Science, 2010, 350(1-2): 279-285.

[27] Chung T S, Jiang L Y, Li Y, et al. Mixed matrix membranes (MMMs) comprising organic polymers with dispersed inorganic fillers for gas separation[J]. Progress in Polymer Science, 2007, 32(4): 483-507.

[28] Dong G, Li H, Chen V. Challenges and opportunities for mixed-matrix membranes for gas separation[J]. Journal of Materials Chemistry A, 2013, 1(15): 4610-4630.

[29] Bastani D, Esmaeili N, Asadollahi M. Polymeric mixed matrix membranes containing zeolites as a filler for gas separation applications: A review[J]. Journal of Industrial and Engineering Chemistry, 2013, 19(2): 375-393.

[30] Seoane B, Coronas J, Gascon I, et al. Metal-organic framework based mixed matrix membranes: A solution for highly efficient CO_2 capture?[J]. Chemical Society Reviews, 2015, 44(8): 2421-2454.

[31] Vu D Q, Koros W J, Miller S J. Effect of condensable impurity in CO_2/CH_4 gas feeds on performance of mixed matrix membranes using carbon molecular sieves[J]. Journal of Membrane Science, 2003, 221(1-2): 233-239.

[32] Zimmerman C M, Singh A, Koros W J. Tailoring mixed matrix composite membranes for gas separations[J]. Journal of Membrane Science, 1997, 137(1-2): 145-154.

[33] Moore T T, Vo T, Mahajan R, et al. Effect of humidified feeds on oxygen permeability of mixed matrix membranes[J]. Journal of Applied Polymer Science, 2003, 90(6): 1574-1580.

[34] Li Y, Chung T S. Molecular-level mixed matrix membranes comprising Pebax® and POSS for hydrogen purification via preferential CO_2 removal[J]. International Journal of Hydrogen Energy, 2010, 35(19): 10560-10568.

[35] Liu G, Hung W S, Shen J, et al. Mixed matrix membranes with molecular-interaction-driven tunable free volumes for efficient bio-fuel recovery[J]. Journal of Materials Chemistry A, 2015, 3(8): 4510-4521.

[36] Chen H, Johnson J K, Sholl D S. Transport diffusion of gases is rapid in flexible carbon nanotubes[J]. The Journal of Physical Chemistry B, 2006, 110(5): 1971-1975.

[37] Skoulidas A I, Ackerman D M, Johnson J K, et al. Rapid transport of gases in carbon nanotubes[J]. Physical Review Letters, 2002, 89(18): 185901.

[38] Kim S, Jinschek J R, Chen H, et al. Scalable fabrication of carbon nanotube/polymer nanocomposite membranes for high flux gas transport[J]. Nano Letters, 2007, 7(9): 2806-2811.

[39] Bouma R H B, Checchetti A, Chidichimo G, et al. Permeation through a heterogeneous membrane: The effect of the dispersed phase[J]. Journal of Membrane Science, 1997, 128(2): 141-149.

[40] Banhegyi G. Comparison of electrical mixture rules for composites[J]. Colloid and Polymer Science, 1986, 264(12): 1030-1050.

[41] Hamilton R L, Crosser O K. Thermal conductivity of heterogeneous two-component systems[J]. Industrial & Engineering Chemistry Fundamentals, 1962, 1(3): 187-191.

[42] Xin Q, Wu H, Jiang Z, et al. SPEEK/amine-functionalized TiO_2 submicrospheres mixed matrix membranes for CO_2 separation[J]. Journal of Membrane Science, 2014, 467: 23-35.

[43] Xin Q, Gao Y, Wu X, et al. Incorporating one-dimensional aminated titania nanotubes into sulfonated poly (ether ether ketone) membrane to construct CO_2-facilitated transport pathways for enhanced CO_2 separation[J]. Journal of Membrane Science, 2015, 488: 13-29.

[44] Xin Q, Ouyang J, Liu T, et al. Enhanced interfacial interaction and CO_2 separation performance of mixed matrix membrane by incorporating polyethylenimine-decorated metal-organic frameworks[J]. ACS Applied Materials & Interfaces, 2015, 7(2): 1065-1077.

[45] Xin Q, Liu T, Li Z, et al. Mixed matrix membranes composed of sulfonated poly (ether ether

ketone) and sulfonated metal-organic framework for gas separation[J]. Journal of Membrane Science, 2015, 488: 67-78.

[46] Xin Q, Li Z, Li C, et al. Enhancing the CO_2 separation performance of composite membranes by the incorporation of amino acid-functionalized graphene oxide[J]. Journal of Materials Chemistry A, 2015, 3(12): 6629-6641.

[47] Xin Q, Zhang Y, Shi Y, et al. Tuning the performance of CO_2 separation membranes by incorporating multifunctional modified silica microspheres into polymer matrix[J]. Journal of Membrane Science, 2016, 514: 73-85.

[48] Li Y, Xin Q, Wu H, et al. Efficient CO_2 capture by humidified polymer electrolyte membranes with tunable water state[J]. Energy & Environmental Science, 2014, 7(4): 1489-1499.

[49] Li Y, Xin Q, Wang S, et al. Trapping bound water within a polymer electrolyte membrane of calcium phosphotungstate for efficient CO_2 capture[J]. Chemical Communications, 2015, 51(10): 1901-1904.

[50] Li Y, Li X, Wu H, et al. Anionic surfactant-doped pebax membrane with optimal free volume characteristics for efficient CO_2 separation[J]. Journal of Membrane Science, 2015, 493: 460-469.

[51] Li Y, Wang S, Wu H, et al. Bioadhesion-inspired polymer-inorganic nanohybrid membranes with enhanced CO_2 capture properties[J]. Journal of Materials Chemistry, 2012, 22(37): 19617-19620.

[52] Xin Q, Zhang Y, Huo T, et al. Mixed matrix membranes fabricated by a facile in situ biomimetic mineralization approach for efficient CO_2 separation[J]. Journal of Membrane Science, 2016, 508: 84-93.

[53] Li X, Jiang Z, Wu Y, et al. High-performance composite membranes incorporated with carboxylic acid nanogels for CO_2 separation[J]. Journal of Membrane Science, 2015, 495: 72-80.

[54] Wang S F, Liu Y, Huang S X, et al. Pebax-PEG-MWCNT hybrid membranes with enhanced CO_2 capture properties[J]. Journal of Membrane Science, 2014, 460: 62-70.

[55] Dai Y, Ruan X H, Yan Z J, et al. Imidazole functionalized graphene oxide/PEBAX mixed matrix membranes for efficient CO_2 capture[J]. Separation and Purification Technology, 2016, 166: 171-180.

[56] Li X Q, Cheng Y D, Zhang H Y, et al. Efficient CO_2 capture by functionalized graphene oxide nanosheets as fillers to fabricate multi-permselective mixed matrix membranes[J]. ACS Applied Materials & Interfaces, 2015, 7(9): 5528-5537.

[57] Wu H, Li X Q, Li Y F, et al. Facilitated transport mixed matrix membranes incorporated with amine functionalized MCM-41 for enhanced gas separation properties[J]. Journal of

Membrane Science, 2014, 465: 78-90.

[58] Li H, Tuo L H, Yang K, et al. Simultaneous enhancement of mechanical properties and CO_2 selectivity of ZIF-8 mixed matrix membranes: Interfacial toughening effect of ionic liquid[J]. Journal of Membrane Science, 2016, 511: 130-142.

[59] Guo C, Chen S Y, Zhang Y C. Solubility of carbon dioxide in aqueous 2-(2-aminoethylamine) ethanol (AEEA) solution and its mixtures with *N*-methyldiethanolamine/2-amino-2-methyl-1-propanol[J]. Journal of Chemical & Engineering Data, 2013, 58(2): 460-466.

[60] Yu M, Dai Y, Yang K, et al. TEA incorporated CS blend composite membrane for high CO_2 separation performance[J]. RSC Advances, 2016, 6(32): 27016-27019.

[61] Dai Y, Ruan X H, Yan Z J, et al. Imidazole functionalized graphene oxide/PEBAX mixed matrix membranes for efficient CO_2 capture[J]. Separation and Purification Technology, 2016, 166: 171-180.

[62] Chen S M, Hu G P, Smith K H, et al. Kinetics of CO_2 absorption in an ethylethanolamine based solution[J]. Industrial & Engineering Chemistry Research, 2017, 56(43): 12305-12315.

[63] 张永春, 陈思铭, 陈绍云, 等. 一种用于捕集二氧化碳的新型两相混合物[P]. CN106984152A. 2017-07-28.

[64] Nie F, He G H, Zhao W, et al. Improving CO_2 separation performance of the polyethylene glycol (PEG)/polytrifluoropropylsiloxane (PTFPMS) blend composite membrane[J]. Journal of Polymer Research, 2014, 21(1): 319.

[65] Zhao W, He G H, Zhang L L, et al. Effect of water in ionic liquid on the separation performance of supported ionic liquid membrane for CO_2/N_2[J]. Journal of Membrane Science, 2010, 350(1-2): 279-285.

[66] Ruan X H, He G H, Li B, et al. Cleaner recovery of tetrafluoroethylene by coupling residue-recycled polyimide membrane unit to distillation[J]. Separation and Purification Technology, 2014, 124: 89-98.

[67] Chen S Y, Zhang Y C, Guo X W. Adsorptive removal of trace NO from a CO_2 stream over transition-metal-oxide-modified HZSM-5[J]. Separation and Purification Technology, 2009, 69(3): 288-293.

[68] Zhou J X, Zhang Y C, Guo X W, et al. Removal of C_2H_4 from a CO_2 stream by using $AgNO_3$-modified Y-zeolites[J]. Industrial & Engineering Chemistry Research, 2006, 45(18): 6236-6242.

[69] 王晓光, 刘岱, 陈绍云, 等. 五乙烯六胺改性金属有机骨架材料 MIL-101(Cr) 对 CO_2 的吸附性能[J]. 燃料化学学报, 2017(45): 484-490.

[70] 盖群英, 张永春, 周锦霞, 等. 回收混合气体中二氧化碳的复合脱碳溶液[P]. CN101091864. 2007-12-26.

[71] Martynov S, Brown S, Mahgerefteh H, et al. Modelling three-phase releases of carbon dioxide from high-pressure pipelines[J]. Process Safety and Environmental Protection, 2014, 92(1): 36-46.

[72] Chen B, Ruan X H, Jiang X B, et al. Dual- membrane module and its optimal flow pattern for H_2/CO_2 separation [J]. Industrial & Engineering Chemistry Research,2016, 55(4): 1064-1075.

[73] Chen B, Ruan X H, Xiao W, et al. Synergy of CO_2 removal and light hydrocarbon recovery from oil-field associated gas by dual-membrane process[J]. Journal of Natural Gas Science and Engineering, 2015, 26: 1254-1263.

[74] Chen B, Jiang X B, Xiao W, et al. Dual-membrane natural gas pretreatment process as CO_2 source for enhanced gas recovery with synergy hydrocarbon recovery[J]. Journal of Natural Gas Science and Engineering, 2016, 34: 563-574.

第四章

反应吸收耦合过程

第一节 研究背景及意义

吸收是一种传统的化工分离过程，是分离气体混合物的重要方法之一。当气体混合物与吸收剂发生接触时，气体中的易溶组分溶解在吸收剂中形成溶液，从而实现与难溶组分的分离。该分离方法依赖于气体混合物组分在所用吸收剂中溶解度的不同，被广泛应用于原料气精制、废气处理等过程。然而，化工领域气体组分复杂，在有些情况下，待分离混合物中各组分间溶解度差异较小，难以通过单一的吸收处理实现有效的分离。

反应吸收是指将反应与吸收过程相耦合，先通过化学反应将难溶解的待分离组分转化为易溶状态，再使用吸收剂将其吸收分离。该耦合过程能有效扩大吸收分离的适用范围，提升分离效果，在组成成分多、处理需求复杂的化工领域具有重要的研究价值与实用意义。例如，在燃煤烟道气的污染治理方面，目前许多研究者尝试将烟气中的一氧化氮（NO）与单质汞（Hg^0）通过反应吸收的方式脱除。然而，化工企业现有的烟气处理设备难以吸收烟道气中的 NO 与 Hg^0，而另外设立脱 NO 与脱 Hg^0 设备会大大增加成本。如果将现有的湿法吸收脱硫装置与氧化反应耦合，先把 NO 与 Hg^0 氧化成易溶解的高价 NO_x 与二价汞（Hg^{2+}）再进行吸收处理，能够有效减少化工企业 NO 与汞的排放。

反应吸收按照是否使用催化剂可以分为催化反应吸收与非催化反应吸收；按照其耦合方式的不同，又可以分为液相反应吸收和气相反应吸收。液相反应吸收工艺中，组分之间的反应与吸收过程是同时进行的，一般是通过更换吸收剂或在吸收剂中加入可溶性催化剂的方式，在吸收剂与待吸收组分间建立起化学反应，从而将难溶解的组分转化为易溶组分后吸收分离。气相反应吸收则是在吸收工艺前完成对待分离组分的转化，催化剂或反应气体首先在气相中与该组分发生反应，随后再将所得气体通入吸收剂中，吸收剂与待吸收组分间只需进行物理溶解过程而无需建立化学反应。有些情况下，气相反应与液相反应吸收可同时进行，以提高工艺的分离效率。

吸收过程主要受传质动力学的控制，在与反应过程耦合后，也需要考虑化学反应的影响。因此，目前针对反应吸收耦合过程的研究方向主要有：反应吸收传质过程的强化模拟、反应物（如氧化剂或还原剂）的选择、反应催化剂的设计与选择等。本章将以燃煤烟气中 NO 和 Hg^0 的脱除为例，介绍反应吸收耦合的原理、过程及存在问题。

第二节　关键问题

一、NO_x 的氧化与液相吸收技术的耦合及存在的问题

目前关于 NO 催化氧化联合液相吸收烟气脱硝工艺的研究的问题主要体现在两个方面：NO 的氧化和 NO_x 的吸收。目前被研究的 NO 氧化和吸收的方法多种多样，均能提供一定的 NO 氧化效果，但也存在各自的缺陷。

1. 催化氧化

目前采用催化氧化法进行 NO 氧化的催化剂种类较多，其中 Pt 等贵金属催化剂和 Co 系金属氧化物催化剂活性较高，但前者价格昂贵，后者毒性较大，Mn 系催化剂是 Pt 和 Co 可能的替代者之一，但活性仍不够高。另外，常用的 NO 气相氧化催化剂受 H_2O 和 SO_2 的影响严重，易失活，严重制约了催化氧化法的应用，也是气相催化氧化技术实现工业化的瓶颈。

2. 气相直接氧化法

直接氧化法是指在无催化剂条件下，利用强氧化剂在气相中直接氧化 NO，目前研究较多的氧化剂有 O_3 和 ClO_2 等。但由于制取 O_3 需强电流、高电压，投资及运行费用高，而 ClO_2 是一种有强烈腐蚀作用的化学危险物，其应用均受到限制。

3. 液相吸收法

NO_x 吸收剂的吸收特性差异很大。目前常用的吸收剂包括亚硫酸钠吸收剂、

$KMnO_4$ 氧化吸收剂、$Fe(II)$-EDTA 络合剂等，但各类吸收剂的消耗量普遍较大且循环使用率较低。因此，如何选取合适的吸收剂，并进一步改善其脱硝性能，兼顾吸收过程的效率和经济性是亟待解决的重要问题。

二、Hg^0 的氧化和吸收技术的耦合及存在的问题

目前对于 Hg^0 的控制技术的研究大体上可分为两类：一类是借助于现有烟气净化装置，通过适当改进实现同步除 Hg^0，目前这类技术的开发是主流；另一类则是研究开发专门的除 Hg^0 新技术。在通过改进并利用现有烟气净化装置除 Hg^0 的研究中，被广泛关注和研究的是将 Hg^0 氧化成 Hg^{2+} 后再利用现有的装置进行吸收。

1.催化氧化

氧化 Hg^0 的催化剂主要有选择性催化还原 (SCR) 催化剂，Hg^0 的脱除效率可达 $80\% \sim 90\%$。但是烟气中 SO_2 及 SO_3 与 Hg^0 竞争吸附催化剂表面活性位点，能显著降低脱除效率。

2.直接氧化

介质阻挡放电 (DBD) 结合 O_3 喷射[1]、脉冲放电产生等离子体[2]是直接氧化 Hg^0 的有效方法，通过产生 ·OH，·HO_2，·O 等自由基和活性组分 O_3、H_2O_2 等达到快速氧化 Hg^0 的目的，氧化效率随着脉冲峰电压、自由电子数和烟气停留时间的增加而增加，优化条件下，脱 Hg^0 效果达到了 55%。但该类方法存在能耗偏高和处理烟气量有限的缺陷，因此限制了其工业应用。

3.卤素及含卤化合物氧化

氯、溴等卤族气体均能氧化烟气中的 Hg^0，氯是促进烟气中 Hg^0 转化的重要因素之一。高温下煤燃烧分解产生的氯原子和 Cl_2 可以将 Hg^0 氧化为 $HgCl_2$。但十分依赖煤种本身产生的氯的量。溴比氯具有更高的氧化速率，但溴不是燃煤烟气中的固有成分，喷入大量的溴可能会带来二次污染。

4.Hg^{2+} 的吸收

Hg^{2+} 吸收的主要方式是利用现有的湿式烟气脱硫系统 (WFGD)。该方法运行成本低，但在大多数情况下仅对烟气中 Hg^{2+} 的吸收效率较高，对 Hg^0 基本上没有作用。同时，由于液相有大量的还原性物质存在，进入液相的 Hg^{2+} 转变为游离态后极易被还原。因此需要解决 Hg^0 的氧化、Hg^{2+} 在脱硫浆中的还原抑制等技术难题。

第三节　强化原理及应用实例

一、单一技术方法脱除 NO_x

1.氧化法

（1）气相氧化法

为了实现 NO 气相氧化，可以采用的气相氧化手段有 O_2、O_3、Cl_2、ClO_2 以及光催化氧化技术等。但是由于 Cl_2 和 ClO_2 等气体的毒性比较大，泄漏后对周围环境的危害很大，因此应用前景不广，目前研究较多是 O_3 氧化技术。

O_3 作为一种常见的气相氧化剂，具有较强的氧化能力，且由于其氧化过程为气气均相反应，反应过程简单，装置简易，具有较好的工业应用可行性。

O_3 氧化 NO 的氧化反应机理可简单描述如下。

$$O_3+NO \longleftrightarrow NO_2+O_2 \qquad (4\text{-}1)$$

$$O_3+NO_2 \longleftrightarrow O_2+NO_3 \qquad (4\text{-}2)$$

$$NO_3+NO_2 \longleftrightarrow N_2O_5 \qquad (4\text{-}3)$$

同时 O_3 也在自发地进行着分解反应，生成 O_2，温度越高分解速度越快，因此实际上存在的是上述两种反应的相互竞争过程。

Mok 等[3] 的研究表明，25 ℃时，NO 氧化成 NO_2 取决于 O_3 的投加量。NO 的减少与 O_3 的加入量呈线性关系。通过表 4-1 中反应 (4-4)～反应(4-7) 可知，NO_3 和 N_2O_5 是一小部分 NO_x 的终产物。当 O_3 的投加量小于初始 NO 的浓度时，只有微量的 NO_3 和 N_2O_5 生成。反应 (4-5) 较反应(4-4) 慢，NO_2 和 NO_3 通过反应 (4-6) 生成 N_2O_5，通过逆反应 (4-8) 分解。除此以外，生成的 NO_3 通过反应 (4-7) 生成 NO_2。因此，NO_3 或者 N_2O_5 的浓度都很低。当 O_3 浓度增加的时候，出口处生成的 N_2O_5 和未参与反应的 O_3 量均逐渐增加，这是由于剩余的 O_3 会发生反应 (4-5) 和反应(4-6)。

表4-1　O_3-NO_x体系的主要反应

反应式	速率常数	反应编号
$O_3+NO \longrightarrow NO_2+O_2$	$k_1=2.59 \times 10^9 \exp[-3.176/(RT)]$	(4-4)
$O_3+NO_2 \longrightarrow O_2+NO_3$	$k_2=8.43 \times 10^7 \exp[-4.908/(RT)]$	(4-5)
$NO_3+NO_2 \longrightarrow N_2O_5$	$k_3=3.86 \times 10^8 T^{0.2}$	(4-6)

反应式	速率常数	反应编号
$NO_3+NO_2 \longrightarrow NO+O_2+NO_2$	$k_4=3.25 \times 10^7 \exp[-2.957/(RT)]$	(4-7)
$N_2O_5 \longrightarrow NO_3+NO_2$	$k_5=1.21 \times 10^{17} \exp[-25.41/(RT)]$	(4-8)
$NO+NO_3 \longrightarrow 2NO_2$	$k_6=1.08 \times 10^{10} \exp[0.219/(RT)]$	(4-9)
$O+NO \longrightarrow NO_2$	$k_7=3.27 \times 10^9 T^{0.3}$	(4-10)
$NO_2+O \longrightarrow NO+O_2$	$k_8=3.92 \times 10^9 \exp[0.238/(RT)]$	(4-11)
$O_3 \longrightarrow O+O_2$	$k_9=4.31 \times 10^{11} \exp[-22.201/(RT)]$	(4-12)
$O+O_3 \longrightarrow 2O_2$	$k_{10}=4.82 \times 10^9 \exp[-4.094/(RT)]$	(4-13)
$O+2O_2 \longrightarrow O_3+O_2$	$k_{11}=1.15 \times 10^{11} T^{1.2}$	(4-14)
$O+O \longrightarrow O_2$	$k_{12}=1.89 \times 10^7 \exp[1.788/(RT)]$	(4-15)

王智化等[4,5]研究发现，O_3在典型锅炉排烟温度150 ℃下10 s内分解率为28%，在100～200 ℃范围内，O_3可以对NO进行高效氧化，在[O_3]/[NO]=1.0时，NO氧化率分别达到了85.7%和84.8%，随温度升高，O_3的分解速度加快，NO氧化效率不断下降，至400 ℃时已无氧化能力。

（2）光催化氧化法

光催化氧化反应主要利用的是半导体材料。其机理是材料的能级分布，当用能量大于禁带宽度的光线照射半导体时，电子受到光照的激发，跃迁到导带形成导带电子（e^-），在价带则留下了空穴（h^+）。由于半导体能带具有不连续性，因为寿命较长，电子和空穴能够在半导体本体和表面运动，与吸附在催化剂表面上的物质发生氧化还原反应，从而将污染物质去除[6]。当光激发了电子和空穴后，可夺取NO_x体系中的电子，使NO_x被活化进而氧化。水及空气中的氧与催化材料的电子发生反应生成强氧化的·OH和O^{2-}等自由基。这些自由基能将NO_x最终氧化生成NO_3^-。氧化生成的NO_3^-会残留在催化剂的表面，当累积到一定浓度时会使催化剂活性降低，所以需要水的洗净、再生。目前主要的光催化剂有TiO_2、ZnO、CuO等，其中使用最为广泛的是TiO_2，它有着反应条件比较温和、性能稳定、催化效果较好、安全性高、污染低等优点。Ma等[7]研究了氧缺陷的TiO_2催化剂光催化氧化NO，如图4-1所示，氧缺陷的TiO_2催化剂吸收太阳光产生电子-空穴对，并与O_2、H_2O作用，生成O^{2-}·、O·、·OH等活性基团，进而与NO反应，将其氧化。

Dalton等[8]采用表面光谱的方法研究了NO_x在TiO_2催化剂表面的氧化过程并

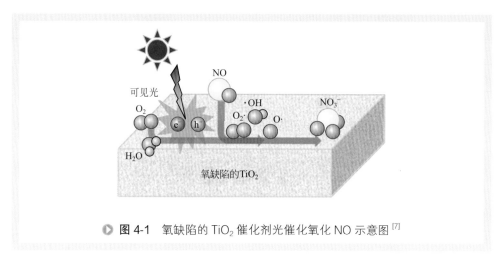

图 4-1　氧缺陷的 TiO$_2$ 催化剂光催化氧化 NO 示意图[7]

分析了机理。其提出的氧化机理如下所示。

$$TiO_2 + hv \longrightarrow TiO_2^*(h_{vb}^+ + e_{eb}^-) \qquad (4\text{-}16)$$

$$OH_{(ads)}^- + h_{vb}^+ \longrightarrow \cdot OH_{(ads)} \qquad (4\text{-}17)$$

$$O_{2(ads)} + e_{eb}^- \longrightarrow O_{2(ads)}^- \qquad (4\text{-}18)$$

$$NO_{(g)} + 2 \cdot OH_{(ads)} \longrightarrow NO_{2\,(ads)} + H_2O_{(ads)} \qquad (4\text{-}19)$$

$$NO_{2\,(ads,g)} + \cdot OH_{(ads)} \longrightarrow NO_{3\,(ads)}^- + H_{v\,(ads)}^+ \qquad (4\text{-}20)$$

$$NO_{x(ads)} \xrightarrow{O_{2(ads)}^-} NO_{3\,(ads)}^- \qquad (4\text{-}21)$$

降低反应的停留时间，提高 TiO$_2$ 对高浓度 NO$_x$ 的氧化效率是该项技术得以应用于烟气 NO$_x$ 控制的关键之处，也是需要克服的难点之一。

（3）液相氧化法

近年来，不少研究者尝试在液相中添加氧化剂脱除 NO$_x$，如 HNO$_3$、KMnO$_4$、NaClO$_2$、P$_4$、HClO$_3$、H$_2$O$_2$、NaClO、KBrO$_3$、K$_2$Br$_2$O$_7$、Na$_3$CrO$_4$、(NH$_4$)$_2$CrO$_7$ 等都被用来作为液相氧化剂。

① 氯酸氧化法。氯酸氧化工艺[9] 又称 Tri-SO$_2$-NO$_x$Sorb 工艺，采用氧化吸收塔和碱式吸收塔两段工艺。氧化吸收是该工艺的核心，采用氧化剂 HClO$_3$ 氧化 NO 和 SO$_2$ 及有毒金属；碱式吸收塔则作为后续工艺采用 Na$_2$S 及 NaOH 为吸收剂，吸收残余的酸性气体。

HClO$_3$ 氧化 NO 的反应过程为

$$NO + 2HClO_3 \longrightarrow NO_2 + 2ClO_2 + H_2O \qquad (4\text{-}22)$$

$$5NO + 2ClO_2 + H_2O \longrightarrow 2HCl + 5NO_2 \qquad (4\text{-}23)$$

$$10NO_2+2ClO_2+6H_2O \longrightarrow 2HCl+10HNO_3 \qquad (4\text{-}24)$$

总反应为

$$13NO+6HClO_3+5H_2O \longrightarrow 6HCl+3NO_2+10HNO_3 \qquad (4\text{-}25)$$

由于烟气中有大量 CO_2，部分 NaOH 可能会生成 Na_2CO_3 和 $NaHCO_3$，除了与 NO、NO_2 反应外，还可能与 SO_2、SO_3 反应生成对应的盐。该工艺可以在常温下进行，没有催化剂中毒及失活问题，对烟气中 SO_2 和 NO_x 浓度没有限制，实用性较强。但该工艺还存在以下技术问题[10]：

a. 酸性废液可经过浓缩等处理作为酸原料使用，但是贮存和运输存在安全问题；

b. 氯酸制备的方法采用电解工艺，技术水平较高，对材料、工艺及运输的要求均较为严格；

c. 氯酸的强腐蚀性对设备的防腐性能要求较高，增加了设备的成本投资。

② 黄磷乳浊液法。用含有 $CaCO_3$ 的黄磷乳浊液去除 NO_x 的方法，首先是由美国劳伦斯伯克利国家实验室 (Lawrence Berkeley National Laboratory) 开发提出的，并命名为 PhoSNO$_x$ 法[11]。含碱的黄磷乳浊液，喷射到含 NO_x 和 SO_2 的烟气中与其逆流接触，其中黄磷与烟气中的氧气反应产生 O_3 和氧原子 (O)，O_3 和 O 快速将 NO 氧化成 NO_2。NO_2 在溶液中水解成 NO_3^- 和 NO_2^{2-}，SO_2 被转化为 HSO_3^-/SO_3^{2-}，并与 NO_2 反应生 $HSO_3\cdot/SO_3\cdot$ 自由基，这类自由基与烟气中的 O_2 反应生成 SO_4^{2-}，其中一些 HSO_3^-/SO_3^{2-} 与 NO^{2-} 反应形成 N-S 中间产物，这类中间产物最终水解生成 $(NH_4)_2SO_4$ 和石膏，黄磷被氧化为磷酸。

黄磷乳浊液湿法脱 NO_x 能耗较低，并且反应产物是有价值的商业产品——磷酸。该法不需要添加昂贵设备，就可以在现行湿法 FGD 设备实施，副产物为一种有用的化肥，无须二次废物再处理，是同时从烟道气中去除 NO_x 和 SO_2 的具有潜在性经济效益的方法。但是黄磷是剧毒物质，在实际操作中比较危险，因此要采取适当的预防措施加以避免。而且我国缺乏高品位的磷矿，该法难以在我国得到广泛应用。

③ 亚氯酸钠法。$NaClO_2$ 为白色晶体或结晶状粉末，微具吸水性，有很强的氧化性。在国外，$NaClO_2$ 常常被用来与酸或碱共同去除 NO_x，通常的做法是在净化系统中加入碱性吸收液以去除 NO 和 NO_2。

将 $NaClO_2$ 作为吸收剂的研究始于 20 世纪 70 年代末期，Fang 等[12]研究了不同条件 $NaClO_2$ 对 NO_x 脱除效率的影响（图 4-2），随着 $NaClO_2$ 浓度的升高，NO_x 脱除率随之升高，当 $NaClO_2$ 浓度升高至 0.08%，NO_x 脱除率达到最高值。$NaClO_2$ 溶液湿法脱除 NO 的反应过程比较复杂，许多学者认为这个反应是气膜控制的吸收氧化反应，NO_x 要通过 N_2O_3 和 N_2O_4 的水解而被吸收。NO 可在水溶液中被 $NaClO_2$ 氧化，在该反应过程中，NO 被氧化成 NO_3^{3-}，而 ClO^{2-} 转化为 Cl^- 和 ClO^-。Sada 等[13]

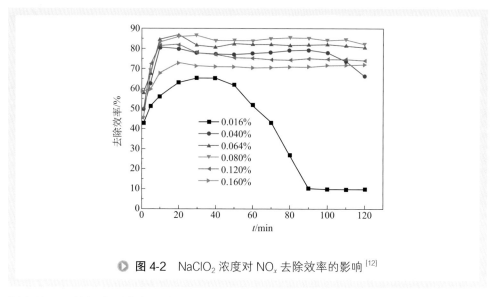

图 4-2　NaClO₂ 浓度对 NO$_x$ 去除效率的影响[12]

提出的 NO 的氧化吸收机理如下。

$$2NO+ClO_2^- \longrightarrow 2NO_2+Cl^- \qquad (4\text{-}26)$$

$$4NO_2+ClO_2^-+4OH^- \longrightarrow 4NO_3^-+Cl^-+2H_2O \qquad (4\text{-}27)$$

NaClO₂ 溶液脱硝技术尚处于研究探索阶段，且存在一些问题：烟气中 NO$_x$ 的含量变化对脱除效率影响很大；此外该工艺容易产生二次污染，会生成有毒气体，对设备有很强的腐蚀性，反应的生成物复杂不易再进行二次利用。

2.吸收法

液体吸收法具有工艺设备简单、操作便捷、能耗低、一次性投资成本低等特点，因而该法应用较为广泛。在实际应用中，液体吸收法一般都采用化学吸收。吸收的限度主要取决于两个因素：气液平衡条件和液相反应的平衡条件。吸收的速率则取决于扩散速率和在液相中的反应速率。

（1）酸吸收法

稀硝酸吸收法是最常见的一类湿法脱硝技术[14,15]。硝酸的存在会抑制亚硝酸的分解，从而有利于 NO 的吸收。该法能够回收得到副产品硝酸，具有一定的经济效益。稀硝酸吸收法的基本原理如下。

$$2NO+O_2 \longrightarrow NO_2 \qquad (4\text{-}28)$$

$$3NO_2+H_2O \longrightarrow 2HNO_3(水溶液)+NO \qquad (4\text{-}29)$$

需要注意的是，根据上面的反应原理，每吸收 3 mol 的 NO$_x$ 就会有 1 mol 的 NO 生成。NO 必须重新氧化以后才能被再次吸收。但是，即使是在氧气含量充足的条件下，常规硝酸吸收法的吸收效率仍较低，通过增大吸收压强等方式可显著提高 NO_x 的吸收效率。孙志勇等[16]考察了液气比、硝酸浓度、吸收温度等对 NO 吸收的影响，发现较高的液气比和较低的温度有益于 NO 吸收，而硝酸的浓度则在20%～30% 适宜（图4-3）。

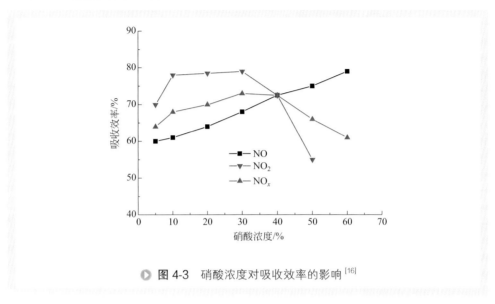

● **图**4-3 硝酸浓度对吸收效率的影响 [16]

（2）碱吸收法

在工业应用上，较为常用的碱性吸收液是 Na_2CO_3 溶液、NaOH 溶液或者是两者的混合溶液。NaOH 溶液吸收 NO_x 的主要化学反应如下。

$$2OH^- + 2NO_2 \longrightarrow NO_3^- + NO_2^- + H_2O \qquad （4-30）$$

$$2OH^- + NO_2 + NO \longrightarrow 2NO_2^- + H_2O \qquad （4-31）$$

Na_2CO_3 溶液吸收 NO_x 的主要化学反应如下。

$$CO_3^{2-} + 2NO_2 \longrightarrow NO_3^- + NO_2^- + CO_2 \qquad （4-32）$$

$$CO_3^{2-} + NO_2 + NO \longrightarrow 2NO_2^- + CO_2 \qquad （4-33）$$

不论是用NaOH 溶液吸收还是 Na_2CO_3 溶液吸收，尾气中 NO 与 NO_2 的比例对于碱吸收法的脱硝效率都至关重要[17]。一般地，当氧化度 (NO_2/NO_x) 为 50% 左右时，NO_x 的吸收率最高。这是因为在 NO_x 的吸收过程中，NO 会与 NO_2 结合生成 N_2O_3，而 N_2O_3 在水中的吸收速度远比 N_2O_4 在水中的吸收速度快得多。当氧化度（NO_2/NO_x）为 50% 时，NO_x 主要以 N_2O_3 的化学形态进行吸收，因而吸收效果最优异。但是实际烟道气中，NO 占 NO_x 总量比例在 90% 以上，所以简单的碱吸收对于实际烟道气的脱硝效率并不理想，往往需要额外添加氧化剂，例如双氧水、O_3、高锰酸钾等来提高 NO_x 的吸收率（图4-4）[18]。

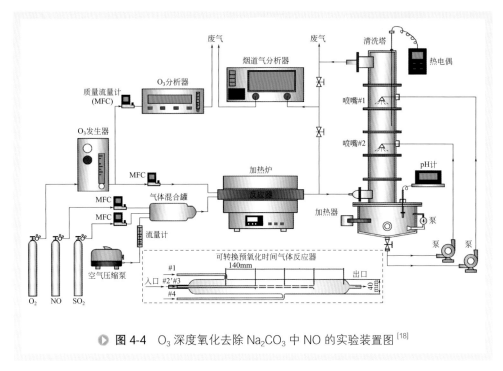

● 图 4-4　O_3 深度氧化去除 Na_2CO_3 中 NO 的实验装置图[18]

（3）络合吸收法

所谓络合吸收法脱除 NO_x 就是用 Fe^{2+}、Ni^{2+}、Co^{2+} 等金属阳离子与氨基酸类 (EDTA，NTA) 配体等结合形成的络合物与 NO 发生快速络合反应，增大 NO 在液相中的溶解度，从而达到脱除 NO_x 的目的。络合吸收法的特点在于：

① 可以直接吸收 NO，不需考虑 NO_x 氧化度的问题。

② 吸收条件要求不苛刻，压力要求和温度要求也不严格。

③ NO_x 吸收率高，可达 75%～81%。

但是，络合法也存在不少问题，譬如络合吸收后吸收剂循环再生困难。以 Fe^{2+} 螯合剂为例，在处理过程中 Fe^{2+} 容易被烟气中的 O_2 氧化为 Fe^{3+}，而生成的 Fe^{3+} 螯合剂与 NO 的亲和力很差，也就失去了对 NO 的吸附能力。有研究人员也提出一些较为有效的再生方法，主要包括还原剂还原法、电解再生法以及生物再生法。

二、氧化-吸收耦合法脱除NO$_x$

1.气相氧化-液相吸收耦合法

如前所述，液相吸收法主要是使用液态吸收剂与 NO_x 气体发生化学反应，从而实现 NO_x 的控制。液相吸收法的一个明显优势就在于较高的脱硝效率，一般能达到 85% 以上（图 4-5 为离子液体吸收剂脱除 NO 的反应示意图）。虽然由于液相吸收会产生废水，限制了该技术的大规模广泛应用，但是该技术的设备简单，脱除效率高，应用前景广阔，且在目前的工业生产中有很多改造项目可以使用，因此对液相吸收技术的研究和改进十分必要。在众多的氧化法中，气相氧化法得到了大量的关注和研究，气相氧化手段主要有 O_2，O_3，Cl_2，ClO_2 等[19]，目前研究较多的气相氧化技术为 O_3 气体氧化技术，其典型的反应装置如图4-6所示。该工艺得到广泛研究和应用是因为 O_3 不仅可用来氧化燃煤烟气中的低价态 NO_x，还可把低价态 NO_x 氧化为溶解度更高的 NO_x，而实现这些只需要改变 O_3 与 NO 的摩尔比。同时，O_3 氧化后的产物是氧气，不会产生有害物质。O_3 的来源比较简单，可通过放电法电离得到，气源可以是空气，也可以是氧气。该优势使得 O_3 氧化结合湿法脱硝技术成为近年来的研究热点。

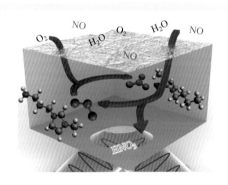

▶ **图 4-5** 离子液体吸收剂脱除 NO 的反应示意图[20]

肖灵等[21]采用 O_3 氧化结合液相吸收的方法来处理 NO，考察了 O_3 与 NO 比例，以及吸收液的类型对 NO 脱除效果的影响。吸收液主要是氢氧化钙、氢氧化钠、碳酸氢钠和去离子水。研究结果表明，当 O_3 与 NO 的摩尔比小于 1 时，去离子水的 NO_x 吸收效率最低，氢氧化钙、氢氧化钠、碳酸氢钠等对产物的吸收效率相近，但都不足 50%。

为了高效处理 NO_x，Mok 等[22]进行了 O_3 氧化与还原剂吸收相耦合处理 NO_x 的实验。实验操作选择 O_3 氧化 NO 后，将氧化后的气体通过 Na_2S 溶液进行回收。结果表明该处理过程实现95%的 NO 脱除效率的同时，可以实现硫的完全脱除，得到了比较理想的结果。但 Na_2S 具有较强的还原性，容易与烟气中的氧气反应，因此消耗量较大，不能实现大规模的应用。

为了实现 NO_x 的高效脱除，王智化等[23]利用 O_3 氧化耦合湿法吸收方法研究模拟烟气中 NO_x、SO_2 和 Hg 的协同脱除，取得了理想的效果，NO_x 的脱除效率高达 90% 以上。但是该过程存在的问题是，NO_x 的高效脱除是在 O_3 与 NO 的摩尔比较大时实现的，这会大大增加实际运行成本，甚至会发生过量 O_3 逃逸的问题。因

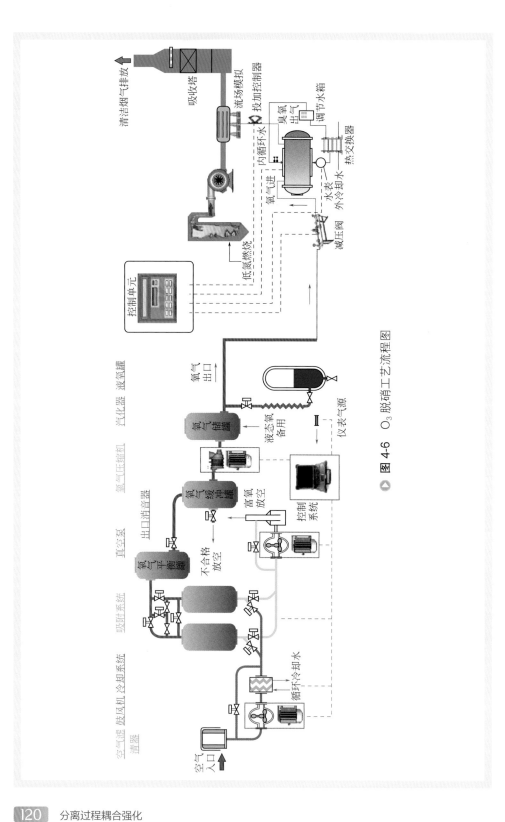

● 图 4-6 O₃ 脱硝工艺流程图

此，为了能实现大规模工业化应用，必须找到 O_3 氧化耦合液相吸收的最佳反应条件，节约该技术的处理成本，开发出与现有燃煤电厂和实际工业锅炉情况相互匹配的工艺。山东大学余颖妮等 [24] 结合 O_3 氧化耦合湿法吸收脱硝技术脱除效率高，现有电厂改造可实现多种污染物联合脱除，通过研究和探索，阐明该技术的机理并寻找该技术的最佳反应条件。余颖妮团队从 O_3 氧化 NO 和液相吸收两部分出发，分别寻找并得到了达到一定氧化效率的最佳反应条件和实现液相吸收效果的最佳反应条件。如图 4-7 所示，在实验条件下，当 [O_3] / [NO] 从 0.0 增加到 2.0 时，模拟烟气中 NO 含量急剧下降最后接近 0.0，实现了 NO 的完全氧化。同时，NO_2 的含量随着 [O_3] / [NO] 的增加呈现先上升再下降趋势，当 [O_3] / [NO] 为 1.0 时，NO_2 的含量最高。考虑 O_3 的用量和成本，[O_3] / [NO] 为 1.0 时比较合适。

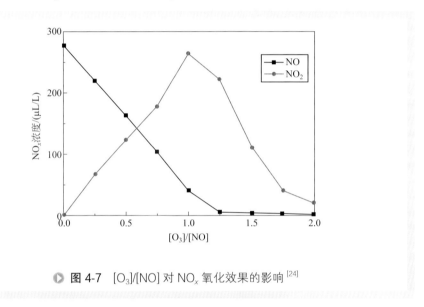

图 4-7 [O_3]/[NO] 对 NO_x 氧化效果的影响 [24]

在此基础上，该团队发现 O_3 对 NO 的氧化具有明显的选择性，模拟烟气中 SO_2 对 O_3 的消耗很小，有利于成本的控制。同时 NO 被 O_3 氧化的反应属于快速的不可逆的反应，温度不是其主导因素，温度对该反应影响不大。在吸收液吸收 NO_x 实验部分，该团队考察了诸如温度、pH、NO_x 浓度、入口气体流量、吸收液浓度等条件对 NO_2 吸收过程的影响，发现 NO_2 初始浓度为 300 μL/L，吸收液的温度 60 ℃，吸收液为 0.5 mol/L 的碳酸钙，烟气中氧气的含量为 6% 时，NO_2 吸收率可达到 87%，实现了 NO_x 的高效脱除。

2.光催化氧化-液相吸收耦合法

研究表明，为了能有效地吸收 NO_x，需要将烟气 NO 氧化到 [NO_2] / [NO] =1～1.3，而在 NO 的含量很低时其氧化速度是很缓慢的，因此 NO 的氧化速度成

为氧化吸收法脱除 NO_x 总速度的决定因素。为了更加快速地实现 NO 的氧化，加入氧化剂成了首要选择。常用的氧化手段包括气相氧化和液相氧化，其中常用的气相氧化剂有 O_2、O_3、Cl_2、ClO_2 等[19]，液相氧化剂有 HNO_3、$KMnO_4$、H_2O_2、$NaClO$、$KBrO_3$、Na_3CrO_4 等[25-27]，这些技术都能极大地提升湿法烟气脱硝技术的脱硝效率，提高技术的处理能力。然而，氧化技术的应用，会产生一些新的问题，比如尾气吸收液的二次污染问题，以及高昂的操作费用降低了工业应用的可行性。与之相比，光催化技术作为新近兴起的高级氧化技术，因其反应条件温和，对环境友好无害，应用前景十分广阔受到了巨大关注。

光催化氧化是指在光源的照射下使催化剂周围的氧气及水分子转化成极具活性的活性氧自由基，这些氧化力极强的自由基可有效氧化 NO_x 中的 NO。典型的光催化反应机理图如图 4-8 所示，光照使催化剂中的电子激发，产生光生电子和光生空穴，其具有一定的氧化、还原能力，能与反应物发生氧化还原反应。光催化技术特有的氧化机理避免了额外的氧化剂使用，具有反应条件温和、能耗低、二次污染少等优点，是一项具有广阔应用前景的绿色氧化技术[28-30]。

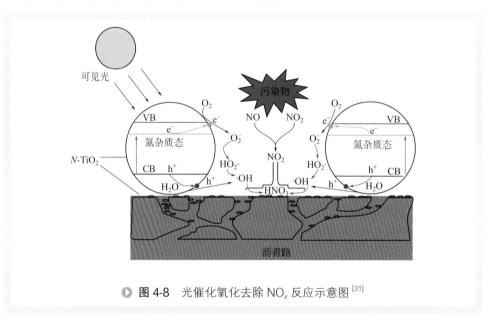

● 图 4-8　光催化氧化去除 NO_x 反应示意图[31]

TiO_2 光催化氧化脱除 NO_x 的原理和氧化 VOCs 的机理相类似，目前光催化的研究主要集中于 TiO_2 光催化剂方面。就目前而言，限于对氧化机理的认识，TiO_2 光催化氧化脱除 NO_x 的研究尚局限于大气环境中低浓度 NO_x 的氧化脱除以及 TiO_2 光催化氧化的反应机理研究等方面，典型的光催化脱硝反应的实施过程如图 4-9 所示，光照下催化剂表面产生大量活性氧物种，与 NO_x 反应生成 NO_3^-，进而生成硝酸盐。

Ibusuki 等[33]于 1994 年首先开展了光催化氧化脱除大气中的 NO_x 的研究，揭开了 TiO_2 光催化氧化脱除 NO_x 的序幕。Ichiura 等[34]发现经微波处理后的 TiO_2 作为光

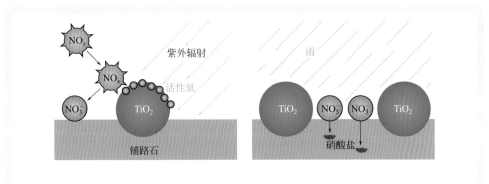

▶ **图 4-9** 光催化氧化去除 NO$_x$ 的实施过程[32]

催化剂脱除 NO$_x$，在可见光波长下具有良好的光催化氧化活性，且在紫外光段的活性没有减弱，该研究进一步拓宽了光催化剂的使用光范围。在催化剂改性方面，研究发现碱金属的掺杂和 NH$_3$ 对 TiO$_2$ 的改性均能提高 NO$_x$ 的脱除效率。

在光催化氧化 NO$_x$ 的研究过程中，人们发现降低反应的停留时间，提高 TiO$_2$ 对高浓度 NO$_x$ 的氧化效率是该项技术能够应用于烟气 NO$_x$ 控制的难点和关键所在。

浙江大学吴忠标团队，基于烟气 NO$_x$ 的联合湿法吸收技术的应用基础研究，通过优化光催化氧化催化剂制备方法及耦合液相吸收技术工艺开发，重点解决高浓度下 NO 氧化效率低的问题，开发出了一种高效的、低投资成本的光催化氧化耦合液相吸收的脱硝工艺。了解 NO$_x$ 的光催化氧化机理，对高浓度的 NO$_x$ 实现高浓度的脱除十分必要。该团队采用如图 4-10 所示的实验装置，通过负载型 TiO$_2$ 纳米催化剂，考察了高浓度的 NO$_x$ 在光催化氧化体系中的反应过程。

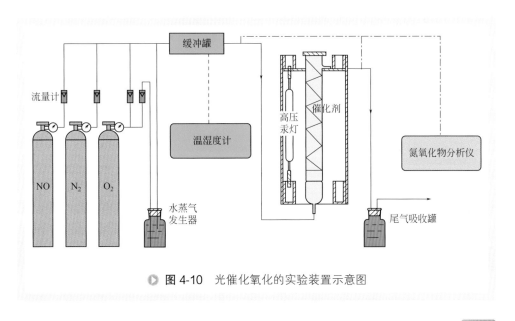

▶ **图 4-10** 光催化氧化的实验装置示意图

通过实验发现，NO 的光催化氧化反应符合 Langmuir-Hinshelwood 动力学模型[35]，反应在低浓度的情况下表现为一级反应，而在高浓度的情况下表现为零级反应。实验表明最佳停留时间为 15s，此时 NO 的光催化氧化效率维持在最高水平。

同时考察了水蒸气含量、氧气含量、烟气成分不同浓度等对 NO 光催化氧化效率的影响，发现在相对湿度为 8.6% 或氧含量为 0.2% 时，光催化氧化的速率受到极大的抑制。当模拟烟气中的相对湿度超过 60% 或氧含量超过 10% 时，其对光催化氧化反应的抑制不再明显。针对催化剂表面因为硝酸盐、亚硝酸盐堆积造成的催化剂失活问题，该团队研究发现 500 ℃ 下 30 min 的煅烧能够有效去除硝酸盐，实现催化剂简单有效的再生。

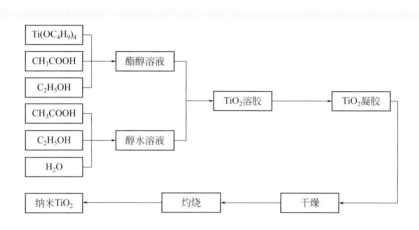

▶ **图 4-11** 纳米 TiO$_2$ 的溶胶 - 凝胶法制备流程

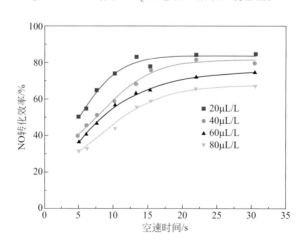

▶ **图 4-12** 停留时间对 NO 非均相光催化氧化效果的影响

（相对湿度：70%~75%，反应温度：80℃±5 ℃，进气浓度：20~80 μL/L，紫外光源：125 W 高压汞灯）

针对 NO_x 的光催化氧化，该团队采用了如图 4-11 所示的制备工艺，考察了溶胶-凝胶法主要制备参数对结构和催化活性的影响（图 4-12），研究了纳米 TiO_2、多孔硅胶等作为空间填充物对复合膜的结构和催化活性的影响。

该团队重点考察钛水比、钛醇比、钛酸比、催化剂的煅烧温度以及煅烧时间对 TiO_2 纳米催化剂的晶体晶型、晶粒大小以及催化活性的影响。发现钛水比 =1∶10、钛醇比 =1∶10、钛酸比 =1∶7，煅烧温度为 450 ℃，煅烧时间为 1 h 为最佳的 TiO_2 纳米催化剂制备条件，所得催化剂晶体界限分明，催化剂颗粒大小均匀，催化氧化 NO 的活性最高[36]。同时发现，TiO_2（Degussa P25）作为空间填充剂能有效改善复合膜的性能，可以有效改良纯 TiO_2 物性，提升催化剂的氧化能力。

针对过渡金属离子的掺入可能在半导体晶格中引入缺陷位置或改变结晶度等，从而影响电子与空穴的复合或改变半导体的激发波长，进而改变 TiO_2 的光催化活性的问题，该团队考察了不同制备方法、不同金属离子以及不同金属离子掺杂浓度对改性 TiO_2 光催化氧化的性能影响，并探讨了不同金属离子的改性机理[37]。

如图 4-13 所示，Cr、Mo、Mn 的掺杂或者表面沉积对 TiO_2 光催化氧化 NO 的过程并没有明显的促进作用。与之相比，溶胶-凝胶法制备的 Zn/TiO_2 催化剂可以促进 NO 的光催化氧化过程，当 Zn 的掺杂量为 0.1%（原子分数）时，NO 的光催化氧化效率最高提升 13.4%，达到 54.8%。与溶胶凝胶法相比，浸渍沉淀法制备的 Zn/TiO_2 纳米催化剂，在 Zn 的掺杂量为 0.5%（原子分数）时，对 NO 光催化氧化的效率提升最大为 19.4%，达到了 63.9%。

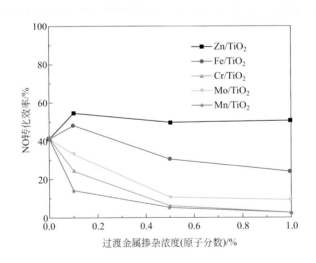

● 图 4-13　不同金属离子掺杂的纳米 TiO_2 对 NO 的光催化氧化效果（溶胶凝胶法）

针对传统的湿法烟气脱硫技术能够有效脱除 SO_2，却难以有效去除烟气中的 NO_x 问题，发现主要是 NO 在水中溶解度太小所致，然而 NO_2 却因为较大的溶解度能通过液相较好地吸收。如 Na_2SO_3 与 NO_2 的反应为链式的自由基交换反应，反应非常迅速，可以达到较高的去除效率。基于此，该团队开发了新型的光催化氧化耦合 Na_2SO_3 液相吸收的烟气脱硝工艺，考察了一系列光催化氧化和液相吸收的影响因素。

如图 4-14 所示，通过研究发现，对于光催化氧化耦合液相吸收工艺，较长的停留时间有利于 NO 光催化氧化反应的进行，能提升耦合工艺的整体 NO 脱除效率。对于耦合工艺，其适宜的相对湿度应大于 60%，适宜的 O_2 含量应大于 10%。在液相吸收部分，最佳的吸收液浓度为 2%，合适的吸收液温度应控制在 40 ℃以下，吸收液的 pH 值应控制在 4 以上。考虑到耦合工艺的经济性，最佳的氧化抑制剂 $Na_2S_2O_3$ 的添加量为 2%。

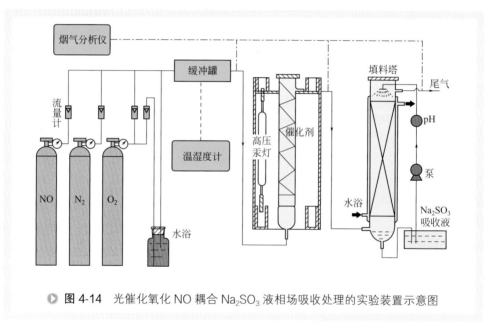

▶ 图 4-14 光催化氧化 NO 耦合 Na_2SO_3 液相场吸收处理的实验装置示意图

吴忠标团队的研究表明，光催化氧化耦合 Na_2SO_3 液相吸收处理 NO_x 的联合工艺，能够有效弥补湿法烟气脱硝技术的缺陷，具备投资成本小、运行费用低、氮可回收等优点，具有潜在的工程应用前景，为工业上实现 NO_x 的有效脱除提供了一种具有参考价值的联合处理方法。

3. 电化学氧化-液相吸收耦合法

随着电化学技术的发展和广泛应用，其在环境领域的应用展现出巨大的优势，如使用电子作为氧化剂或者还原剂，绿色无污染[38]；利用电压或者电流的变化对物质进行氧化或者还原，易于控制[39]；电化学过程使用电能作为动力，能量利用效率高[40]。诸多的优势，使得电化学应用到 NO_x 处理领域，具有很大的研究价值和试验

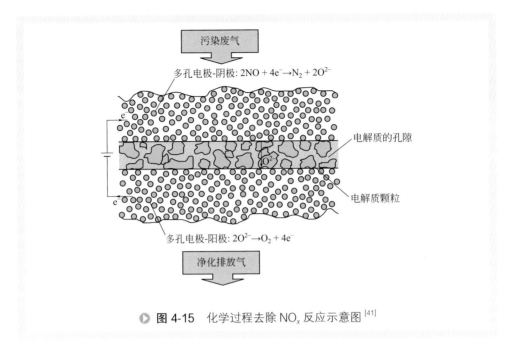

多孔电极-阴极: $2NO + 4e^- \rightarrow N_2 + 2O^{2-}$

电解质的孔隙

电解质颗粒

多孔电极-阳极: $2O^{2-} \rightarrow O_2 + 4e^-$

污染废气

净化排放气

▶ **图 4-15** 化学过程去除 NO_x 反应示意图 [41]

价值。典型的通过电化学氧化法去除 NO_x 的反应过程如图 4-15 所示。

中科院城市环境研究所的郑煜铭课题组[42]基于隔膜电解技术对海水改性,利用电解生成的氧化性溶液与碱性溶液对尾气进行氧化吸收耦合二段式工艺洗涤,通过对各参数的优化和氧化吸收过程机理的探讨,研发出一种高效且适用于船舶尾气的后处理技术,为船舶尾气脱硫脱硝提供新的方法和途径。

如图 4-16 和图 4-17 所示,该团队构建了隔膜电解海水净化模拟船舶尾气脱硫脱硝的一体化小试实验装置,进行 NO_x 的氧化 - 吸收耦合处理,该装置主要由隔膜电解海水模块和尾气净化模块组成。

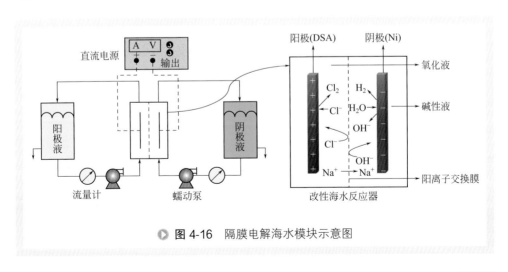

▶ **图 4-16** 隔膜电解海水模块示意图

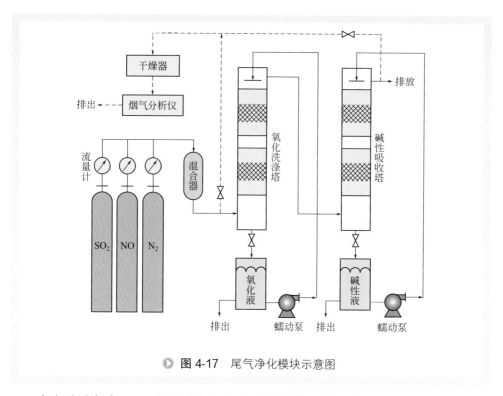

图 4-17　尾气净化模块示意图

在实验过程中，SO₂ 经过水解、氧化和吸收等过程基本上能够实现完全的脱除。NO 由于在液体中溶解性小，氧化过程受到液膜中吸收速率的控制，当被成功氧化为 NO₂ 后，再经过碱溶液吸收去除比较容易实现。

由图 4-18 可知，在实验条件范围内，分别经过海水洗涤与隔膜电解海水处理，两种处理的 SO₂ 去除效率差别不大，均可达到 96% 以上；与之相比，两种处理方式

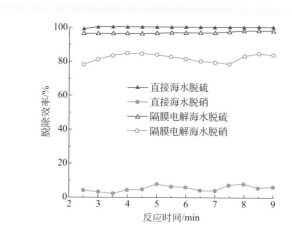

图 4-18　直接海水洗涤与隔膜电解海水洗涤脱除 SO₂ 和 NO 的效率比较

对 NO 的去除效率差异较大，直接海水洗涤的脱硝率不到 10%，而隔膜电解海水的脱硝率可以达到 80% 以上，这表明电解海水氧化耦合吸收处理具有良好的 NO 氧化和去除能力。

该团队通过实验研究发现，在一定范围内，增加氧化液有效氯浓度、提高 NO 初始浓度、减小气体流量、降低 SO_2 初始浓度对 SO_2 的脱除效果没有明显影响，但可以显著提高 NO 的氧化吸收效率。同时，在一定范围内，延长电解时间有利于增强氧化液的氧化能力与碱性液的吸收能力，有利于电解氧化耦合吸收去除 NO。

隔膜电解海水结合氧化吸收耦合反应作为一种高效的脱硫脱硝一体化技术，运行稳定、操作简单易控、适应性良好，有望提供一种具有巨大前景的 NO_x 脱除技术和方法。

三、单一技术方法脱除 Hg^0

吸附法是目前应用最多的脱 Hg^0 方法。该方法主要是利用多孔性固态物质的吸附作用处理污染物，包括物理吸附和化学吸附两种方式。吸附剂主要有活性炭、飞灰、钙基类物质、活性焦和新型吸附剂等[43]。

1. 活性炭脱 Hg^0

活性炭脱 Hg^0 主要有两种方式，一种是应用较广泛的活性炭粉末烟道喷射技术，另一种是将烟气通过活性炭吸附床[44]。活性炭对 Hg^0 的吸附是一个多元化的过程，包括扩散、吸附、凝结以及化学反应等过程，其对 Hg^0 的吸附能力与烟气成分、烟气温度、Hg^0 的浓度以及吸附剂本身的物理性质（颗粒粒径、孔径、表面积等）、C/Hg 比（质量比）等因素有关。尽管活性炭对 Hg^0 具有较高的捕获能力，但活性炭在吸附 Hg 污染物的同时也吸附烟气中其他污染物，这就要求较高的 C/Hg 比（质量比），而活性炭成本较高限制了该技术的应用[45]。为进一步提高活性炭的脱除效率，在活性炭改性方面，研究者主要运用化学方法在活性炭中注入 S、Cl、I 等单质，以增强活性炭的活性。

2. 飞灰脱 Hg^0

飞灰脱 Hg^0 是通过飞灰吸收、吸附、化学反应以及三者结合作用将一部分 Hg^0 吸附转化为飞灰颗粒内的 Hg，达到脱除 Hg^0 的目的[46]。含碳量高的飞灰还具有相当于活性炭的吸附作用，其对 Hg^0 的吸附是有利的。此外，飞灰的氧化表面具有含氧官能团 C—O，对 Hg^0 有一定的氧化能力和化学吸附作用。飞灰中多种金属氧化物如 CuO、Fe_2O_3、Al_2O_3、SiO_2、CaO 等对 Hg^0 还有不同程度的催化氧化作用。飞灰的粒径、比表面积，烟气的温度对 Hg^0 的吸附有一定影响，小粒径、大比表面积以及较低的烟气温度对吸附有利[47]。烟气中的 S 和 Cl 对飞灰捕提 Hg^0 有一定的影响，当温度低于硫酸露点时，$Hg^0(s) - SO_2(g) - O_2(g) - H_2O$ 之间的反应可生成

Hg_2SO_4。此外，不同煤种的飞灰对 Hg^0 的脱除也有差别，与褐煤、次烟煤相比，烟煤的飞灰对 Hg^0 的氧化率和吸附率更高。

3.钙基类物质脱 Hg^0

钙基类物质价格低廉易获得，工业上用于脱除烟气中的 SO_2。同时，$Ca(OH)_2$、CaO 对 Hg^{2+} 有很好的吸附作用，其中 $Ca(OH)_2$ 的吸附效率可达到85%。但由于钙基的细孔结构和比表面积均不如活性炭，因此对 Hg^0 的吸附效率相对较低，而燃煤烟气中 Hg^0 的比例较高。为提高 Hg^0 的脱除效率，主要方法有在钙基类物质中添加氧化剂和改变烟气成分。任建莉等[48]利用3种含钙基的物质作为吸附剂对 Hg^0 的脱除效率进行了研究，结果表明：加入0.08%(体积分数)SO_2时，可使其对 Hg^0 的脱除效率提高15%~20%，且高温有利于提高 Hg^0 的脱除效率。这是因为高温有利于 SO_2 与钙基吸附剂之间发生化学反应，在钙基表面形成活性区域，有利于 Hg^0 氧化形成 Hg^{2+}。赵毅等[49]以生石灰和粉煤灰为主要成分，通过添加少量添加剂在特定温度下消化，制得新型的富氧型高活性吸附剂，对 Hg^0 有较好的脱除效率。

4.活性焦脱 Hg^0

与活性炭相比，活性焦价格低廉、中孔发达、加工简单，同时又具有活性炭的吸附、催化等特性。张海茹等[50]研究发现活性焦吸附 Hg^0 的曲线均呈现初期快速上升，后期逐渐趋于稳定的趋势；整个吸附过程以化学吸附为主；反应温度在一定范围内升高使活性焦吸附 Hg^0 的能力上升，423 K 为最佳温度。熊银伍等[51]研究了山西和贵州两种活性焦的脱 Hg^0 效率，反应装置如图4-19所示。据分析活性焦的中孔结构对其吸附 Hg^0 具有重要作用，中孔结构有利于 Hg^0 在其间的传质。对改性活

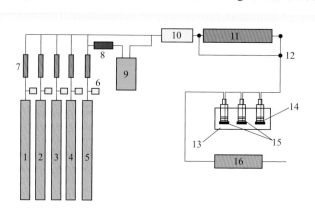

● 图 4-19　固定床试验系统示意图[51]

1—SO_2；2—NO；3—CO_2；4—O_2；5—N_2；6—减压器；7—流量计；8—汞蒸气载气流量计；9—汞蒸气发生器；10—缓冲瓶；11—管式固定床反应器；12—三通阀；13—恒温水槽；14—HNO_3-H_2O_2 吸收液；15—H_2SO_4-$KMnO_4$ 吸收液；16—尾气处理装置

性焦的研究结果表明，用含氯化合物改性后的活性焦脱 Hg^0 效率提高，穿透时间增加。这是因为 $KClO_3$ 具有强氧化性，它与 C 表面的官能团发生化学反应，结合形成 C—Cl，有利于 Hg^0 的吸附。使用硝酸氧化的活性焦脱 Hg 能力也大幅提高。

5. 新型吸附剂脱 Hg^0

除上述吸附剂外，一些新型吸附剂诸如螯合剂、金属氧化物、天然矿物等也具有一定的 Hg 吸附活性。Malyuba 等[52]开发了一种新型的螯合吸收剂，该吸收剂附着在多孔硅胶培养基上，利用固定的螯合团表面的熔融盐产生螯合作用，直接去除烟气中的 Hg^0。TiO_2 吸附剂也被证明具有脱除 Hg 的能力[53]，在实验室模拟燃煤电厂烟气实验中，将 TiO_2 喷入高温燃烧器，产生大量 TiO_2 凝聚团，凝聚团的表面积较大可氧化并吸附部分 Hg^0，然后通过除尘器被除去。但由于凝聚团松散的结构和氧化反应效率低，对 Hg^0 的捕捉效果不明显。若加以低强度的紫外光对 TiO_2 进行改性，Hg^0 在 TiO_2 表面较易被氧化为 Hg^{2+} 并与 TiO_2 结合为一体，显示出很好的除 Hg 能力[54]。其他吸附剂如膨润土、蛭石、贵金属及其氧化物或硫化物也被用于对 Hg^0 的捕捉[55]。膨润土是一种天然的含水层状硅酸盐矿物质，具有良好的黏结性、吸附性、膨胀性和盐基交换性。但天然膨润土吸附性较差，用季铵盐阳离子表面活性剂、MnO_2、$FeCl_3$ 浸渍改性可改善膨润土的吸附性能[56]。蛭石是一种含镁的水铝硅酸盐的次生变质矿物，通常由黑云母热蚀或者风化作用而成。蛭石的层间距特性对吸附性能影响很大，用溴化十六烷基三甲铵对蛭石进行改性，可大大改善蛭石的吸附性能[57]。贵金属氧化物具有良好的氧化性，贵金属和 Hg^0 能形成化合物。在烟气温度下贵金属能吸附大量的 Hg^0 及其化合物，而升高温度又能将其脱除，同时脱附的 Hg 可以回收利用，无二次污染，具有良好的应用前景。

四、氧化-吸收耦合法脱除 Hg^0

吸附脱 Hg 因吸附剂的吸附容量小、吸附效率低以及吸附剂再生困难等问题亟待完善。烟气中的 Hg 形态除 Hg^0 外，还有颗粒态汞（Hg^p）和 Hg^{2+}[58]。其中 Hg^{2+} 水溶性高，容易被湿法烟气脱硫装置去除，而通过改进的湿法脱硫处理，利用催化剂使烟气中的 Hg^0 转化为 Hg^{2+}，能进一步提高湿法脱硫对 Hg^0 的脱除率。因此，利用氧化剂将易挥发、难溶的 Hg^0 氧化为水溶性高、易被吸收的 Hg^{2+}，再通过湿法脱硫装置去除，即氧化-吸收耦合，是一种行之有效的方法。根据氧化形式不同，该方法主要包括电催化性氧化-吸收耦合法、光催化氧化-吸收耦合法、贵金属催化氧化-吸收耦合法、过渡金属氧化物氧化-吸收耦合法[59]。由于湿法脱硫装置脱 Hg 与钙基类物质脱 Hg 类似，已在单一技术方法脱 Hg^0 中进行了介绍，故下面将着重对氧化过程进行阐述。

1.电催化性氧化-吸收耦合法

Powerspan 公司开发了电催化氧化 (electrocatalyticoxidation，ECO) 脱 Hg^0 技术，在 ECO 反应中，SO_2、NO 和 Hg^0 在放电的情况下，发生氧化反应，与湿法脱硫装置联合使用，可大幅降低 Hg^0 的排放 [60]。ECO 装置安装在传统静电除尘器（ESP）向下流动的烟道中，该系统还包括氧化反应器和吸收塔（图 4-20）。在 ECO 的氧化反应器中，主要发生以下反应：

$$3NO+H_2O+2O_2 \longrightarrow NO_2+2HNO_3（气溶态） \tag{4-34}$$

$$2SO_2+H_2O+O_2 \longrightarrow SO_3+H_2SO_4（气溶态） \tag{4-35}$$

$$Hg^0（气态） \longrightarrow Hg^0（可溶态） \tag{4-36}$$

Hg^0 可以被底部吸收塔中特殊的炭过滤器吸附。既可以达到污染物的联合脱除又可以生产副产品化肥，ECO 被认为是颇有前景的技术之一。

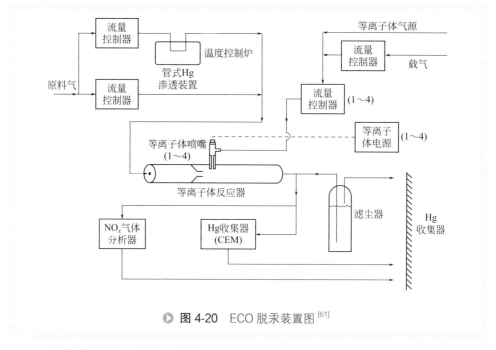

图 4-20　ECO 脱汞装置图 [61]

2.光催化氧化-吸收耦合法

光催化氧化法 (photochemicaloxidation，PCO) 由于成本低、氧化效率高，也被应用到烟气脱 Hg^0 领域，典型光催化氧化法反应装置如图 4-21 所示。Granite 和 McLarnon 等 [62] 利用 254 nm 的紫外灯照射 Hg^0 使之氧化，以便于被湿法脱硫技术或布袋除尘器等脱除；在 Powerspan 实验台架上的研究表明，其 Hg^0 氧化效率大于 90%。而 UV 灯下钛基纳米颗粒或纤维等脱除 Hg^0 的动力学实验结果表明，该催化剂对 Hg^0 具有较好的氧化和脱除性能。

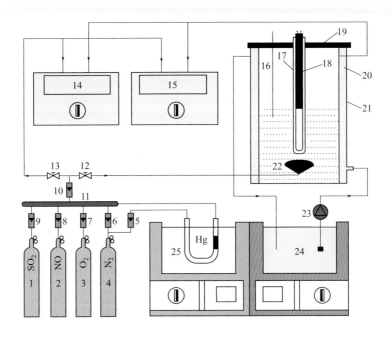

图 4-21　PCO- 吸收耦合脱汞装置图[63]

1—SO₂气瓶；2—NO气瓶；3—O₂气瓶；4—N₂气瓶；5~10—流量计；11—气体混合罐；12，13—气阀；14—烟道气体分析仪；15—烟气汞分析仪；16—汞温度计；17—石英管；18—紫外线灯；19—橡胶插头；20—夹套换热器；21—气泡柱反应器；22—气体分配器；23—循环泵；24—恒温水浴；25—水银发生器

3.贵金属催化氧化-吸收耦合法

贵金属氧化剂对 Hg^0 的氧化作用是其能直接与 Hg^0 反应，如 Au、Ag 等贵金属催化剂可直接与 Hg^0 反应生成 Hg-Au、Hg-Ag 等，同时贵金属一般都具有较高的催化活性，能催化 Hg^0 与 Cl_2 等氧化性气体之间的反应，并对烟气中 SO_2、NO_x 等还原性气体保持惰性。另外，Hg^0 氧化后主要以固态形式吸附于贵金属表面，可通过高温分解获得再生，实现资源的二次利用。Ma 等[64]进行了氧化剂 Fe_2O_3 和催化剂钯脱除 Hg^0 的研究，发现温度对金属或金属氧化物氧化脱除 Hg^0 的影响很大，必须控制在适宜的温度才能达到较高的氧化效率。还发现 Fe_2O_3 的种类对脱汞也有影响，赤铁矿 (α-Fe_2O_3) 对 Hg^0 的氧化没有作用，磁赤铁矿 (γ-Fe_2O_3) 才可将 Hg^0 转化为 Hg^{2+} 和 Hg^p。贵金属类氧化剂虽具有活性高、可再生、能同时氧化多种气体等优点，但价格昂贵限制了其广泛使用。

4. 过渡金属氧化物氧化-吸收耦合法

过渡金属 Mn、Co、Fe、Ce 等因其具有空电子轨道，容易接受电子对，生成较稳定的配合物作为反应的中间体，使反应较稳定地向所需要的方向进行，所以过渡金属类氧化剂具有潜在的催化优越性。近些年来由于过渡金属氧化物具有较高的氧化活性，其不仅应用于挥发性有机化合物的氧化、NO 的催化氧化或选择性催化氧化还原等方面，还被开发用于烟气中 Hg^0 的催化氧化。

Hg^0 在催化剂表面的吸附是其氧化过程的第一步。为了促进活性成分的分散，提高催化剂表面吸附位点数量，进而增强催化剂的吸附能力，实现对气态 Hg^0 的催化氧化，通常过渡金属氧化物催化剂为负载型，即通过高比表面的载体负载、分散过渡金属氧化物。过渡金属中 Mn 具有多种价态，且电子在 Mn 不同价态之间转移极为迅速，使 Mn 氧化物具有较高的氧化还原活性。如 Qiao 等[65]通过湿法浸渍法制得催化剂 MnO_x/Al_2O_3，发现在 300 ℃、20 μL/L HCl 条件下，脱汞效率达 90%。Xu 等[66]通过原位沉积法制得催化剂 MnO_x/GO，发现在 4% O_2 条件下脱汞效率达 90%。反应机理见图 4-22，Mn 基催化剂表面，晶格氧可直接与吸附的 Hg^0 发生催化氧化反应，同时烟气中的 O_2 补充不断消耗的晶格氧，如此循环，该反应机理被 Granite 等[67]称为 Mars-Maessen 机制，可表示为

$$Hg^0(g) \longrightarrow Hg^0(ads) \tag{4-37}$$

$$Hg^0(ads)+MnO_x \longrightarrow Hg\text{-}O \equiv MnO_{x-1} \tag{4-38}$$

$$Hg^0(ads)+ MnO_{x-1} \longrightarrow HgO(ads)+ MnO_{x-1} \tag{4-39}$$

$$Hg\text{-}O \equiv MnO_{x-1} \longrightarrow HgO(ads)+MnO_{x-1} \tag{4-40}$$

$$MnO_{x-1}+1/2O_2 \longrightarrow MnO_x \tag{4-41}$$

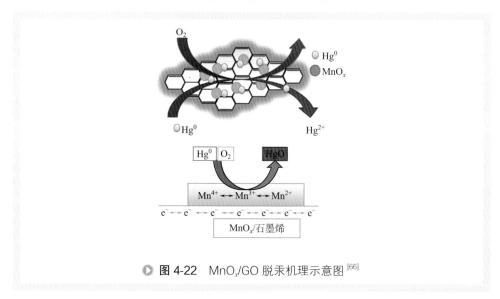

▶ 图 4-22 MnO_x/GO 脱汞机理示意图[66]

除 Mn 以外，Fe、Co 氧化物也常被用于 Hg^0 氧化的研究。如 Huang 等[68]通过浸渍法制得催化剂 Fe_2O_3/SCR，发现在反应温度为 350 ℃时脱汞效率达 90%。Liu 等[69]

通过溶胶 - 凝胶法制得催化剂 Co/TiO$_2$，活性如图 4-23 所示，在 29 μL/L HCl、3% O$_2$ 下反应温度为 120~330 ℃时脱汞效率达 90%。

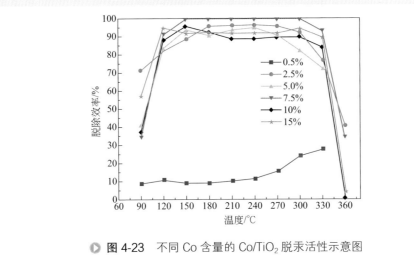

▶ 图 4-23 不同 Co 含量的 Co/TiO$_2$ 脱汞活性示意图

（[Hg^0]=180 μg/m^3，[HCl]=29 μL/L，[O$_2$]=3%，平衡气体=N$_2$，流速=700 mL/min，气体通过单位体积催化剂=105000 h^{-1}）[69]

负载型催化剂受载体分散能力的限制，当过渡金属氧化物负载量过高时，容易产生团聚、堵孔等问题，降低 Hg^0 氧化效率。为解决该问题，许多研究者在不使用载体的前提下，直接使用过渡金属氧化物制备催化剂，通过多种金属氧化物复合的方式来提高表面积和表面活性位点，或利用造孔技术产生良好的孔隙结构，获得了较高的 Hg^0 氧化效率。Zhang 等[70]通过多金属相互作用，制备了非负载型催化剂 Co$_{0.3}$-Ce-ZrO$_2$，发现该催化剂具有非常好的 Hg^0 吸附及氧化能力，在 180000 h^{-1} 空速下，120 h 实验过程中保持 100% 的吸附效率；在 100~250 ℃，Hg^0 氧化效率接近

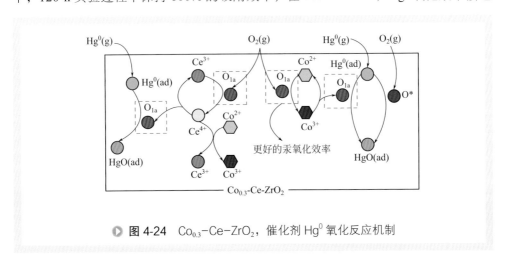

▶ 图 4-24 Co$_{0.3}$-Ce-ZrO$_2$ 催化剂 Hg^0 氧化反应机制

100%。其主要反应机理如图 4-24 所示，方程式如下。

$$Hg^0 + 催化剂表面 \longrightarrow Hg^0\,(ad) \tag{4-42}$$

$$Hg^0\,(ad) + 2CeO_2 \longrightarrow Hg\text{-}O\text{-}Ce_2O_3 \tag{4-43}$$

$$Hg\text{-}O\text{-}Ce_2O_3 \longrightarrow HgO + Ce_2O_3 \tag{4-44}$$

$$Hg^0\,(ad) + Co_3O_4 \longrightarrow Hg\text{-}O\text{-}Co_3O_3 \tag{4-45}$$

$$Hg\text{-}O\text{-}Co_3O_3 \longrightarrow HgO + 3CoO \tag{4-46}$$

$$O_2\,(g) \longrightarrow 2O^*\,(化学吸附氧) \tag{4-47}$$

$$Hg^0\,(ad) + O^* \longrightarrow HgO \tag{4-48}$$

$$Ce_2O_3 + 1/2\,O_2\,(g) \longrightarrow 2CeO_2 \tag{4-49}$$

$$3CoO + 1/2\,O_2(g) \longrightarrow Co_3O_4 \tag{4-50}$$

其中，表面吸附氧是主要活性物种，CeO、CoO 作为递氧剂参与反应。Ce 的加入显著提高了催化剂脱汞效率[71]，并改善了催化剂的抗 SO_2 中毒能力[72]。进一步，利用模板法制备了具有规则孔道的 $Co\text{-}CeO_x$ 催化剂，并通过改变 Co/Ce 比例，产生大量表面缺陷和吸附氧物种，提升了 Hg^0 氧化效率[73,74]。此外，研究表明 Co_3O_4 中 Co^{3+} 被还原为 Co^{2+} 时会产生表面氧缺陷，有利于提高 Hg^0 氧化效率，而 Co^{3+} 主要集中在（110）晶面（图 4-25）[75]，利用该机制制备出优先暴露（110）晶面的 Co_3O_4 催化剂比传统 Co_3O_4 催化剂氧化 Hg^0 效率提高近 50%[76]。

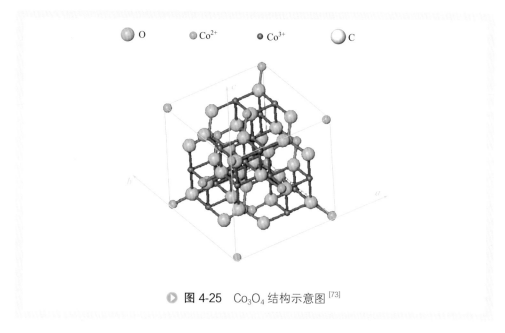

▶ 图 4-25　Co_3O_4 结构示意图[73]

第四节 小结与展望

随着煤炭资源的大量燃烧，燃煤烟气污染物的危害越来越引起人们的重视。本章主要就 NO、Hg^0 的氧化 - 吸收耦合法脱除进行了介绍，并与单一手段脱除技术进行了对比。单一手段普遍存在污染物去除率低、成本高等缺点，而氧化 - 吸收耦合法先将 NO、Hg^0 氧化成易吸收的形式，进而配合吸收处理，能在极大程度上提高污染物去除效率，是燃煤烟气污染物脱除的主要方向。由于燃煤烟气量大、成分复杂、燃煤电厂空间有限，对于燃煤污染物的去除仍有许多问题需要解决。

（1）燃煤烟气量大，对氧化过程、吸收过程的效率要求较高，使用大量的氧化剂、吸收剂固然可以提高效率，但同时增加成本。如何在降低氧化剂、吸收剂的基础上保证去除效率是巨大挑战。

（2）燃煤烟气成分复杂，不同污染物之间具有协同效应或是抑制效应，随着大气污染加剧，对燃煤污染物的排放限值越来越严格，综合考虑不同污染物之间的相互作用，实现多目标去除，能降低处理难度，节约成本。

（3）燃煤电厂空间有限，不能随意添置占地面积较大的污染物处理装置，利用电厂现有污染处理设备进行污染物的协同脱除极为重要。

（4）燃煤烟气污染物浓度虽然较低，但由于烟气量大，脱除过程中产生的废水、废渣等二次污染物仍需妥善处理。

参考文献

[1] Byun Y, Koh D J, Shin D N. Removal mechanism of elemental mercury by using non-thermal plasma[J]. Chemosphere, 2011, 83(1): 69-75.

[2] Xu F, Luo Z, Cao W, et al. Simultaneous oxidation of NO, SO$_2$ and Hg^0 from flue gas by pulsed corona discharge[J]. Journal of Environmental Sciences, 2009, 21(3): 328-332.

[3] Mok Y S, Lee H J. Removal of sulfur dioxide and nitrogen oxides by using ozone injection and absorption–reduction technique[J]. Fuel Processing Technology, 2006, 87(7): 591-597.

[4] 王智化, 周俊虎, 温正城, 等. 利用臭氧同时脱硫脱硝过程中 NO 的氧化机理研究 [J]. 浙江大学学报 (工学版), 2007, 41(5): 765-769.

[5] 魏林生, 周俊虎, 王智化, 等. 臭氧氧化结合化学吸收同时脱硫脱硝的研究 [J]. 动力工程学报, 2006, 26(4): 563-567.

[6] 黄坚, 李跃群. 光催化净化 NO$_x$ 的研究进展 [J]. 广东化工, 2009, 36(7): 119-120.

[7] Ma J, Wu H, Liu Y, et al. Photocatalytic removal of NO$_x$ over visible light responsive oxygen-deficient TiO$_2$[J]. The Journal of Physical Chemistry C, 2014, 118(14): 7434-7441.

[8] Dalton J S, Janes P A, Jones N G, et al. Photocatalytic oxidation of NO_x gases using TiO_2: A surface spectroscopic approach[J]. Environmental Pollution, 2002, 120(2): 415-422.

[9] Suzuki N, Nishimura K, Tokunaga O. Radiation treatment of exhaust gases, (Ⅻ) NO removal in moist $NO-SO_2-O_2-N_2$ mixtures containing NH_3[J]. Journal of Nuclear Science and Technology, 1980, 17(11): 822-830.

[10] 赵海红, 谢国勇. 燃煤烟气 SO_x/NO_x 污染控制技术 [J]. 能源化工, 2004, 25(1): 26-29.

[11] Chang S G, Lee G C. LBL $PhoSNO_x$ process for combined removal of SO_2 and NO_x from flue gas[J]. Environmental Progress & Sustainable Energy, 1992, 11(1): 66-73.

[12] Fang P, Tang Z, Chen X, et al. Split, partial oxidation and mixed absorption: A novel process for synergistic removal of multiple pollutants from simulated flue gas[J]. Industrial & Engineering Chemistry Research, 2017, 56(17): 5116-5126.

[13] Sada E, Kumazawa H, Kudo I, et al. Absorption of Lean NO_x in Aqueous Solutions of $NaClO_2$ and NaOH[J]. Industrial & Engineering Chemistry Process Design & Development, 1979, 18(2): 275-278.

[14] 陈曦, 李玉平, 韩婕, 等. 加压条件下氮氧化物的水吸收研究 [J]. 火炸药学报, 2009, 32(4): 84-87.

[15] 张锋, 王晓旭, 袁刚, 等. 恒容吸收系统中水和稀硝酸对 NO_2 的吸收过程研究 [J]. 无机化学学报, 2013, 29(1): 95-102.

[16] 孙志勇, 李增生, 崔巧云. 用硝酸吸收法脱除氮氧化物的实验研究 [J]. 科学技术与工程, 2009, 9(19): 5928-5931.

[17] 王娇, 颜斌, 张俊丰, 等. Na_2SO_3-NaOH 体系配 NO_2 吸收 NO 实验研究 [J]. 湘潭大学自然科学学报, 2012, 34(3): 72-76.

[18] Shao J, Yang Y, Whiddon R, et al. Investigation of NO removal with ozone deep oxidation in Na_2CO_3 solution[J]. Energy & Fuels, 2019, 33(5): 4454-4461.

[19] 王海强, 吴忠标. 烟气氮氧化物脱除技术的特点分析 [J]. 能源工程, 2004, (03): 27-30.

[20] Kunov-Kruse A J, Thomassen P L, Riisager A, et al. Absorption and oxidation of nitrogen oxide in ionic liquids[J]. Chemistry-A European Journal, 2016, 22(33): 11745-11755.

[21] 肖灵, 程斌, 莫建松, 等. 次氯酸钠湿法烟气脱硝及同时脱硫脱硝技术研究 [J]. 环境科学学报, 2011, (06): 1175-1180.

[22] Mok Y S, Lee H J, Dong N S, et al. Absorption-reduction technique assisted by ozone injection and sodium sulfide for NO_x removal from exhaust gas[J]. Chemical Engineering Journal, 2006, 118(1): 63-67.

[23] Wang Z H, Zhou J H, Zhu Y Q, et al. Simultaneous removal of NO_x, SO_2 and Hg in nitrogen flow in a narrow reactor by ozone injection: Experimental results[J]. Fuel Processing Technology, 2007, 88(8): 817-823.

[24] 余颖妮. 高价氮氧化物吸收脱除机理研究 [D]. 济南: 山东大学, 2017.

[25] Jin D S, Deshwal B R, Park Y S, et al. Simultaneous removal of SO_2 and NO by wet scrubbing using aqueous chlorine dioxide solution[J]. Journal of Hazardous Materials, 2006, 135(1): 412-417.

[26] Chien T W, Chu H. Removal of SO_2 and NO from flue gas by wet scrubbing using an aqueous $NaClO_2$ solution[J]. Journal of hazardous materials, 2000, 80(1): 43-57.

[27] Chu H, Chien T W, Li S Y. Simultaneous absorption of SO_2 and NO from flue gas with $KMnO_4$/NaOH solutions[J]. Science of the Total Environment, 2001, 275(1): 127-135.

[28] Hiroaki T, Tomohiro M, Kiyonaga, et al. All-solid-state Z-scheme in CdS–Au–TiO_2 three-component nanojunction system[J]. Nature Materials, 2006, 5(10): 782-786.

[29] Chen X, Mao S S. Titanium dioxide nanomaterials: Synthesis, properties, modifications, and applications[J]. Chemical Reviews, 2007, 107(7): 2891-2959.

[30] Zhu H Y, Lan Y, Gao X P, et al. Phasetransition between nanostructures of titanate and titanium dioxides via simple wet-chemical reactions[J]. Journal of the American Chemical Society, 2005, 127(18): 6730-6736.

[31] Chen M, Baglee D, Chu J W, et al. Phase transition between nnostructures of titanate and titanium dioxides via simple wet-chemical reactions [J]. Journal of Materials in Civil Engineering, 2017, 29(9): 04017133-1-04017133-9.

[32] Topličić-Ćurčić G, Jevtić D, Grdić D, et al. Photocatalytic concrete-Environment friendly material[C]//5th international conference[J]. Contemporary Achievements in Civil Engineering, 2017, 21: 395-404.

[33] Ibusuki T, Takeuchi K. Removal of low concentration nitrogen oxides through photoassisted heterogeneous catalysis[J]. Journal of Molecular Catalysis, 1994, 88(1): 93-102.

[34] Ichiura H, Kitaoka T, Tanaka H. Photocatalytic oxidation of NO_x using composite sheets containing TiO_2 and a metal compound[J]. Chemosphere, 2003, 51(9): 855-860.

[35] Wang H, Wu Z, Zhao W, et al. Photocatalytic oxidation of nitrogen oxides using TiO_2 loading on woven glass fabric[J]. Chemosphere, 2007, 66(1): 185-190.

[36] Wu Z, Wang H, Liu Y, et al. Photocatalytic oxidation of nitric oxide with immobilized titanium dioxide films synthesized by hydrothermal method[J]. Journal of Hazardous Materials, 2008, 151(1): 17-25.

[37] Liu Y, Wang H Q, Wu Z B. Characterization of metal doped-titanium dioxide and behaviors on photocatalytic oxidation of nitrogen oxides[J]. Journal of Environment Sciences-China, 2007, 19(12): 1505-1509.

[38] 陈银花. 电化学技术应用的发展 [J]. 机械管理开发, 2008, 23(02): 65-66.

[39] 侯峰岩, 王为. 电化学技术与环境保护 [J]. 化工进展, 2003, (05): 471-476.

[40] 李青, 周雍茂. 环境污染物的电化学处理技术 [J]. 江苏化工, 2002, 30(06): 47-50.

[41] Hansen K K. Solid state electrochemical DeNO$_x$—an overview[J]. Applied Catalysis B:

Environmental, 2010, 100(3-4): 427-432.

[42] 张欢, 钟鹭斌, 苑志华, 等. 隔膜电解海水氧化耦合吸收脱硫脱硝净化船舶尾气技术 [J]. 环境工程学报, 2018, (01): 164-171.

[43] 许勇毅, 查智明, 黄齐顺. 烟气脱汞技术现状简述 [J]. 工业安全与环保, 2007, (10): 14-15.

[44] 赵毅, 于欢欢, 贾吉林, 等. 烟气脱汞技术研究进展 [J]. 中国电力, 2006, (12): 59-62.

[45] Li Y H, Lee C W, Gullett B K. Importance of activated carbon's oxygen surface functional groups on elemental mercury adsorption[J]. Fuel, 2003, 82(4): 451-457.

[46] Thomas G, Heng B. Quantitative prediction of Hg capture enhancement by calcium[J]. Air and Waste Management Association, 2006, 1: 327-347.

[47] Suárez-Ruiz I, Hower J C, Thomas G A. Hg and Se capture and fly ash carbons from combustion of complex pulverized feed blends mainly of anthracitic coal rank in Spanish power plants[J]. Energy & Fuels, 2007, 21(1): 59-70.

[48] 任建莉, 周劲松, 骆仲泱, 等. 钙基类吸附剂脱除烟气中气态汞的试验研究 [J]. 燃料化学学报, 2006, (05): 557-561.

[49] 赵毅, 刘松涛, 马宵颖, 等. 改性粉煤灰吸收剂对单质汞的脱除研究 [J]. 中国电机工程学报, 2008, 28(20): 55-60.

[50] 张海茹, 刘浩, 王萌, 等. 复杂烟气条件下太西活性焦脱除 Hg^0 的实验研究 [J]. 燃料化学学报, 2012, 40(10): 1269-1275.

[51] 熊银伍. 新型煤化工硫近零排放技术分析 [J]. 洁净煤技术, 2016, (02): 127-131.

[52] Malyuba A, Abu-Daabes M A, Pinto N G. Synthesis and characterization of a nano-structured sorbent for the direct removal of mercury vapor from flue gases by chelation[J]. Chemical Engineering Science, 2005, 60(7): 1901-1910.

[53] Li H, Wu C Y, Li Y, et al. CeO_2-TiO_2 catalysts for catalytic oxidation of elemental mercury in low-rank coal combustion flue gas[J]. Environmental Science & Technology, 2011, 45(17): 7394-7400.

[54] Chen S S, His H C, Nian S H, et al. Synthesis of N-doped TiO_2 photocatalyst for low-concentration elemental mercury removal under various gas conditions[J]. Applied Catalysis B: Environmental, 2014, 160-161: 558-565.

[55] 任建莉, 周劲松, 骆仲泱, 等. 钙基类吸附剂脱除烟气中气态汞的试验研究 [J]. 燃料化学学报, 2006, (05): 557-561.

[56] 何思琪, 张宏华. 锆负载量对锆镁改性膨润土吸附水中磷酸盐的影响 [J]. 环境化学, 2019, 04: 1-12.

[57] 王蒙蒙. 蛭石改性方式对 Hg^0 吸附影响研究 [D]. 新疆: 石河子大学, 2016.

[58] Zhang X P, Cui Y, Wang J, et al. Simultaneous removal of Hg^0 and NO from flue gas by $Co_{0.3}$-$Ce_{0.35}$-$Zr_{0.35}$ O_2 impregnated with MnO_x[J]. Chemical Engineering Journal, 2017,

326:1210-1222.

[59] 王红妍, 王宝冬, 李俊华, 等. 燃煤烟气中单质汞的催化氧化技术研究进展 [J]. 材料导报, 2017, (7): 114-120.

[60] 毛吉献, 王凡, 王红梅, 等. 燃煤烟气脱汞技术研究进展 [J]. 能源环境保护, 2010, 24(2): 1-9.

[61] Mones C. Removal of elemental mercury from a gas stream facilitated by a non-thermal plasma device[R]. Office of Scientific & Technical Information Technical Reports, 2006.

[62] McLarnon C R, Granite E J, Pennline H W. The PCO process for photochemical removal of mercury from flue gas[J]. Fuel Processing Technology, 2005, 87(1): 85-89.

[63] Liu Y, Zhang J, Pan J. Photochemical oxidation removal of Hg^0 from flue gas containing SO_2/NO by an ultraviolet irradiation/hydrogen peroxide (UV/H_2O_2) process[J]. Energy & Fuels, 2014, 28(3): 2135-2143.

[64] Ma L, Yue C, Ye L, et al. Effects of supports on Pd-Fe bimetallic sorbents for Hg^0 removal activity and regeneration performance from coal-derived fuel gas[J]. Energy & Fuels, 2019, 33(9): 8976-8984.

[65] Qiao S, Chen J, Li J, et al. Adsorption and catalytic oxidation of gaseous elemental mercury in flue gas over MnO_x/alumina[J]. Industrial & Engineering Chemistry Research, 2009, 48(7): 3317-3322.

[66] Xu H, Qu Z, Zong C, et al. MnO_x/graphene for the catalytic oxidation and adsorption of elemental mercury[J]. Environmental Science & Technology, 2015, 49(11): 6823-6830.

[67] Granite E J, Pennline H W, Hargis R A. Novel sorbents for mercury removal from flue gas[J]. Industrial & Engineering Chemistry Research, 2000, 39(4): 1020-1029.

[68] Huang W J, Xu H M, Qu Z, et al. Significance of Fe_2O_3 modified SCR catalyst for gas-phase elemental mercury oxidation in coal-fired flue gas[J]. Fuel Processing Technology, 2016, 149: 23-28.

[69] Liu Y, Wang Y, Wang H, et al. Catalytic oxidation of gas-phase mercury over Co/TiO_2 catalysts prepared by sol-gel method[J]. Catalysis Communications, 2011, 12(14): 1291-1294.

[70] Zhang X P, Cui Y Z, Tan B J, et al. The adsorption and catalytic oxidation of element mercury over cobalt modified Ce-ZrO_2 catalyst[J]. RSC Advances, 2016, 6: 88332-88339.

[71] Zhang X P, Tan B J, Wang J X, et al. Removal of elemental mercury by Ce and Co modified mcm-41 catalyst from simulated flue gas[J]. The Canadian Journal of Chemical Engineering, 2019, 97: 734-742.

[72] Zhang X P, Li Z F, Wang J X, et al. Reaction mechanism for the influence of SO_2 on Hg^0 adsorption and oxidation with $Ce_{0.1}$-Zr-MnO_2[J]. Fuel, 2017, 203: 308-315.

[73] Zhang X P, Wang J X, Tan B J, et al. Ce-Co catalyst with high surface area and uniform

mesoporous channels prepared by template method for Hg^0 oxidation[J]. Catalysis Communications, 2017, 98: 5-8.

[74] Zhang X P, Wang J X, Tan B J, et al. Ce-Co interaction effects on the catalytic performance of uniform mesoporous Ce_x-Co_y catalysts in Hg^0 oxidation process[J]. Fuel, 2018, 226: 18-26.

[75] Xie X, Li Y, Liu Z Q, et al. Low-temperature oxidation of CO catalysed by Co_3O_4 nanorods[J]. Nature, 2009, 458(7239): 746-749.

[76] Zhang X P, Zhang H, Zhu H, et al. Co_3O_4 nanorods with a great amount of oxygen vacancies for highly efficient Hg^0 oxidation from coal combustion flue gas[J]. Energy & Fuels, 2019, 33(7): 6552-6561.

第五章

反应结晶耦合过程

第一节 研究背景及意义

　　结晶是固体以晶体形态从溶液、蒸气或熔融液中析出的过程，是一种重要的分离纯化技术，广泛地应用于医药、能源、化工等行业高端功能粒子产品的生产过程。反应结晶属于溶液结晶的范畴，是将反应和结晶过程相耦合，其产生过饱和度的方式与普通结晶方法不同，是利用化学反应生成某种难溶或微溶的固相物质的结晶过程；能够在瞬间产生较高的过饱和度，因而可获得较大的成核速率。最为常用的通过反应结晶制备的高端产品有磁记录介质、摄影感光材料卤化银系列产品、药物晶体等。反应结晶与普通结晶的主要区别如表 5-1 所示。

表5-1　反应结晶与普通结晶的主要区别[1]

项目	普通结晶	反应结晶
特征	物理过程 : 固体相的生成	反应 + 结晶耦合过程
介稳区	较宽	较窄
产品溶解度范围	较宽，通常为中等或高	较难溶
过饱和度的产生	冷却或蒸发等	反应和稀释
相对过饱和度	低	高
产品形貌	颗粒粗大、均匀	颗粒细小，不均一
产品粒度	较大	较小
成核机理	二次成核	初级成核
成核速度	低	高
二次过程	影响较小	较难控制

　　反应结晶是一个比较复杂的多相反应与结晶的耦合过程。普通的溶液结晶过程需要结晶出来的物质溶解于溶液中，通过控制冷却或者蒸发速率，达到一定的过饱和度后物质才结晶出来。而反应结晶的过饱和度是由化学反应产生的，由于反应产物是难溶或不溶的沉淀，体系的相对过饱和度较高。在反应结晶过程中必须考虑宏观混合及微观混合的影响，特别是当反应过程为混合扩散控制，即反应结晶的诱导期小于液相达到分子尺度混合所需要的时间时，那么混合效率对晶体粒度、形貌、纯度等产品质量的影响很大。

　　反应结晶过程的关键环节包括：

　　① 一次过程，涉及宏观或微观（即分子级）混合、反应、成核与晶体生长。

　　② 二次过程，涉及晶体的老化、聚结、破裂。如图 5-1 所示[2-4]，反应结晶过程在不同的物理（流体力学等）和化学（组分、组成等）环境下，结晶过程的控制步骤可能改变，反映出不同的结晶行为[5]。所有这些过程都对产品质量（纯度、晶型、晶习等）产生影响，进而影响产品效用、过程收率及后续干燥、包装等过程。因此选择最佳的物理和化学操作条件是控制反应结晶过程，实现产品最优的有效手段。

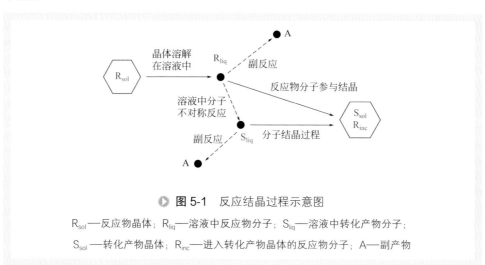

▶ 图 5-1　反应结晶过程示意图

R_{sol}—反应物晶体；R_{liq}—溶液中反应物分子；S_{liq}—溶液中转化产物分子；
S_{sol}—转化产物晶体；R_{inc}—进入转化产物晶体的反应物分子；A—副产物

第三节　强化原理

　　反应结晶一般具备以下特征：

① 由反应产生过饱和度。由于反应速率一般都很快，而产物在反应体系中溶解度很小，故晶核往往在较高的相对过饱和度下产生。在这种情况下的成核机理常认为是初级均相成核或者是初级非均相成核，属于爆发式的迅速成核方式，一般该过程的二次成核可忽略不计。

② 由于相对过饱和度很高，成核在反应结晶中至关重要，在反应结晶过程中体系颗粒浓度往往可达到 $10^{11} \sim 10^{16}$ #/cm^3，颗粒粒径则一般为 $0.1 \sim 10 \mu m$[6]。

③ 由于体系高过饱和度以及大量细小颗粒的产生，粒子的 Ostwald 熟化、相转移以及颗粒的团聚和破碎等二次过程对反应结晶过程的影响很大。

一、混合

在反应结晶过程中必须考虑宏观混合及微观混合的影响，特别是当反应过程为混合扩散控制，即反应结晶的诱导期小于液相达到分子尺度混合所需要的时间时，混合效率对产品质量的影响很大。

假定 B 组分在 A 组分中进行混合，由流体力学观点，它包括以下四个主要步骤：

① 进料 B 在宏观剪切力的作用下，以 B 微团分散在 A 中；

② 湍流扩散以及磨损，冲刷 B 微团，使 B 微团变小；

③ 当颗粒很小时，由于涡流作用而被片状拉伸，涉及不同的混合机理和混合模型；

④ 当上述作用相当小时，组分 B 在组分 A 中进行分子扩散[7]。

陈建峰等[8] 提出了一个包括 3 种不同尺度（微观混合、介观湍流分散及宏观返混）在内的混合反应结晶过程模型，定量模拟了混合反应结晶过程中混合特性因素对产物平均粒径和方差的影响曲线上出现极小值的现象。宏观混合的速率可以由宏观混合循环的时间 τ_{circ} 来定义。

$$\tau_{circ} = \frac{V}{Q_{bluk}} = \frac{V}{N_p N D^3} \quad (5\text{-}1)$$

式中　V——搅拌容器体积；

Q_{bluk}——体积批流量；

N——宏观流体微团数；

N_p——搅拌速率；

D——搅拌桨直径。

微观混合在 Kolmogoroff 尺度下以黏性对流混合为主，在 Batchelor 尺度下和分子扩散时以黏性扩散为主，微观混合的速率与湍流能量分散速率 ε 有关，最常用的关系式为[9]

$$\tau_{\text{micro}} = C\sqrt{\frac{v}{\varepsilon}} \qquad (5\text{-}2)$$

式中　v——运动黏度；

对水来说，文献中 C 的范围为 3.5～17.3[10-12]。

对于湍流分散介观混合，Baldyga 等对时间常数进行了关联[11]

$$\tau_{\text{TD}} = \frac{Q_{\text{feed}}}{u_{\text{bulk}} D_{\text{t}}} \qquad (5\text{-}3)$$

式中　Q_{feed}——进料体积流率；

u_{bulk}——进料点处整体流平均速率。

湍流扩散系数 D_{t} 的表达式为[12]

$$D_{\text{t}} = 0.1\frac{k^2}{\varepsilon} \qquad (5\text{-}4)$$

式中　k——湍流动能；

ε——能量分布速率。

k 的表达式为

$$k = \frac{1}{2}(u_{\text{rms}}^2 + v_{\text{rms}}^2 + w_{\text{rms}}^2) = \frac{3}{2}u_{\text{rms}}^2 \qquad (5\text{-}5)$$

式中　$u_{\text{rms}}, v_{\text{rms}}, w_{\text{rms}}$——三维方向的脉动速度均方根，通常认为脉动速度均方根是各向同性的。

二、成核

晶核可以在纯净的过饱和溶液中产生，也可以在其他外来粒子上或者晶体表面产生，磨损的晶体碎片也可以作为晶核。成核通常被分为两大类：初级成核（primary nucleation）和二次成核（secondary nucleation）。在工业结晶器中，过饱和度推动力的范围 $\sigma = (c - c^*)/c^*$ 一般介于 $10^{-4} < \sigma < 10^6$。总的成核速率是各种成核速率之和，即

$$B^0 = B_{\text{初级}} + B_{\text{二次}} \qquad (5\text{-}6)$$

1. 初级成核

溶液达到过饱和度后在无晶体存在下自发成核称为初级成核。经典的初级成核理论源于蒸气凝结为液体的理论，适用于熔融或者溶液结晶过程。该理论认为溶液中晶核源于二元分子碰撞作用，之后不断有分子与之作用，达到临界粒度以后晶核稳定存在。初级成核速率表示成过饱和度无关指前因子形式

$$B_{\text{hom}} = k_J \exp\left(-\frac{B}{\ln^2 S}\right) \qquad (5\text{-}7)$$

式中　$B = \beta f(\theta)\gamma_{\text{SL}}V_m^2/(kT)^3 v^2$；

　　　β——形状因子，如球形为 $16\pi/3$；

　　　V_m——分子的体积，m^3；

　　　k——Boltzmann 常数；

　　　v——单元离子摩尔数；

　　　γ_{SL}——固液界面张力，J/m^2；

　　　k_J——初级成核速率常数；

　　　S——相对过饱和度或过饱和度比。

反应结晶过程中两种或多组分发生化学反应，产生新的物质。如果反应物初始浓度很高，产品的初始浓度 c_0 也很高，但是溶解度 c^* 很小，使过饱和度 $S_{\max}=1+\sigma_{\max}$ 很高，导致很大的初级成核速率。

溶液中有适当的外来物质存在，改变了初级成核自由能变，也就是初级非均相成核自由能变 $\Delta G'_{\text{crit}} = \phi \Delta G_{\text{crit}}$，$\phi$ 为系数。晶体粒子、外来颗粒和溶液三相之间互相接触，晶体与外来颗粒之间接触的角度 θ 与固液体系润湿性质有关，称为接触角，图 5-2 为不同接触角时在外来颗粒上成核。

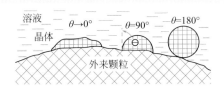

◉ **图 5-2**　不同接触角时在外来颗粒上成核

系数 ϕ 可以表示为

$$\phi = \frac{(2+\cos\theta)(1-\cos\theta)^2}{4} \qquad (5\text{-}8)$$

当 $\theta = 180°$ 时，$\phi = 1$，$\Delta G'_{\text{crit}} = \Delta G_{\text{crit}}$；当 $\theta = 0°$ 时，$\phi = 0$，$\Delta G'_{\text{crit}} = 0$；多数情况下，$0° < \theta < 180°$，$\phi < 1$，$\Delta G'_{\text{crit}} < \Delta G_{\text{crit}}$。

成核过程往往受到结晶操作条件的影响，如过饱和度、温度及搅拌强度等，在一定的过饱和度范围内，初级成核速率常数通常表达为

$$B^0 = k_N \Delta c^b \qquad (5\text{-}9)$$

式中　k_N——成核速率常数；

　　　Δc——浓度差，kg/m^3；

b——成核速率指数。

2. 二次成核

在已有晶体的条件下产生晶核的过程称为二次成核，二次成核是多数工业结晶过程的主要成核方式，对产品的粒度分布有很大的影响。工业结晶器内二次晶核的来源有几种，包括晶体之间的碰撞，晶体与结晶器及搅拌桨之间的碰撞，以及湍流流体剪切力对晶体表面的磨损[13]。工业结晶器中磨损碎片的粒度范围为 <150 μm，高过饱和度下大粒度的碎片容易长大。搅拌结晶器中有效磨损二次成核速率可以表示为[14]

$$\frac{B_{0,\mathrm{eff}}}{\mathrm{T}} = 7 \times 10^{-4} \frac{H_V^5}{\mu^3} \left(\frac{K}{\Gamma}\right)^3 \frac{\pi^2 \rho_c \bar{\varepsilon} N_V}{2\alpha^3 P_0} \left(\frac{N_{\mathrm{a,eff}}}{N_{\mathrm{a,tot}}}\right) \eta_\mathrm{w}^3 \eta_\mathrm{g} \qquad (5\text{-}10)$$

式（5-10）表示二次成核速率与以下条件有关：a.固体物质的物理性质如 Vickers 强度 H_V，剪切力系数 μ，晶体密度 ρ_c 等；b.流体力学性质如平均能量耗散率 $\bar{\varepsilon}$，搅拌桨转速 P_0，碰撞效率 η_w、η_g 等。另外成核速率正比于能够继续生长的晶核 $N_{\mathrm{a,eff}}$ 与形成总晶核 $N_{\mathrm{a,tot}}$ 之比，随着过饱和度的增加能够生长的晶核比例增加，因此成核速率也增大。

研究认为由于碰撞形成的晶体数目与碰撞能量成正比，因此成核速率与搅拌速率 N_p 及悬浮密度 M_T 有关。二次成核速率与过饱和度也有关系，有时成核速率也表示成生长速率的关联式，因为生长速率往往表达成过饱和度的关系式。二次成核速率经验表达式为

$$B^0 = k_\mathrm{N} N_\mathrm{p}^{\,l} M_\mathrm{T}^{\,j} \Delta c^b \qquad (5\text{-}11)$$

式中　　k_N——成核速率常数；

$\quad\quad N_\mathrm{p}$——搅拌桨转数，s^{-1}；

$\quad\quad M_\mathrm{T}$——悬浮密度，$\mathrm{kg/m^3}$；

$\quad\quad \Delta c$——浓度差，$\mathrm{kg/m^3}$；

角标 l, j, b——对应成核速率指数。

3. 晶体生长

过饱和溶液中单个晶体的生长速率与下列因素有关：过饱和度、晶体表面的宏观及微观结构、晶格变形的程度、溶剂种类、吸收和包含的杂质及添加剂等。由于很难清楚地掌握结晶器中所有晶体表面粗糙度及纯度，因此无法将大量粒子的生长行为表示成准确的数学模型。实际过程中，我们希望了解的是结晶器中晶体粒子平均生长速率[15]。

在溶液中下列因素将共同作用：

① 溶解的分子或电离的离子扩散通过边界层；

② 溶解的分子或电离的离子扩散通过吸收层；

③ 溶解及未溶解离子或分子表面扩散；

④ 离子或分子部分或全部脱溶剂；

⑤ 离子或分子嵌入晶格；

⑥ 脱掉的溶剂扩散离开吸收层；

⑦ 脱掉的溶剂扩散离开边界层。

对于任意体系，难以确定上述步骤中哪一步是控制步骤，并且控制步骤有可能随着操作条件的改变而改变。虽然描述晶体生长的理论很多，包括表面能理论、扩散理论、晶体形态学理论、统计学表面模型、二维成核模型和连续阶梯模型等，但是目前还没有一种能够包含所有影响因素的晶体生长模型。在化学工程中常引用的是结晶生长两步学说，即晶体生长由两步骤组成，分别为扩散过程和表面反应过程。

① 扩散过程。待结晶溶质扩散穿过晶体表面液层，从溶液中转移到晶体表面，用方程表示为

$$G_{\mathrm{M}} = \frac{\mathrm{d}M}{A\mathrm{d}t} = k_d \left(c - c_i \right) \tag{5-12}$$

式中　M——晶体质量，kg；

　　　　c——溶液主体浓度，kg/m^3；

　　　　c_i——晶体表面浓度，kg/m^3；

　　　　k_d——质量扩散系数，m/s。可以用公式表示为[16]

$$\frac{k_d L}{D} = 2 + 0.52 \times \left(\frac{L^{4/3} P^{1/3}}{v} \right)^{0.52} \left(\frac{v}{D} \right)^{0.33} \tag{5-13}$$

式中　L——晶体粒度大小；

　　　　P——溶液压力；

　　　　v——当量因子；

　　　　D——扩散速率。

② 表面反应过程。到达晶体表面的溶质在浓度差推动下进入晶体表面，用方程表示为

$$G_{\mathrm{M}} = \frac{\mathrm{d}M}{A\mathrm{d}t} = k_r (c_i - c^*)^r \tag{5-14}$$

式中　c_i——晶体表面浓度，kg/m^3，在一定过饱和度范围内 c_i 与饱和浓度 c^* 相近；

　　　　G_{M}——晶体生长速率。

不同的物理环境中，以上两个步骤每一步都有可能成为控制步骤。在高过饱和度下，为生长扩散控制，生长速率与传质系数有关；在低过饱和度下，为晶体生长表面反应控制。扩散过程机理已经比较清楚，主要受流体流动影响。针对表面反应

过程，关于溶质嵌入晶格的模式已提出许多模型，图 5-3 表示其中三种主要模型：连续生长模型、表面成核生长模型 (birth and spread model) 和螺旋错位生长模型 (burton-cabrera-frank model)。

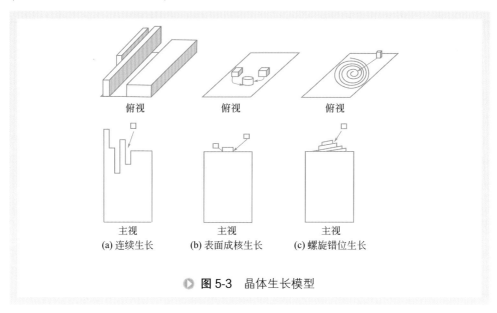

图 5-3　晶体生长模型

连续生长模型 [图 5-3（a）] 认为晶体表面结构粗糙，生长单元在能量最低的地方嵌入。晶体某个晶面的生长速率表示为

$$v = kS \tag{5-15}$$

式中　k——生长速率常数；

S——晶面面积。

表面成核生长模型 [图 5-3（b）]，假设从晶体的边、角和表面开始二维成核，然后再单层生长。B + S 模型表示晶体生长速率与过饱和度的关系为

$$v_{\mathrm{B+S}} = \left(\frac{2}{\tau}\right)^{1/3} \frac{D_s}{d_m} \left(\frac{c^*}{c_c}\right)^{3/2} \sigma^{3/2} [\ln(1+\sigma)^{1/6} \times \exp\left\{-\frac{\frac{\tau}{3}\left[k\ln\left(c^*/c_c\right)\right]^2}{v\ln(1+\sigma)}\right\} \tag{5-16}$$

式中　τ——成核持续时间；

D_s——表面扩散速率；

d_m——晶体直径；

c^*——溶解度；

c_c——溶液浓度；

σ——相对过饱和度；

k——扩散速率常数；

v——当量因子。

螺旋错位生长模型［图 5-3（c）］认为在某一临界温度下晶体表面光滑，而超过临界温度后晶体表面开始变得粗糙。也就是说在较低的过饱和度下，晶体表面产生错位，为阶梯形成提供条件，错位发展成螺旋错位使晶体可以连续生长。假设生长为表面扩散控制，晶体生长速率为

$$v_{BCF} = 2.25 \times 10^{-3} v^2 \frac{D_{AB}}{d_m} \frac{\left(c^*/c_c\right)^{\frac{4}{3}}}{\ln\left(c^*/c_c\right)} \sigma^2 \qquad (5\text{-}17)$$

式中　D_{AB}——扩散速率。

在以上公式中 $v = G/2$（G 为成核能），晶体生长的总速率为

$$v_{int} = v_{BCF} + v_{B+S} \qquad (5\text{-}18)$$

4. 老化

老化通常包括 Ostwald 熟化及相转移等形式。Tavare 等[17] 把临界粒度的概念引入间歇反应结晶器中 Ostwald 熟化过程的研究之中，并且在反应结晶模型中引进了 Ostwald 熟化，发现 Ostwald 熟化对模拟权重粒径和变异系数都有重要影响。Ostwald 熟化的结果使小粒子溶解而大粒子继续长大，一般情况下 Ostwald 熟化能减少粒子数量，增加粒径[18]。相转移是指初始沉淀物的介稳相通过相转变成为最终产品。介稳相可能是油相、无定型、介稳晶型。Mullin 等[19] 在研究 $MgCl_2$ 和 NaOH 水溶液混合沉淀 $Mg(OH)_2$ 的过程中，发现沉淀开始数秒后，出现的沉淀物为 $MgOH \cdot OH \cdot 2H_2O$，脱水后最终沉淀物为 $Mg(OH)_2$。

5. 聚结

聚结是两个粒子碰撞并且形成更大粒子的过程，它由碰撞、黏附、搭桥固化三个连续步骤构成。由于反应结晶较高的过饱和度往往会导致形成大量细小的晶核，而粒度小于 50 μm 的粒子又很容易聚结，因此聚结现象在反应结晶过程中尤为显著，其不仅会影响产品的外观形态、过程收率、产品流动性，而且会影响产品的纯度等。国内外学者已开展了反应结晶过程中聚结现象的实验和理论的相关研究。物理条件下粒子碰撞，发生聚集，聚集体在分子生长条件下形成聚结[20,21]，Wojcik 和 Jones[22] 发现聚结颗粒的粒度分布曲线会出现双峰，颗粒聚结的情况随搅拌速度和溶液条件而变化。Ilievski 等[23-25] 在加晶种的氢氧化铝结晶实验中验证了聚结机理，发现颗粒聚结与溶液中颗粒的相互作用和过饱和度有关，颗粒表面电荷影响颗粒的相互作用，这种相互作用与溶液的 pH 值或者溶剂有关。在双管进料的反应结晶过程中，结晶过程的早期成核速度很快，并迅速达到一个稳定值，此后的进料只是用于做布朗运动的晶核的生长，当晶核生长到微米级时，反应器中流体的流动对粒数和粒径都会产生重要的影响，机械搅拌产生的湍流不仅使颗粒悬浮，而且促进了颗粒的碰撞，从而导致聚结[26-29]。

6. 破碎

破碎是工业结晶过程中二次核的主要来源之一，存在聚结体的破碎和基本粒子的破碎两种形式。前者与聚结是互逆过程；后者与晶体的生长相反，又可分为磨损破碎（attrition breakage）与破裂破碎（fragmentation breakage）。磨损破碎是微晶在流体剪应力及冲击力的作用下从母体上脱落的过程；破裂破碎是指母体破碎成为体积相当的数个子晶的过程，粒度分布变化明显，但往往并不产生双峰。破碎过程的影响因素很多，如系统中溶剂与溶质的物理性质、结晶过程流体力学及热力学条件、外界能量的输入情况等。

破碎过程对整个结晶过程的影响最终体现在晶体的粒度分布上。通常，在一定的结晶条件及流场情况下，对于特定物系，最终晶体的粒度分布会达到稳态；在有破碎存在的结晶过程中有两种稳态：静态稳态与动态稳态[30]。前者是指整个过程只有破碎存在；而后者是指除了破碎存在的情况下，还存在聚结和晶体的生长等复杂的情况。一般采用最大粒径 L_{max}（即破碎过程中能稳定存在的最大粒子粒径）[31,32]来表征破碎过程最终的稳态，也就是说处于稳态下的破碎过程，所有粒子的粒径均小于 L_{max}，一旦粒子的粒径大于 L_{max}，则必发生破碎。研究结晶过程中的破碎过程，有助于通过控制破碎来调节结晶产品的粒度分布，减少溶剂残留，防止发生晶型变化。

第四节　应用实例

一、锂离子电池正极材料

橄榄石型磷酸铁锂（LiFePO₄）作为目前最有发展前景的锂离子动力电池正极材料之一，具有高的比容量、好的循环可逆性能、低的原料成本、高的安全性能和环境友好等优点。但与其他正极材料相比，其低的电子电导率和锂离子扩散系数，导致了 LiFePO₄ 材料在高倍率充放电条件下比容量衰减迅速，严重阻碍了 LiFePO₄ 作为锂离子动力蓄电池正极活性物质的商业化应用。针对以上问题，天津大学刘媛媛等[33]用以 LiOH·H₂O、FeSO₄·7H₂O、H₃PO₄ 和葡萄糖为原料的反应结晶过程来制备 LiFePO₄ 材料；通过采用高剪切混合器强化微观混合，有效改善了 LiFePO₄ 材料的电子电导率和锂离子扩散性能，最终提高其高倍率下的充放电性能。在原料配比 Li:Fe:P=3:1:1（摩尔比）、高剪切混合器转子转速为 13000 r/min、反应温度 180 ℃、反应时间 3 h 的条件下制备得到的复合 LiFePO₄/C 材料，颗粒粒度均匀，具有高的比表面积（15.6 m²/g）、最小的电子传输阻力（64 Ω）和高的锂离子扩散系数（1.43 × 10⁻¹³ cm²/s），电化学性能优异，在 0.1 C 和 20 C 倍率下，放电容量分别达到 160.1 mA·h/g 和 90.8 mA·h/g。

氢氧化镍作为电池正极材料，在化学电源的发展过程中占有重要的地位，被广泛应用到各种镉镍电池、储氢电池、锌镍电池和铁镍电池中。以氨水为络合剂反应结晶制备氢氧化镍晶体是常用的合成手段。随着电池驱动设备的快速发展，对氢氧化镍及其三元电池材料的质量提出了更高的要求，尤其对其分布、粒度和形貌有很高的要求。纳米球状颗粒因其扩散速度快而具有很好的充放电性能和循环使用寿命，粒度分布较窄的晶体颗粒可以提高电极反应的可逆性。中科院过程工程研究所鄂巍巍等 [34] 在搅拌槽内通过在线测量技术，研究了搅拌桨转速、桨型、桨径和初始反应物浓度、反应温度和进料位置对该体系沉淀效果的影响，测定了反应结晶过程中实时的溶液 pH、颗粒的粒径分布（PSD）、表面形貌和结构等特点，进而给出了一个比较合理的工业生产氢氧化镍的操作条件：较高的转速、较低的反应物浓度、进料位置远离桨区、采用桨径较大的搅拌桨、反应温度为 25～30℃。

二、无机粉体材料

硫酸钡、碳酸钡等无机粉体材料在涂料、橡胶、油墨、日化等行业有较广泛的应用，随着科技的发展，对这类材料的质量有越来越高的要求，特别是需要有较好的粒度分布与平均粒径。由于反应结晶制备无机粉体材料的反应速率快，甚至是瞬时反应，因此，混合过程特别是分子尺度上的微观混合的影响非常关键。实验室小试研究时可通过快速搅拌等来消除 / 减小混合影响，但在放大以及工业生产中难以采用此方法。因此，结晶过程数值模拟已成为快反应结晶过程调控与放大研究中越来越重要的手段。中科院过程工程研究所程井才等 [35,36] 采用计算流体力学（computer fluid dynamic，CFD）结合粒数衡算（population balance equation，PBE）方程，建立了考虑混合、流动、反应、成核生长以及二次过程（聚并 / 破裂）的反应结晶耦合模型。PBE 方程分别采用积分矩方法和直接离散法求解，对双进料以及预混合单进料的搅拌槽内硫酸钡反应结晶过程分别进行了三维模拟。模拟结果揭示了进料浓度与聚并影响程度的关系，以及粒度分布（particle size distribution，PSD）和大小的空间分布与操作参数（进料浓度、进料位置、转速等）的关系，特别是多峰 PSD 的存在条件。模拟结果以及控制方法对于反应结晶制备无机微纳米粉体材料过程具有实际的指导意义。

钾是农作物生长必需的三大要素之一。钾肥对农作物的主要作用是平衡氮、磷和其他营养元素，以达到改善作物的质量，使作物增产的目的，其中钾肥产品主要以氯化钾为主。目前国内外生产氯化钾的工艺有很多种，研究者重点研究钾镁盐矿的钾盐开发利用问题，旨在实现生态化提取氯化钾。以往工艺均不适合，因此针对钾镁盐矿的实际状况，开发出以热溶浸液为原料的冷却溶析结晶和反应萃取结晶两步新结晶工艺，生产出符合工业要求的氯化钾产品，并对其形态学、杂质对氯化钾晶体形态的影响、结晶热力学、结晶动力学、耦合结晶过程进行模拟，进而实现了该新工艺的全程优化。在测得氯化钾单晶结构的基础上，利用分子模拟软件 Materials Studio 模拟了溶剂和多种杂质对氯化钾晶体晶习及生长速率的影响，并分析了杂质吸附的机理。测得了反应萃取耦合结晶工艺条件下氯化钾在 KCl-NaCl·MgCl$_2$·H$_2$O 体系的溶解度和 ，为结晶动力学研究和工艺放大提供了基础数据。测定了反应萃取结晶生产氯化钾的结晶动力学，建立了结晶过程的数学模型并确立了经验优化操作时间表。

三、医药产品

1. 抗生素原料药

　　7- 氨基头孢烷酸 (7-ACA) 是用于生产半合成头孢类抗生素的重要母核。随着头孢类药物市场的扩大，对 7-ACA 的需求量迅速增长，同时对 7-ACA 的质量也提出了更高的要求。研究者利用 TREOR90 指标化程序对 7-ACA 结晶产品粉末衍射数据进行指标化，确定了晶胞参数、所属晶系及空间群；用分子设计软件 Cerius2 计算得到 7-ACA 晶胞空间结构，采用 BFDH 模型和 AE 模型对 7-ACA 理论晶习进行预测。通过红外光谱及粉末衍射数据分析，表明在酸性和碱性结晶条件下制备的晶体的微观结构和化学组成相同。通过 SEM 和粒度分析仪对酸性和碱性结晶条件下结晶样品聚结度进行研究，考察了在酸性结晶条件下搅拌速度对 7-ACA 聚结度的影响；通过对酸性结晶条件与碱性结晶条件下样品的 SEM 照片的灰度分布研究，发现两种结晶条件下 7-ACA 晶体形态符合分形结构特征；利用盒维法求得两种结晶条件下的样品的分形维数，根据晶体结构的分形维数对聚结过程机理进行推测。实验测定了浆液中 7-ACA 颗粒的 Zeta 电位，得到 7-ACA 颗粒 Zeta 电位等电点，然后对晶体颗粒表面带电性质进行推测。利用毛细管升高法，测定了在酸性结晶条件和碱性结晶条件下样品对丙酮和水的润湿性，再结合两种样品的 X 射线粉末衍射和红外衍射图谱，对晶体表面的官能团做了相应的推测。

　　结晶动力学是结晶操作和结晶器设计与放大的基础。研究者根据 7-ACA 反应结晶过程的特点同时结合过程的可操作性，利用间歇动态法对 7-ACA 反应结晶过程的动力学进行了实验测定；确定了 7-ACA 反应结晶过程晶体成核、生长和聚结速率方程。在热力学和动力学研究的基础上，根据粒数衡算方程，结合质量衡算方程，建立了 7-ACA 反应结晶过程的数学模型，并利用数值方法对模型进行模拟求解。以模型计算与实验研究相结合的方式研究了温度、搅拌速度、7-ACA 溶液流加速率及晶种加入对 7-ACA 晶体产品的粒度分布、晶习及产品质量的影响，提出了

7-ACA 反应结晶过程新工艺，并确定了经验优化操作时间表。

β- 青霉素亚砜，化学名 4- 硫杂 -1- 氮杂双环庚烷 -2- 甲酸 ,3,3- 二甲基 -7- 氧代 -6-
(2- 苯乙酰氨基)-(2S,5R,6R)- 4- 氧化物，作为头孢类药物合成过程中的重要中间体，
β- 青霉素亚砜的纯度直接影响后续头孢类药物的扩环催化反应过程。当前工业上主
要使用低浓度过氧乙酸氧化青霉素制备 β- 青霉素亚砜，该方法的原料为青霉素钾
盐，存在流程长、操作复杂、损失较大、产品质量不佳、污染物 (主要是废酸溶液)
排放严重等问题。天津大学井丁丁等 [37] 采用反应结晶的方法开发了 β- 青霉素亚砜
耦合结晶新工艺。采用青霉素直接氧化反应结晶过程制备 β- 青霉素亚砜，选取过氧
酸作为氧化剂，将氧化反应转移到常用的有机溶剂中进行，并详细考察了影响 β- 青
霉素亚砜收率的因素，包括氧化温度、氧化剂用量、青霉素溶液浓度、氧化反应时
间、溶剂类型、搅拌速度等。研究发现在氧化温度为 0～5℃、氧化剂与青霉素摩尔
比 1：2、搅拌速度 250 r/min、青霉素初始浓度 40～60 g/L 的实验条件下，制备的
β- 青霉素亚砜晶体外形更加规则，粒度分布值更小，基本不存在聚结现象，且操作
流程缩短，废水污染物排放量大为减少。

氯唑苄星，又称苄星邻氯青霉素和苄星氯唑西林，是 N,N′- 二苄基乙二胺类长
效青霉素，且对革兰阳性菌具有较好的抗菌作用，能有效治疗由葡萄球菌和链球
菌所引起的感染。天津大学李洁琼等 [38] 针对氯唑苄星大规模生产中产品收率较低，
晶体大小不均，产品晶习不完整，过滤、干燥困难等一系列问题，从氯唑苄星晶体
基本性质、晶体形态学、结晶热力学、成核和生长机理、工艺优化逐层深入地展开
研究，以产品质量和生产成本优化为目标。发现在反应温度为 25 ℃、氯唑西林钠
浓度为 0.13～0.21 g/mL、搅拌速度 200 r/min、原料液滴加速度为 0.2 mL/min 的条
件下制备的氯唑苄星，制备纯度达到 99.5% 以上，是高纯医药级晶体产品，产品晶
体粒度趋于均一，产品聚结现象得到了有效控制（图 5-4）。该操作条件下得到的产

(a) 原工艺产品 (b) 优化工艺产品

◗ 图 5-4　苄星邻氯青霉素产品晶体对比

品质量各项指标都达到国内产品质量要求，且操作工艺绿色节能，操作成本大大降低，具有广泛的工业应用价值。

针对传统生产工艺制备的五水头孢唑林钠产品为无定型、产品稳定性差的问题，天津大学国家工业结晶工程技术研究中心团队研发了五水头孢唑林钠的反应 - 溶析结晶耦合工艺，制得的产品质量及技术经济指标均达到了国际领先水平，产品结晶度高、粒度分布均匀、晶体表面光洁、流动性好、堆密度大；产品质量稳定，结晶收率提高 5%，并且耦合结晶技术节能 40%，"三废"减排 20%，国家药监局的产品抽检合格率达到 100%（图 5-5）。2015 年该科技成果获国家科技进步二等奖。

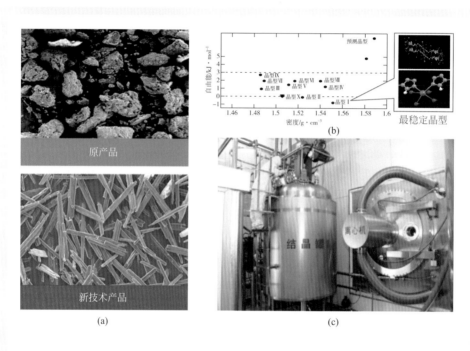

▶ 图 5-5　五水头孢唑林钠结晶产品晶习对比（a）、晶型筛选模型（b）及年产 80 吨新晶型五水头孢唑林钠结晶生产线（c）

2. 激素类原料药

地塞米松磷酸钠的化学名为 16α- 甲基 -11β，17α，21- 三羟基 -9α- 氟孕甾 -1，4- 二烯 -3，20- 二酮 -21- 磷酸酯二钠盐，分子式为 $C_{22}H_{28}FO_8PNa_2$。地塞米松磷酸钠是肾上腺糖皮质激素类药物的一种。国内地塞米松磷酸钠同国外同类产品相比存在晶体结晶度低、粒度过小、粒度分布不均匀、纯度较低等质量方面的差距。天津大学郝红勋等 [39] 系统地研究了地塞米松磷酸钠晶体的晶体结构与晶习、结晶热力学、结晶动力学，最终在结晶过程模型分析的基础上，对地塞米松磷酸钠结晶过程

(a) 溶剂A中晶体(聚集严重)　　　　　　　　(b) 溶剂 B中晶体(基本无聚集)

▶ **图 5-6**　不同溶剂中得到的地塞米松磷酸钠反应结晶产品的电镜照片

(a) 罗素公司产品(放大1000倍)　　　　　　(b) 国内某厂产品(放大30倍)

(c) 天津大学产品(放大200倍)

▶ **图 5-7**　不同地塞米松磷酸钠产品的电镜照片

进行了实验优化，考察了各种操作参数（搅拌、温度、加料速度、晶种等）、溶剂种类（图 5-6）对结晶过程和最终产品粒度分布和质量的影响情况。发现在反应温度为 25℃、搅拌转速为 330 r/min、反应液初始浓度为 76.76 g/L、碱流加速度低于 33.33 mL/min 的条件下，结晶反应得到的产品粒度分布更加均匀、主粒度更大，质量平均粒度约 60μm，产品的质量得到进一步提高（图 5-7）。产品的纯度和含量均达到国际水平，其他各项产品质量指标也完全符合欧洲药典和美国药典的规定，新工艺在天津药业集团有限公司成功实现工业化，创造了显著的市场价值。

四、环境保护领域的应用

1. 含磷酸性废水回收

我国目前磷资源形势十分紧张，同时，磷污染造成的水体富营养化现象严重，如何合理有效地回收酸性废水中的磷资源，实现废水零排放成为重要课题。针对磷酸厂含磷废水反应结晶制备饲料级磷酸氢钙工艺中出现产品粒度过小、产品包藏杂质、过滤能耗大等一系列问题，天津大学郭宏宇等[40]对磷酸氢钙制备过程进行深入系统的研究。研究发现悬浊液流加速度为 0.5 mL/min、搅拌速度为 180 r/min、反应结晶温度为 25 ℃、初始磷含量为 0.86% 和反应时间为 1.2～1.5 h 实验条件为含磷废水结晶制备饲料级磷酸氢钙反应结晶的最优操作条件。该实验工艺操作不受国内实际生产中冬夏温差影响，无须设置保温夹套；废水中磷浓度对反应产品的粒度分布有一定的影响，随着废水中磷浓度的降低，体积平均值有少许减小，但产品粒度仍满足实际生产需要，因而工艺操作条件可满足国内公司酸性废水磷浓度不稳定的要求。

2. 磷石膏废渣循环利用

磷石膏是湿法磷酸生产过程中排放的工业废渣，其主要成分是二水硫酸钙 ($CaSO_4 \cdot 2H_2O$)。此外，磷石膏中还含有许多其他种类的杂质，如氟化物、游离磷酸、P_2O_5、磷酸盐等。这些杂质也是磷石膏在堆存过程中造成环境污染的主要原因。迄今为止，在我国国内堆存的磷石膏废渣已超过了 12 亿吨，而且平均每产 1 吨磷酸约副产 5 吨磷石膏，因此每年仍要产生 5000 多万吨的磷石膏。大量磷石膏不仅占用了土地，还造成土壤、水体、大气的严重污染。

目前，磷石膏废渣的综合利用处理方式主要是将其用在建材、农业、路基和工业材料、生产硫酸联产水泥以及生产硫酸铵和碳酸钙方面。目前研究者们多用易溶的氯化钙作为反应物来获得碳酸钙沉淀。然而，磷石膏废渣的主要成分是硫酸钙，因此，研究利用硫酸钙制取碳酸钙的过程是很有意义的。天津大学孙艳红等[41]以硫酸钙为反应物，研究了碳酸钙的反应结晶过程。通过研究碳酸钙诱导期与成核机理，建立了以磷石膏与碳酸氢铵为原料的磷石膏制取碳酸钙优化低温反应结晶工艺，并优化了结晶过程中操作参数对碳酸钙粒度的影响规律。研究发现，在反应温度 15℃，搅拌速度 250r/min，流加速度 0.5 mL/min，碳酸氢铵过量 10%，反应时间 4 h 的实验条件下，制备的碳酸钙产品主粒度提高了 2 倍多，产品外形规整，粒度指标满足厂家的要求（图 5-8）。

> **图 5-8** 优化工艺产品（a）与原产品（b）的 SEM 对比图

第五节 小结与展望

反应结晶作为一种直接将产品合成和固体纯化过程耦合的分离技术，对于医药、精细化学品、特种化学品和环保等领域有着重要的意义。对于化学反应速率和结晶界面反应速率的匹配，是涉及反应动力学和结晶动力学的核心问题，也是晶体工程领域的理论前沿和应用基础。

现阶段，虽然这种耦合过程技术得到了大量应用，实现了结晶过程的有效控制和强化。但是，对于超快速反应过程和结晶过程的动力学匹配、协同优化机制还处于初步研究阶段，从分子尺度到晶核尺度再到晶体产品尺度的多尺度研究亟待开展。具体来说，针对多个平行反应中结晶产物的选择性成核和生长、共晶体系和多晶体系的精准调控制备，将成为未来一个阶段的重要研究方向。同时，基于微尺度高效传质的新型结晶器及相关装备的研发，也将受到广泛关注。

参考文献

[1] 陆杰，王静康. 反应结晶（沉淀）研究进展 [J]. 化学工程，1999, *(4)*: 24-27.

[2] Kelkar V V, Ng K M. Design of reactive crystallization systems incorporating kinetics and

mass–transfer effects[J]. AIChE Journal, 1999, 45(1): 69-81.

[3] Wachi S, Jones A G. Mass transfer with chemical reaction and precipitation[J]. Chemical Engineering Science, 1991, 46(4): 1027-1033.

[4] Choong K L, Smith R. Optimization of semi-batch reactive crystallization processes[J]. Chemical Engineering Science, 2004, 59(7): 1529-1540.

[5] 王静康. 工业结晶技术前沿 [J]. 现代化工, 1996, 16(10): 19-22.

[6] Myerson A. Handbook of industrial crystallization[M]. Butterworth-Heinemann, 2002.

[7] Marcant B, David R. Experimental evidence for and prediction of micromixing effects in precipitation[J]. AIChE Journal, 1991, 37(11): 1698-1710.

[8] 陈建峰, 陈甘棠. 混合 - 反应结晶过程（Ⅱ）模型及验证 [J]. 化工学报, 1994, 45(2): 183-190.

[9] Wu H, Patterson G K. Laser-doppler measurements of turbulent-flow parameters in a stirred mixer[J]. Chemical Engineering Science, 1989, 44(10): 2207-2221.

[10] Corrsin S. The isotropic turbulent mixer: Part Ⅱ. Arbitrary schmidt number[J]. AIChE Journal, 1964, 10(6): 870-877.

[11] Bałdyga J, Bourne J R. Turbulent mixing and chemical reactions[M]. Wiley, 1999.

[12] Geisler R. Macro-and micromixing in stirred tanks[J]. Chemical Engineering & Technology, 1988, 60: 947-955.

[13] Botsaris G D, Qian R Y, Barrett A. New insights into nucleation through chiral crystallization[J]. AIChE Journal, 1999, 45(1): 201-203.

[14] Mersmann A, Braun B, Löffelmann M. Prediction of crystallization coefficients of the population balance[J]. Chemical Engineering Science, 2002, 57(20): 4267-4275.

[15] Chiang P P, Donohue M D. A kinetic approach to crystallization from ionic solution: I. Crystal growth[J]. Journal of Colloid & Interface Science, 1988, 122(1): 230-250.

[16] Armenante P M, Kirwan D J. Mass transfer to microparticles in agitated systems[J]. Chemical Engineering Science, 1989, 44(12): 2781-2796.

[17] Tavare N S. Simulation of Ostwald ripening in a reactive batch crystallizer[J]. AIChE Journal, 1987, 33(1): 152-156.

[18] Söhnel O, Garside J. Precipitation: Basic principles and industrial applications[M]. Butterworth-Heinemann, 1992.

[19] Mullin J W. Crystallization (3rd Ed). Butterworths: London, 1993.

[20] Masy J C, Cournil M. Using a turbidimetric method to study the kinetics of agglomeration of potassium sulphate in a liquid medium[J]. Chemical Engineering Science, 1991, 46(2): 693-701.

[21] Sung M H, Choi I S, Kim J S, et al. Agglomeration of yttrium oxalate particles produced by reaction precipitation in semi-batch reactor[J]. Chemical Engineering Science, 2000, 55(12):

2173-2184.

[22] Wojcik J A, Jones A G. Experimental investigation into dynamics and stability of continuous MSMPR agglomerative precipitation of $CaCO_3$ crystals[J]. Chemical Engineering Research and Design, 1997, 75(2): 113-118.

[23] Ilievski D, White E T. Agglomeration during precipitation: Agglomeration mechanism identification for Al (OH)₃ crystals in stirred caustic aluminate solutions[J]. Chemical Engineering Science, 1994, 49(19): 3227-3239.

[24] Ilievski D, Hounslow M J. Agglomeration during precipitation: II. Mechanism deduction from tracer data[J]. AIChE Journal, 1995, 41(3): 525-535.

[25] Ilievski D, White E T. Agglomeration during precipitation: I. Tracer crystals for $Al(OH)_3$ precipitation[J]. AIChE Journal, 1995, 41(3): 518-524.

[26] Jung W M, Kang S H, Kim W S, et al. Particle morphology of calcium carbonate precipitated by gas liquid reaction in a couette–taylor reactor[J]. Chemical Engineering Science, 2000, 55(4): 733-747.

[27] Rasmuson C, Magnus Lindberg, Marika Torbacke. On the influence of mixing in reaction crystallization.ISIC. An overview of the present status and expectations for the 21 century[C]. Tokyo, 1998:82-91.

[28] Leubner I H, Jagannathan R, Wey J S. Formation of silver bromide crystals in doule-jet precipitation[J]. Photographic Science and Engineering, 1980, 24(6): 268-272.

[29] Kusters K A, Wijers J G, Thoenes D. Aggregation kinetics of small particles in agitated vessels[J]. Chemical Engineering Science, 1997, 52(1): 107-121.

[30] Kostoglou M, Dovas S, Karabelas A J. On the steady-state size distribution of dispersions in breakage processes[J]. Chemical Engineering Science, 1997, 52(8): 1285-1299.

[31] Gahn C, Mersmann A. Brittle fracture in crystallization processes Part B. Growth of fragments and scale-up of suspension crystallizers[J]. Chemical Engineering Science, 1999, 54(9): 1283-1292.

[32] Zerfa M, Brooks B W. Prediction of vinyl chloride drop sizes in stabilised liquid-liquid agitated dispersion[J]. Chemical Engineering Science, 1996, 51(12): 3223-3233.

[33] Liu Y Y, Gu J J, Zhang J L, et al. Controllable synthesis of nano-sized $LiFePO_4/C$ via a high shear mixer facilitated hydrothermal method for high rate Li-ion batteries[J]. Electrochimica Acta, 2015, 173: 448-457.

[34] E W W, Cheng J C, Yang C, et al. Experimental study by online measurement of the precipitation of nickel hydroxide: Effects of operating conditions[J]. Chinese Journal of Chemical Engineering, 2015, 23(5): 860-867.

[35] Cheng J C, Yang C, Mao Z S, et al. CFD modeling of nucleation, growth, aggregation, and breakage in continuous precipitation of barium sulfate in a stirred tank[J]. Industrial &

Engineering Chemistry Research, 2009, 48(15): 6992-7003.

[36] Cheng J C, Yang C, Mao Z S. CFD-PBE simulation of premixed continuous precipitation incorporating nucleation, growth and aggregation in a stirred tank with multi-class method[J]. Chemical Engineering Science, 2012, 68(1): 469-480.

[37] 井丁丁. 制备 β- 青霉素亚砜耦合结晶新工艺研究 [D]. 天津：天津大学，2011.

[38] 李洁琼. 氯唑苄星耦合结晶过程研究 [D]. 天津：天津大学，2014.

[39] 郝红勋. 地塞米松磷酸钠耦合结晶过程研究 [D]. 天津：天津大学，2003.

[40] 郭宏宇. 从含磷酸性废水中反应结晶制备磷酸氢钙研究 [D]. 天津：天津大学，2014.

[41] 孙艳红. 利用磷石膏废渣制取碳酸钙的反应结晶过程研究 [D]. 天津：天津大学，2013.

第六章

膜结晶耦合过程调控与强化

第一节　研究背景及意义

　　结晶是最重要的固体产品分离和纯化技术之一，广泛应用于化学工程、制药工程、水处理和食品工业等领域[1-3]。工业结晶的核心问题是成核和过程的控制，因为这两个核心问题影响结晶产品分离的难易程度和生产效率以及产品纯度[4-9]。同时，膜分离在废水处理、溶液分离领域自 20 世纪 60 年代以来取得了飞速的发展。随着科研的发展，膜分离技术在化工产品纯化、精细化学品制备、节能降耗和污染防治方面显示出巨大的优势和竞争力。在含盐废水处理过程中，膜分离技术可以有效处理废水达到出水标准，回收有用物质，提高水的再利用和能源利用率。但是膜污染对整个处理过程有直接影响。另外，膜产品价格高，膜分离设备投资高以及浓缩液和后处理技术等因素也阻碍了膜分离技术的进一步发展。这些问题的解决将使膜分离发展到更广阔的工业领域。

　　在过去的十年中，膜蒸馏（MD）已经成为制备淡水和去除挥发性化合物的重要分离方法。膜蒸馏技术具有很多优点，例如：理论上 100% 的截留率，操作压力和温度较低，环境友好，能够处理高浓度的溶液，可以利用低品位热源并且耗能低[10-13]。进一步，膜蒸馏结晶（MDC）作为一种膜分离 - 结晶的耦合过程，溶液先浓缩为饱和溶液，然后再继续变为过饱和溶液，用外部的结晶器收集析出的晶体[14]。在该耦合分离过程中可以同时获得纯溶剂（来自渗透侧）和高纯度结晶产物（来自循环回结晶器中的悬浮晶核）。同时，许多研究表明，MDC 有利于制备出晶体尺寸分布较集中的晶体产品[15]。此外，MDC 对于调控晶体外部形貌及流动性也有积极作用[16,17]。在水溶液中，MDC 中所用的微孔疏水膜既可以通过去除气相中的溶剂来浓缩水溶液的传质装置，也可以作为非均相成核的活性表面[18-20]。此外，膜的性质（例如疏水性、孔隙率、孔径分布）对跨膜通量和过饱和度影响显著[21]。

从首次提出 MDC 的概念至今，研究者已经设计出了许多关于膜蒸馏过程的模拟模型[22]。这些模型揭示了膜的性能、膜蒸馏的方法和操作参数对膜传递的影响[23-26]。应当注意到，对于工艺设计和优化最有效的方法是将膜传递现象、溶液浓缩和结晶结合在一起形成一个整体的耦合模型[27]。另外，结晶器中膜表面与本体溶液之间的温度变化和浓度差异（极化现象）对于建立准确的 MDC 模型有很大影响，需要在模型建立中予以充分考虑[28,29]。

综上，以膜蒸馏结晶（MDC）为代表的膜结晶过程是一种有发展前景的耦合分离工艺，在海水淡化、盐水处理和废水回收等领域具有重要的应用前景。近年来，膜结晶技术又在结晶过程调控和强化领域获得了重大进展，包括促进成核和更好地控制结晶生长和晶体尺寸分布。这些研究进展对于精确控制结晶过饱和度和控制成核动力学过程有重要意义。

在本章中，相对于回顾 MDC 技术的开发过程，将更关注 MDC 过程模型的最新进展，特别是关于研究温度和浓度极化变化的模型、在新的化工过程强化和调控领域的应用。同时，还将介绍控制 MDC 成核和晶体形态改变的理论和实验探索工作。最后，将探讨 MDC 的创新应用前景，特别是探究成核检测、溶析结晶控制、生物大分子结晶和仿生结晶等领域的应用研究进展。

第二节　关键问题和影响因素

结晶过程在可控且合适的条件下受有效的成核数和过饱和度影响，二者对于获得理想的晶体尺寸分布（CSD）和晶体习性起重要作用。在 MDC 过程中，膜组件和结晶器之间的浓度梯度（$c_{b,x}$，$c_{b,0}$）是由溶液流体流速 Q，膜面积 A 和跨膜通量 J 共同决定的。MDC 过程的溶剂浓缩速率也受结晶器中溶液体积的影响。跨膜通量 J 还受膜组件性能、膜蒸馏操作参数、原料状态等条件的影响。因此，大多数关于结晶控制的讨论集中在跨膜通量 J 上。同时，也需要考虑影响非均相表面成核过程的膜性质（孔隙率，疏水性等）。

一、膜组件

根据膜组件的优缺点选择最合适的膜组件十分重要，平板膜组件和中空纤维膜组件在实验和中试规模试验中均被广泛采用[30,31]。中空纤维膜组件与其他膜组件相比更高效，因为它具有更高的装填密度[32,33]。在这些膜组件中，进料流通常流经壳侧以降低由晶体引起的堵塞的风险。其中，由于自身的结构特性，中空纤维膜组件具有不可忽视的污染风险，并且清理和维护费用相对较高。平板膜组件易于清洁和更换，便于实施连续试验和工业操作。

有研究者通过将分配器、湍流促进器等引入膜组件中，增强湍流过程，从而改善膜蒸馏过程通量，提升抗污染性能[31,34,35]；当然，多种结构组件的引入，也可能会阻碍膜结晶过程形成的晶核转移、输送，从而使膜组件内部的流场结构复杂化。所以，在 MDC 过程的膜组件中引入分配器和湍流促进器的综合结果有待商讨，需要进行详细的设计、优化和模拟。此外，膜组件长度以及晶体颗粒的结晶和沉积也将影响 MD 过程的效率[36]。因此，在设计膜组件时，膜结构、比例、流体流量和分配器都是需要考虑的关键因素。

目前主流的膜蒸馏装置操作方式主要有 4 种（图 6-1），分别是直接接触式膜蒸馏（DCMD），水蒸气与冷水混合并冷凝；气隙式膜蒸馏（AGMD），水蒸气穿过狭窄的气隙并冷凝在冷板上；扫气式膜蒸馏（SGMD），水蒸气通过吹扫气体被输送至冷凝器；真空式膜蒸馏（VMD），将水蒸气用真空泵泵入冷凝器。MDC 以及其相关过程研究中最常用到的是 DCMD 和 VMD 两种操作形式[29]。

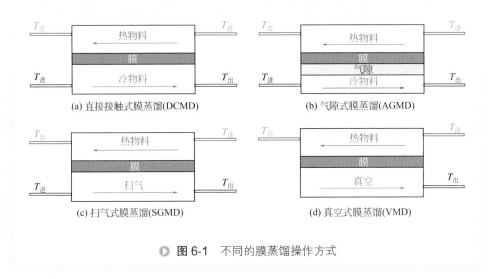

(a) 直接接触式膜蒸馏(DCMD)

(b) 气隙式膜蒸馏(AGMD)

(c) 扫气式膜蒸馏(SGMD)

(d) 真空式膜蒸馏(VMD)

▶ 图 6-1　不同的膜蒸馏操作方式

图 6-2 显示了通过模拟和实验结果确定的不同操作模式下膜蒸馏的渗透速度与蒸汽压力差的函数关系[36]。在相同的进料温度下，VMD 比 AGMD 和 DCMD 具有更高的蒸汽压力差，从而产生更快的渗透速度，这是 VMD 操作的重要优势。这些模拟和实验结果证明了将膜组件、操作方式、溶剂跨膜通量及溶液浓缩速率和跨膜传质系数等参数同时考虑，进行同步设计的必要性。

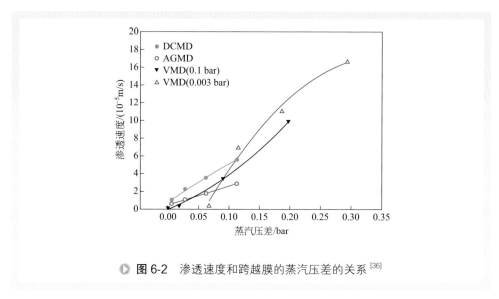

图 6-2 渗透速度和跨越膜的蒸汽压差的关系[36]

二、运行条件

一般来说，高温将加剧分子运动，从而造成分子扩散速度加快，提升溶剂饱和蒸气压，进而提高溶剂分子的跨膜传质驱动力[37]，如图 6-3 所示，当操作温度由 40℃提升到 70℃时，溶剂平均渗透通量由约为 2 kg/(m² · h)提升到超过 8 kg/(m² · h)。但是，MDC 过程的热效率是由传质和不可逆热损失两者共同决定的，20%～50% 的热量在跨膜过程中流失，大部分热量被蒸发过程消耗，且这一部分热量难以回收，特别是采用 VMD 时[26]。为了提高热效率和减少热量消耗，人们把许多操作单元如热泵、热回收和真空系统与 MDC 工艺相结合[38]。

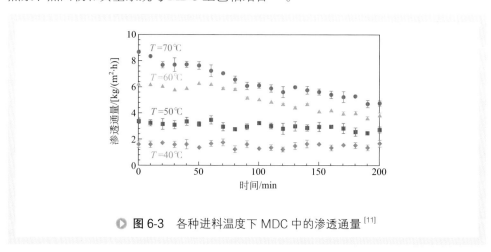

图 6-3 各种进料温度下 MDC 中的渗透通量[11]

应当注意到，进料温度高并不总是能够优化 MDC 过程。例如，Edwie 和 Chung[11]发现，当进料温度高于 60℃时，跨膜通量不稳定并逐渐下降（图 6-3），然而在 40℃

和50℃的进料温度下通量保持稳定。一些无机盐如NaCl的溶解度随着温度的变化而略有变化，在较高温度下可以加速结垢的形成[11]。因此，MDC中进料温度的优化必须考虑热效率、晶体组分的溶解度以及可能的温度和浓度极化现象。

湍流状态是可以降低温度和浓度极化的另一种有效的方法[34,35]。高流速可以通过增加雷诺数、传质系数和传热系数来降低膜进料侧边界层的阻力。此外，在湍流下，跨膜通量增加，能耗却急剧下降[39]。进料流量在处理实际问题中具有最佳值。然而，这种现象对于渗透侧并不适用，渗透侧的流速对跨膜通量几乎没有影响，因为渗透侧受浓度极化效应影响并不显著[27]。

通过模拟实验证明了微孔膜组件在结晶器中可控制过饱和度的优点[40]。在快速冷却过程（冷却速率 = 0.33 K/ min）和高初始过饱和度（$S = 1.05$）下，循环回路中没有膜组件的结晶过程体系浓度很容易就突破了超溶解度曲线（图6-4），导致爆发成核。而在膜进料-流动循环回路中，结晶器中的浓度 C 和过饱和度 S 明显降低到

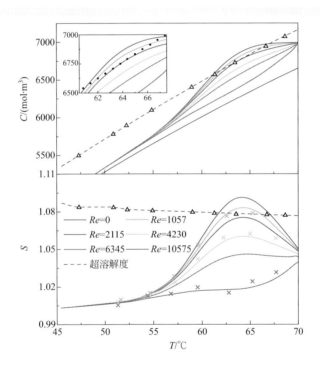

▶ **图6-4** 溶液浓度对结晶成核影响的模拟实验的结果[40]

"△"—介稳区测量数据；"×"—过饱和度实验数据；"—"—KNO$_3$固体量的线；
"---"—KNO$_3$在冷却结晶模式中的超溶解度趋势线

（实验1：$Re = 0$，无膜结晶过程；实验2：$Re = 1057$；实验3：$Re = 2115$；实验4：$Re = 4230$；
实验5：$Re = 6345$；实验6：$Re = 10575$。所有测试中使用的都是PP中空纤维膜组件；冷却速率=
0.33 K /min，初始过饱和度$S = 1.05$）

可控程度，这避免了成核过程进入不稳定区域，有效避免了爆发成核和分散生长等现象。

此外，MDC 的一个显著优势是可以处理食品、药品和生物化学行业中常见的高浓度溶液[41]。最近对 MDC 的研究发现了另一种应用，即从高浓度水溶液中回收锂[42]。进料流速和温度影响形成晶体的类型（立方或正交多晶结构，图 6-5）。在高进料温度（64 ℃）下，仅形成斜方晶体。同时，较高的进料速度导致晶体的平均直径较小和生长速率较低。这表明，LiCl 的晶体生长受晶体界面处的表面反应过程控制，而溶质扩散过程对该结晶体系的影响较小。另外，无论晶体生长过程遵循哪种控制机理，晶体的形态都可以通过改变过饱和度和 MDC 操作条件来控制。这说明，采用膜结晶耦合过程，利用操作条件和结晶系统的性质（溶解度，介稳区域宽度限制等）来优化晶体产品性质，强化结晶生产过程是可行的[43]。

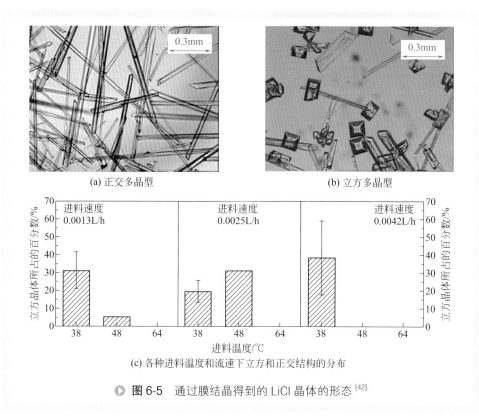

(a) 正交多晶型　　　　　　　　　　(b) 立方多晶型

(c) 各种进料温度和流速下立方和正交结构的分布

▶ 图 6-5　通过膜结晶得到的 LiCl 晶体的形态[42]

三、膜材料性能

一般来说，用于 MDC 的膜应该具有良好的热稳定性和化学稳定性、传热和传质的阻力低以及具有良好的力学性能。膜蒸馏中最常用的是超疏水膜，因为该类膜对于水溶液体系具有较好的抗浸润性能[35,44]。市场上 MDC 常用的材料主要有四种：

聚偏二氟乙烯（PVDF），聚四氟乙烯（PTFE），聚丙烯（PP）和聚氯乙烯（PVC）[45]。MDC 中膜的重要性质包括孔隙率、膜厚度、液体入口压力和疏水性。由于各种材料性质和膜制备方法不同，MDC 膜具有不同的结构特征。例如，对于中空纤维膜，PVDF 膜具有最高的孔隙率和最高的跨膜通量；PP 膜的孔隙率较低；PTFE 膜不仅具有较低的孔隙率，而且厚度最厚、阻力最大以及跨膜通量最小（一些典型的膜材料微观结构性质和膜通量数据见图 6-6 和图 6-7）[30]。

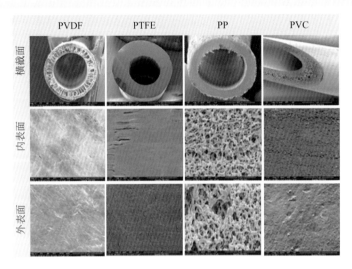

▶ **图 6-6** 各种中空纤维膜结构的扫描电子显微镜（SEM）图像[30]

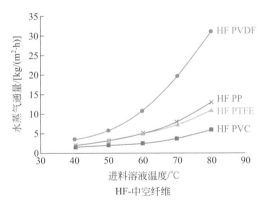

▶ **图 6-7** 不同中空纤维膜中 DCMD 水蒸气通量与进料溶液温度的关系[30]

（冷液温度为 20 ℃，进料/冷却液流量为 1 kg /min）

对于溶剂的跨膜传递过程，需要较薄的膜厚度，减低传质阻力；同时，为了保证膜蒸馏过程中膜两侧保持较大的温度差和传质推动力，又需要膜具有一定的厚度，减小因为膜的导热带来的温差损失。可见，为了平衡热损失和跨膜通量，在膜蒸馏操作中，需要一个最佳厚度[46]。一般来说，MDC 工艺中使用的膜的厚度范围是 50～100 μm[10,27]。同时，液体渗透压力（LEP，膜上溶液的最小压力）也需要考虑[10,47]。高 LEP 对避免润湿并保持较高蒸馏分离效率是必要的。通常，使用具有高溶剂化性、低表面能和小孔径的膜能确保高 LEP。与高 LEP 和优异的传质性能相比，高疏溶剂特性和高孔隙率对 MDC 工艺更有利。此外，高 LEP 提供低表面能界面以加速成核。如图 6-8 的模型模拟结果所示，当引入疏水膜时，成核机理从均相成核（HON）变为非均相成核（HEN），此时的临界成核功 W^*（每条曲线的峰值）将减少一半以上（图 6-8）[40]。相比于多孔 PVDF 膜（孔隙率 $\varepsilon = 0.45$），当非均相成核界面是多孔 PP 膜（孔隙率 $\varepsilon = 0.72$）时，需要的临界成核功 W^* 将降低为 PVDF 膜的十分之一，产生的临界核尺寸 n^* 也将由 PVDF 膜的 $n^* = 0.85 \times 10^5$ 减小到 $n^* = 0.12 \times 10^5$。

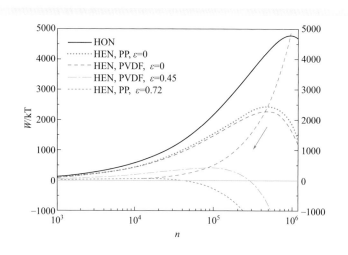

▶ **图 6-8** 在 $T = 70℃$（343.15 K）和 $S = 1.01$ 时 KNO_3 在水溶液中的成核功 W 变化示意图[40]

膜的总孔隙率还是影响跨膜通量的一个主要因素，高孔隙率膜具有更低的传递阻力和更大的液相蒸发面积[10]，保证更多的蒸气分子可以通过膜。MDC 膜的孔径范围为 0.1～1.0 μm[27]。一般来说，大孔径有利于传质，但 LEP 较低；小孔径的 LEP 较高，可以耐受高真空度操作，但是传质阻力较大。另外，较大的孔径将增加溶液进入膜孔的概率，从而增加膜润湿的风险[25]。一些文献中报道了被截留在膜中大孔隙的晶体，为溶液润湿大孔隙产生晶体污垢堵塞膜孔道提供了直接证据（图 6-9）[48,49]。

针对这一问题，Chen 等发现纳米多孔碳复合膜在三种基于膜的脱盐过程中显示出前所未有的高水通量[49]。水的快速输送归因于极快的表面扩散，而出色的脱盐率则归因于独特的界面筛分效果（图 6-10）。这种无相变的高通量脱盐机理为脱盐工艺增加了节省大量能源的可能性。膜的制造过程简单、快速且易于扩大规模。此发现可以促进低成本、高通量的海水淡化工艺的发展，并有可能缓解全球范围的水危机[49]。

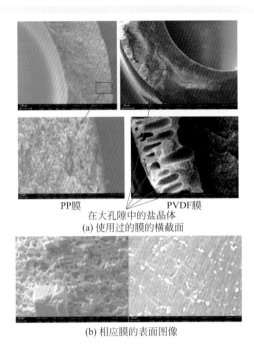

PP膜　　　　　　　　　　　PVDF膜

在大孔隙中的盐晶体

(a) 使用过的膜的横截面

(b) 相应膜的表面图像

▶ **图6-9** PP（左）和PVDF（右）膜的SEM图像[48]

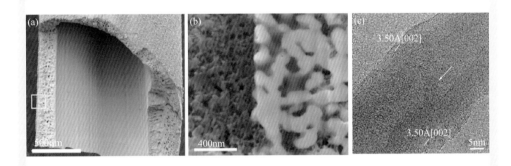

▶ **图6-10** （a）空心YSZ管表面上制备的C-D35-2膜的SEM图像，正方形表示放大视图中要放大的区域；（b）YSZ和碳层之间界面的FIB-SEM图像（碳和YSZ之间的界面清晰可见。还可以看到碳侧的纳米孔；碳纤维-陶瓷界面附近的孔径被认为是最小的，通过气体渗透确定约为31nm）；（c）C-D35-2膜中典型的单碳纳米纤维的HRTEM图像（1Å=0.1nm）

四、耦合结晶工艺控制

作为耦合分离过程，MDC 可以分别在膜组件的渗透侧和结晶器中同步获得纯水和晶体产物。MDC 工艺可以通过去除溶剂效率和产生晶体的性质来评估分离结果和分离效率[27]。有文献报道表明，MDC 可有效缩短成核诱导时间，并准确地控制过程中的过饱和度，可制备多种不同晶型的晶体[50]。在间歇和连续 MDC 工艺中，进料侧的操作参数比渗透侧更显著地影响晶体粒度分布（CSD）[51]。一般来说，在较低进料温度和流速下形成的晶体颗粒具有较大的尺寸和较窄的 CSD。随着温度的升高，平均晶粒尺寸急剧减小，生长速度与进料温度成反比，而与成核速率成正比[11]。

同时，延长在结晶器中的停留时间可以增加晶体生长时间，产生更大的晶体。冷却结晶过程的操作曲线、降温速率对晶体形成也有重要影响[39]。在过程开始时，颗粒很小并且不均匀不规则。随着时间的推移，晶体变大，并趋于形成规则的晶体形状，这是膜组件和结晶过程共同调控的结果。当然，在连续 MDC 工艺中，较长的停留时间意味着需要较大的结晶器和循环系统。这有时会让进料和设备设计变得更加困难，也是对连续结晶耦合过程控制的一个重要挑战。

自然冷却条件下可以成核和晶体生长，但是这些过程的平均过饱和度相对较

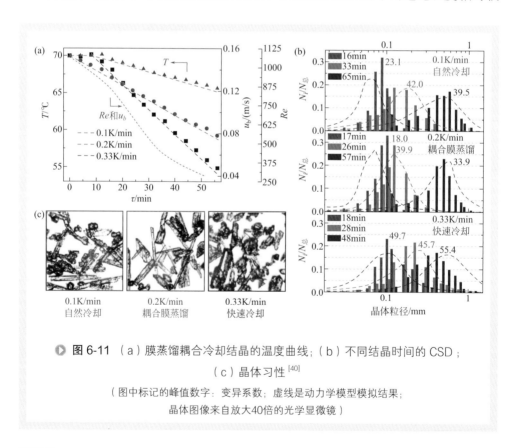

▶ 图 6-11 （a）膜蒸馏耦合冷却结晶的温度曲线；（b）不同结晶时间的 CSD；
（c）晶体习性[40]

（图中标记的峰值数字：变异系数；虚线是动力学模型模拟结果；
晶体图像来自放大40倍的光学显微镜）

低，达到所需晶体尺寸的时间过长，这对于工业应用来说是不切实际的。快速冷却可以缩短时间并提高设备的生产能力。然而，快速冷却具有明显的缺点，例如宽CSD、不良的晶体习性和高能耗。因此，特别是在温度敏感系统中，温度分布是结晶中最重要的操作条件之一。

在初始成核阶段，膜辅助控制装置可用于调控蒸发结晶和冷却结晶进程[40]。例如，基于膜组件促进成核和膜组件与结晶器之间的晶体循环，使得由 MDC 控制的 KNO₃ 结晶得到显著改善（图 6-11）。获得的 CSD 与结晶动力学模型的模拟结果非常吻合，也使得膜辅助结晶过程的工业设计成为可能。因此，在解决了过程耦合模型建立的问题之后，可以通过调整膜蒸馏来改变浓缩速度，从而影响成核与晶体生长之间的竞争关系，实现控制工艺优化获得理想的晶体产物 CSD。实验结果中，MDC 工艺产生的晶体尺寸大于单一冷却结晶的晶体尺寸，这是因为 MDC 模式中的过饱和度是由膜蒸馏的浓缩效应和冷却速率共同产生的，其晶体生长的平均推动力较大。这种共同作用产生的过饱和度增强了成核和结晶生长过程，并且冷却速率和膜蒸馏之间的协调性在维持稳定结晶中起关键作用。这种协调的控制机制研究，也是膜结晶过程强化和设计的关键问题。

第三节　强化原理

一、膜蒸馏中的传质和传热

关于跨膜过程的机理是复杂的，但一般有四个基本机理：努森扩散，分子扩散，泊肃叶流动和受到如边界层传递、温度极化及其他类型传递过程影响的机理[36,52]。MD 过程中跨膜通量 J [kg/（m·s）] 的可用下式计算[52]

$$J = K_m \Delta p = K_m(p_{v,f,m} - p_{v,p,m}) \tag{6-1}$$

式中　K_m——膜性质决定的膜蒸馏系数，kg/（m²·s·Pa）；

　　　$p_{v,p,m}$——渗透侧上与膜相邻的蒸气压，Pa；

　　　$p_{v,f,m}$——进料侧上与膜相邻的蒸气压，Pa。

在二元体系中，跨膜通量也受溶质浓度的影响，所以式（6-1）可以变成[53]

$$J = K_m\big[p_{v,f,m}(1-x_m)\gamma - p_{v,p,m}\big] \tag{6-2}$$

式中　x_m——进料侧膜表面附近溶质的摩尔分数；

　　　γ——溶质的活度系数。

此外，和其他膜分离过程一样，浓度和温度极化也会影响膜通量和结晶，从而影响传质和传热过程。MD 过程中的总传热系数 H 可以描述为[34]

$$H = [\frac{1}{h_f} + \frac{1}{h_m + J\Delta H_v / \Delta T_m} + \frac{1}{h_p}]^{-1} \qquad (6\text{-}3)$$

式中　h_f——进料边界层的传热系数，W/（m^2·K）；

　　　h_m——膜的传热系数，W/（m^2·K）；

　　　h_p——渗透边界层中的传热系数，W/（m^2·K）；

　　　ΔH_v——蒸发的热量，kJ/kg；

　　　ΔT_m——膜上的平均温差，K。

跨膜通量 J 也可以写成一个将传热和传质结合起来的等式

$$J = \frac{h_v}{\Delta H_v} \frac{h}{h + h_{con} + h_v} \Delta T_m \qquad (6\text{-}4)$$

重新整理为

$$\frac{\Delta T_m}{J\Delta H_v} = \frac{dT}{dp} \frac{1}{K_m \Delta H_v}\left(1 + \frac{\lambda_m}{\delta_m h}\right) + \frac{1}{h} \qquad (6\text{-}5)$$

其中膜的总传热系数 h ［W/（m^2·K）］可以通过绘制实验数据 $\Delta T_m / J\Delta H_v$ 和 dT/dp 的关系和 K_m 来计算。

式中　h_{con}——传导的传热系数，W/（m^2·K）；

　　　h_v——蒸汽的传热系数，W/（m^2·K）；

　　　δ_m——膜厚度，m；

　　　λ_m——膜的热导率，W/（m·K）。

式（6-1）、式（6-4）、式（6-5）都可以应用于模拟和实际实验，以确定各种操作模式下 J 和表观驱动力之间关系（例如，直接接触式膜蒸馏中的 ΔT_m 和真空式膜蒸馏即 VMD 的 Δp）。由于考虑到极化现象，膜的进料侧和渗透侧的边界层处的浓度和温度难以测量。但是可以用方程来评估浓度和温度极化的影响[22]。浓度极化系数 CPC 定义为[54]

$$CPC = \frac{c_m}{c_b} = \exp\left(\frac{J}{\rho\lambda}\right) \qquad (6\text{-}6)$$

式中　c_m——靠近膜表面溶液的浓度；

　　　c_b——主体溶液的浓度；

　　　ρ——溶液的密度，kg/m^3；

　　　λ——溶质的传质系数，m/s。

温度极化系数 TPC 定义为

$$\text{TPC} = \frac{T_{f,m} - T_{p,m}}{T_f - T_p} = \frac{h}{h + h_{con} + h_v} \tag{6-7}$$

式中　$T_{f,m}$——靠近膜表面的进料侧的温度；

　　　$T_{p,m}$——靠近膜表面的渗透侧的温度；

　　　T_f——进料侧溶液的主体温度；

　　　T_p——渗透侧流体的主体温度。

CPC 和 TPC 是 MD 的模拟过程中测量精确浓度和温度差异的重要参数，并且在 MDC 模拟过程中它们对于精确描述膜边界层周围的浓度和温度分布更为重要。

二、膜结晶过程中的结晶模型

探讨膜结晶过程中的结晶动力学，同样要涉及经典的成核和生长理论。目前报道的 MDC 研究中，大多数结晶模型都是在经典的成核和生长理论的基础上发展起来的[55]。一般的，经典均相成核（HON）方程为[56]

$$B = zf^* c_0 e^{-\frac{W}{k_B T}} \tag{6-8}$$

式中　B——成核速率，$\# \cdot m^{-3} \cdot s^{-1}$；

　　　z——Zeldovich 因子；

　　　f^*——附着频率，s^{-1}；

　　　W——形成 n 大小的团簇所做的功，J；

　　　c_0——成核位置的浓度，m^{-3}；

　　　T——绝对温度，K；

　　　k_B——玻尔兹曼常数，J/K。

W 定义为

$$W = -n k_B T \ln S + \gamma A_c \tag{6-9}$$

式中　n——成核尺寸，即团簇的大小；

　　　A_c——团簇的表面积，m^2；

　　　γ——界面能，J/m^2；

　　　S——过饱和度。

可以通过假设团簇为球形团簇并使用等式[57]来计算界面能

$$\gamma = \beta k_B T \frac{1}{v_0^{2/3}} \ln \frac{1}{v_0 c_e N_a} \tag{6-10}$$

式中　v_0——分子体积，m^3；

　　　c_e——溶液中溶质平衡浓度，$mol \cdot m^{-3}$；

　　　N_a——阿伏伽德罗常数，mol^{-1}；

β——数值因子，$\beta = 0.514$。

临界成核功 W^* [条件是 $(\mathrm{d}W/\mathrm{d}n)_{n=n^*} = 0$ [58,59]] 表示为

$$W^* = \frac{16\pi v_0^2 \gamma^3}{3(k_B T)^2 \ln^2 S} = \frac{1}{2} n^* k_B T \ln S \tag{6-11}$$

其中 n^* 是临界晶核团簇的值，因此，成核率 B 描述为

$$B = z f^* c_0 \mathrm{e}^{-\frac{16\pi v_0^2 \gamma^3}{3(k_B T)^3 \ln^2 S}} = a\mathrm{e}^{-W^*} = a\mathrm{e}^{-\frac{b}{\ln^2 S}} \tag{6-12}$$

其中 a 是动力学指前参数（m^3/s），受两种溶质转移机制的影响：一种是受体积扩散影响 $a = (k_B T/v_0 \gamma)^{1/2} Dc_e \ln S$；另一种是受界面转移影响 $a = [4\pi/(3v_0)]^{1/3} [\gamma/(k_B T)]^{1/2} Dc_e$ [47]。其中 D 是单体扩散系数（m^2/s），b 是指数参数，可以从实验数据中获得这些参数。

假设结晶器入口和出口的流量是相同的，则晶体产生的质量可用下列公式计算 [58]。

$$m_s = (c_{\text{入}} - c_{\text{出}})Q \tag{6-13}$$

式中 m_s——晶体产生的质量；

     Q——结晶器和膜组件之间的流速；

     $c_{\text{入}}$——晶体溶液的入口浓度；

     $c_{\text{出}}$——晶体溶液的出口浓度。

晶体生长速率通常用 [58] 下式表示

$$G = K_G (c_s - c_0)^{g'} \tag{6-14}$$

式中 $c_s - c_0$——过饱和浓度；

     G——晶体生长速率，$\mathrm{m/s}$；

     K_G——晶体生长速率常数。

从实验数据中获得指数 g'。K_G 受搅拌速度、悬浮液密度、温度和结晶组分等因素的影响很大。有时，用下面的公式来确定 K_G：$K_G = k_G \exp[-\Delta E_g/(RT)]$，其中 k_G 是操作条件函数的晶体生长速率常数。

晶体群的动态模拟是 MDC 模型中的一个关键问题。这里，引入广泛使用的晶体颗粒群平衡方程（为了简单起见，没有考虑晶体聚结和破碎的情况）[60]，对于一个充分混合的间歇结晶器，其计算公式为

$$\frac{\partial f}{\partial \tau} + \frac{\partial(Gf)}{\partial n} = B\delta(n - n^*) \tag{6-15}$$

其中 $\delta(n - n^*)$ 是狄拉克三角函数。核仅出现在临界尺寸 n^* 处，成核率为 G。

根据经典的非均相成核机理 [56]，当膜界面引入成核过程时，膜界面处的界面能 γ

变化并且过饱和度 S_m 不同于结晶器中本体溶液中的过饱和度 S_b。因此，当膜蒸馏和结晶结合时，S_m 和溶液体系在膜表面的有效界面能 $\gamma_{eff,m}$ 是两个关键参数。与经典均匀成核（HON）机制不同，异质成核（HEN）机制中的有效界面能 γ_{eff} 需用下式计算

$$\gamma_{eff} = \varphi(\theta)\gamma = \left[\frac{1}{4}(2+\cos\theta)(1-\cos\theta)^2\right]\gamma \qquad (6\text{-}16)$$

其中 θ 是结晶溶液在膜表面的接触角。对于由多孔膜表面诱导的 HEN，多孔结构将进一步促进和增强成核。所以式（6-16）变成 [61]

$$\gamma_{eff,m} = \gamma_{eff}\chi = \left[\frac{1}{4}(2+\cos\theta)(1-\cos\theta)^2\right]\left[1-\varepsilon\frac{(1+\cos\theta)^2}{(1-\cos\theta)^2}\right]\gamma \qquad (6\text{-}17)$$

其中 ε 是膜的表面孔隙率。一些常见的膜材料界面的非均相临界成核功和均相成核功的比值，如图 6-12 所示。总体来说，膜作为非均相成核界面引入到结晶溶液中，整个体系的成核能垒降低了。同时，随着接触角的增加，由于膜表面的疏溶剂性质增强，其非均相成核功与均相成核功的差别越来越小，成核机制也越来越趋向于均相成核。

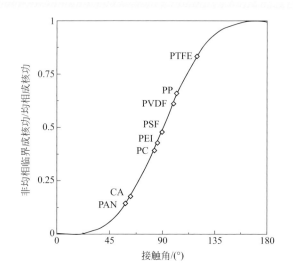

● **图 6-12** 非均相临界成核功与均相成核功的比值随膜材料的水接触角变化示意图

假设在膜表面产生的核能够在其形成后立即转移，没有累积，则 S_m 可以表示为 [40]

$$S_m = \frac{c_m}{c_e} = CPC\frac{c_b}{c_e T_{f,m}} \qquad (6\text{-}18)$$

式中，膜表面进料侧附近的浓度 c_m（mol/m^3）可由 TPC 和温度确定，c_e 是在温度 $T_{f,m}$ 下的饱和浓度。

膜组件上的浓度分布也可以用膜蒸馏浓缩效应来模拟[40]。在距离膜组件进料位置为 x 处的进料的体积浓度 $c_{b,x}$ 由公式表示为

$$c_{b,x} = c_{b,0} \left(\frac{Q}{Q - JA\dfrac{x}{L}} \right) \qquad (6\text{-}19)$$

式中　$c_{b,0}$——进料处的体积浓度；

　　　Q——进料流量的质量比，kg/s；

　　　J——跨膜通量（忽略沿膜组件的 J 的梯度）；

　　　A——膜面积，m^2；

　　　L——流经膜组件的本体溶液的长度，m。

经过上述讨论，可以发现，由于膜蒸馏时膜界面会不可避免地出现极化效应并且膜提供一个低表面能界面，MDC 中的成核过程优先发生在膜的进料侧界面上，然后从渗余侧流动进入结晶器。因此，当膜蒸馏部分与结晶器相结合时，整个系统是一个成核和生长同时发生的循环系统。进料和滞留物流在膜组件和结晶器之间的循环，在晶核的循环和重新分配中起重要作用。因此，一个充分混合的间歇膜蒸馏 - 结晶体系的晶体颗粒数目衡算方程可写为[40]

$$\frac{\partial f}{\partial \tau} + \frac{\partial (Gf)}{\partial n} - \frac{Q}{\rho V} f = \frac{Q - JA}{\rho V} G_m \delta(n - n^*) + G_0 \delta(n - n^*) \qquad (6\text{-}20)$$

式中　f——间歇结晶器中晶体的密度分布函数，m^{-3}；

　　　τ——持续时间。

晶核仅出现在临界尺寸 n^* 处，成核率为 G_0（G_m）。V 是结晶器中溶液的体积。可以看到，式（6-20）考虑了膜组件中的成核和结晶器中潜在的初级成核（等式右边的两项），也考虑了微小晶体的消除（等式左边第三项）。这个综合的晶体颗粒数目衡算方程描述了膜蒸馏结晶在各种操作条件下对晶体成核和生长过程的影响。与其他化学工程分离过程类似，综合的 MDC 模型也是整个耦合过程模拟、设计和优化的重要工具。

三、介稳区宽度调控及成核强化原理

在整个结晶过程中成核点和生长速率的控制直接影响晶体产品的质量，要想得到晶型完美、粒度均匀的高品质产品，必须避免溶液的自发成核。介稳区宽度（MSZW）是结晶过程的操作窗口，介稳区的精确测定对于结晶工艺设计、优化操作曲线有着重要意义。溶液介稳区是指溶解度 - 温度曲线上的饱和点到能自发成核的最大过饱和点之间的浓度区域，在此区域内溶液不会自发产生晶核。MSZW 取决于温度、晶种和过饱和变化率等各种因素[61,62]。对于 MDC 中的成核过程，一般发生在

膜边界层处的稳定流动状态下，结晶溶液没有加晶种并且溶液是理想的纯度。因此，过饱和变化率是 MSZW ΔC_{max} 的关键模型参数，它由超过平衡状态的浓度来表示。Sangwal 和其他研究人员提出 MSZW 分析方法[63-65]。对于膜蒸馏，在溶剂蒸发过程中进料流的浓度持续增加。在亚稳态附近，成核率 J（# · m^{-3} · s^{-1}）可近似表示为

$$J = k\left(\Delta C_{max}\right)^n = \frac{\left(\dfrac{dC^*}{dt}\right)_t}{N_A N^*} = \frac{FC^*}{\left(m_0 - \int_0^t F d\tau\right) N_A N^*} \tag{6-21}$$

式中　n——成核顺序；

k——成核常数；

m_0——溶液的初始质量；

F——溶剂跨膜的质量比率，kg/s；

C^*——溶液在一定温度下的平衡浓度，mol/m^3；

N^*——临界核中分子（或离子）的数量；

N_A——阿伏伽德罗常数；

t——操作时间；

τ——成核持续时间。

F 用膜面积 A（m^2）表示为

$$F = J_p A = P_m \Delta p A \tag{6-22}$$

式中　J_p——渗透通量，kg/（m^2·s）；

P_m——膜渗透性；

Δp——膜界面的进料侧和渗透侧之间的分压差，Pa。

另外，在最初的成核阶段 $m_0 \gg \int_0^t F d\tau$，如果溶液浓度在协调过程中没有显著变化，方程（6-21）可以简写为

$$k\left(\Delta C_{max}\right)^n = \frac{P_m \Delta p A C^*}{\rho V N_A N^*} \tag{6-23}$$

式中　ρ——溶液的平均密度；

V——溶液的体积，m^3。

因此，MSZW 限制 ΔC_{max} 可以表示为

$$\ln\left(\Delta C_{max}\right) = \frac{1}{n}\ln\left(\frac{C^*}{kN_A N^*}\right) + \frac{1}{n}\ln\left(\frac{P_m \Delta p A}{\rho V}\right) \tag{6-24}$$

很明显，成核能垒由溶液体系的平衡状态（C^*），溶剂去除的驱动力（Δp），膜性质（P_m）以及膜分离器和结晶器的比例（A/V）共同决定。

关于 A，用于体积扩散控制过程 $A = \left[k_B T/(V\gamma)\right]^{1/2} DC\ln S$，以及界面转移控制

过程 $A = \left[4\pi/(3V)\right]^{1/3}\left[\gamma/\left(k_B T\right)\right]^{1/2} DC$ [65]；V（m³）是单分子的体积；k_B 是玻尔兹曼常数，为 1.381×10^{-23} J／K；T（K）是系统温度。

当晶体颗粒的表面局部过饱和浓度足够高（一般是当晶体生长速率超过扩散控制速率的 20% 时），使表面形成许多单独的生长界面，此时，多向成核生长机制将主导整个晶体生长过程。如果获得的多核生长速率高并且在一定扩散和操作条件下支配晶体生长过程，则获得的晶体形态趋于粗糙，有许多表面的小树突结构，极易发生团聚，很难过滤，是结晶过程中应该极力避免的晶体形态。因此，为了评估可能的不理想的多向成核生长导致不理想的晶体形态，在研究中，引入"多核生长"的概念 [66,67]。相应的多核生长速率 υ_{PN}（m/s）可以表示为

$$\upsilon_{PN} = \frac{D}{3d_m}\left(\frac{\Delta C_{max}}{C_c}\right)^{\frac{2}{3}}\exp\left(-\frac{\Delta E_{max}}{kT}\right) = \frac{D}{3d_m}\left(\frac{\Delta C_{max}}{C_c}\right)^{\frac{2}{3}}\exp\left(-\pi\frac{\left[\beta\ln\left(C_c/C^*\right)\right]^2}{N\ln S_{max}}\right) \quad (6\text{-}25)$$

式中　D——液相中结晶组分的扩散系数，m²/s；

　　　d_m——分子直径，m；

　ΔC_{max}——一次成核的最高过饱和度，mol/m³；

　　　C_c——晶体的摩尔密度，mol/m³；

　　　N——分子或离子的数目；

　E_{max}——最大成核自由能，J/mol。

同时，扩散控制的晶体生长速率写为

$$\upsilon = k'\exp\left(-\frac{\Delta E_g}{RT}\right)\Delta C^a \quad (6\text{-}26)$$

式（6-26）中，k'，ΔE_g，a 等参数是通过拟合实验数据获得的结晶生长动力学常数。

第四节　应用实例

一、工业废水治理

膜蒸馏 - 结晶过程最早也是最典型的应用是工业废水的治理，通过使用疏水膜和各种耦合装置来浓缩进料溶液并在渗透侧获得纯水，浓缩的废水溶液可以进行进一步处理实现循环利用。将膜蒸馏简单地与其他过程相结合，可以实现废水的综合利用，提高分离效率，同时获得盐晶体和纯净水 [68]。对于稀溶液处理，为确保膜蒸

馏结晶工艺的运行，膜蒸馏结晶的原料液通常需要预浓缩。

典型的工业废水主要包括：有机废水，富含有机污染物，易造成水体富营养化[69]。有机废水一般是来自造纸、皮革、食品等行业的废水。废水中含有大量的碳水化合物、脂肪、蛋白质、纤维素等有机物，有些成分可以降解，有的不能，有的甚至是有毒的[70]。有机废水成分复杂，浓度高，一般 COD 有机废水为 2000mg / L 或更高，液体通常不是无色透明的，色度高，有异味，具有强酸强碱性，含有毒性物质，有机物以芳香族化合物和杂环化合物居多。纺织废水中不仅含有大量阳离子和阴离子的表面活性剂，而且还包括水溶性和不溶性有机染料[71]，某些流出物可能含有生物分子。有一些污水标准，如 pH、总悬浮物（TSS）、总溶解固体（TDS）、化学需氧量（COD）、生物需氧量（BOD）和颜色等，许多数据表明纺织废水的指标远远低于出水标准[72]。常规处理方法如沉降、吸附、凝结和絮凝等已经成熟应用，通常用于初级处理。二级处理方法包括化学或生物氧化以去除胶体等有机物质。为了改进这些方法，研究了越来越多的复合方法，如超声波、电化学方法等。

目前，膜分离工艺的发展为上述工业废水处理提供了一种新方法。微滤（MF）和超滤（UF）用于纺织废水的三级处理；旨在去除较大的颗粒和生物降解产物[72,73]。反渗透（RO）用于去除废水中的有机和无机成分，纳滤（NF）用于截留纺织废水中含有一价阳离子和阴离子的盐类溶质[74]。MF 和 UF 可以在较低压力下去除悬浮颗粒、胶体和生物分子。但是作为预处理应注意的是疏水性杂质可降低 MF 和 UF 过程中的通量率并引起膜污染。使用亲水膜如 PVDF 膜可降低膜污染程度[75,76]。

有机膜和无机膜均可用于有机废水的处理。无机膜如陶瓷膜具有一些突出的优点：极窄的孔径分布，热稳定性好和对苛刻化学品的耐受性高[77,78]。到目前为止，越来越多的无机材料如氧化铝、氧化锆、二氧化钛和二氧化硅应用于各种膜工艺[79]。反渗透无机膜用于去除无机离子。MF 用孔径在 0.2～1.2 μm 之间的无机膜处理水包油型乳液，大部分油被排出[79]。对于 MD 工艺，具有疏水层的无机膜可以去除盐和油组分[42]。此外，制造纳米级（nano scale）膜对于分离过程的发展是重要的。在分离过程中，横流速度、跨膜压力、温度、pH 值和分子大小等参数是非常重要的。较高的横流速度能够减小浓差极化并增加渗透通量；其次，高温增加了进料侧膜压的传质和扩散速率；增加跨膜压力导致更高的驱动力，并且通量更高；另外，pH 值对膜材料也有影响；此外，较大的分子尺寸增加了浓差极化的电阻[80]。

对于含油废水的处理，随着膜结构和渗透特性的不断提升，压力驱动膜工艺发展迅速，根据膜表面和膜孔径的差异，在废水处理过程中不同的工艺应用于不同的步骤。

含油废水也可以通过 RO 和 NF 处理，另外正向渗透（FO）是一种处理含油废水的可行方法，它要求的压力低，并且效率高。与 RO 和 NF 不同，FO 的一些潜在优势是不可替代的，例如污染程度低、纯水回收率高、去除效率高。但是，与其他膜工艺类似，设备稳定性和膜性能需要改善，膜污染需要进一步研究探索[81]。

在含油污水处理方面，已有多种基于膜分离的耦合方法出现，如物理、化学、生物方法，膜生物反应器和光催化膜反应器。这些预处理方法与膜分离相结合，以提高工艺和操作时间的稳定性[82]。例如，在 RO 工艺之前，沸石用于吸收挥发性烃，膜生物反应器（MBR）和活性炭用于去除有机物质，预处理后的废水通过 RO 膜获得纯净水[83]。膜工艺与其他处理方法结合可以最大限度地减少膜污染，提高处理效率和水质。一些有机废水含有微量污染物，如内分泌干扰物（EDCs）、药物活性化合物（PhACs）、农药和其他污染物，这些溶质难以去除[84]。例如，RO 膜孔径通常为 0.2~0.4 nm，具有特殊化学官能团的膜对特殊的处理条件来说更加高效，也具有更好的分离选择性[85]。同时，考虑到经济和环境因素，浓缩溶液和渗透水可以重复循环使用[86,87]。图 6-13 为基于 NF 处理放射性废水的流程示意图，膜工艺在进料侧浓缩溶液并在膜的另一侧获得渗透水。

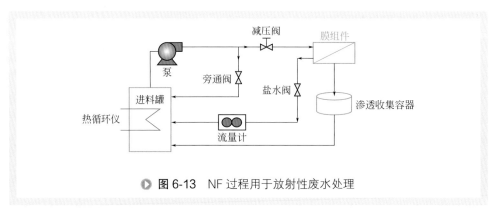

● 图 6-13　NF 过程用于放射性废水处理

尽管压力驱动膜工艺比传统处理工艺具有更多优势，但仍存在一些不容忽视的问题。在一些废水处理中，特别是对于小离子放射性同位素的去除，压力驱动的膜过程必须与其他化学过程结合，因此需要更多的附加阶段，处理过程的装置变得复杂并存在重新添加辅助剂的问题[88]。这个现象可以通过 MD 过程来优化。除了具有更高的分离因子、更高的去污因子、更低的膜污染、更低的压力和温度等优点以外，应用 MD 可以直接使用核反应堆的潜热能量[89]。目前，直接接触膜蒸馏（DCMD）已被报道应用于放射性废水处理过程，研究人员非常关注膜的分离特性和稳定性。

与其他压力驱动膜过程一样，能够降低膜两侧蒸汽压差的所有因素都会影响分离效率和去污因子。对于膜辅助放射性废水处理工艺，膜材料和装置的研究对放射性废水处理的发展至关重要。

未来的发展中，各种工厂采用基于膜分离的耦合过程进行工业废水治理，重点将放在废物综合利用上，集成了循环利用和环保特性的膜耦合处理技术将成为工业生产的重要分离技术（图 6-14）。随着技术的发展，膜分离技术的能源推动力并不

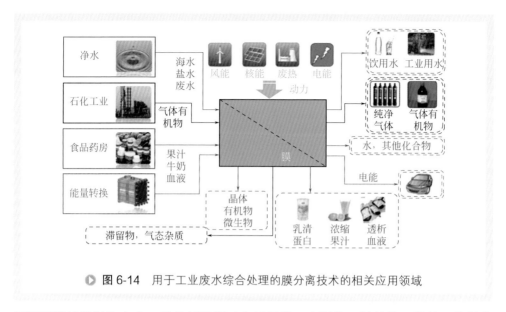

图 6-14　用于工业废水综合处理的膜分离技术的相关应用领域

局限于燃烧燃料和电力，其他新能源（包括风能、太阳能、地热能、核能、海洋能和生物能源等）也得到发展和广泛应用。膜分离工艺处理废水并不涉及相变，并且可以与可再生能源和废热结合[90]。集成设备使得可再生能源利用和废热再利用联合起来[91]。经膜分离过程处理过的废水成为可用水，可以输送到城市、工厂使用或直接排放到自然界。回收纯水的同时，浓缩液是另一种产品，常含有废物、盐、有机物等物质。这些浓缩液可用于进一步提取化学品、工业原料或在生产中重复使用。因此，通过膜法综合回收废水，可以使物质的利用更加合理和高效，为实现近零排放和绿色生产开拓新的思路。

二、高浓度盐水的脱盐结晶调控

1. 基本工艺流程

膜蒸馏结晶因为具有高效的分离效率所以能够通过同时产生盐晶体和纯水从而实现废水的综合利用（图 6-15），其中高浓度近饱和态的盐水，富含大量可固相分离的盐分，是重要的化工资源[11,42,92]。研究表明，MDC 技术对于高浓度盐水的脱盐结晶具有较出色的稳定性，例如，Edwie 和 Chung 等开发的 MDC 工艺持续运行超过 5000min，膜性能稳定[33]；当将 MDC 应用于有机含盐废水时，可同时获得高浓度乙二醇（渗余侧，回收率 > 98.7%）、纯水（渗透侧，纯度 > 99%）和具有理想形态和晶体尺寸分布（CSD）的纯晶体（纯度 >99.5%）（图 6-16）。此外，为研究三元有机含盐废水系统而开发的 MDC 过程模型与实验结果非常吻合[15]。

当然，由晶体颗粒沉淀引起的膜潜在污染是一个重要问题。高盐废水中含有的

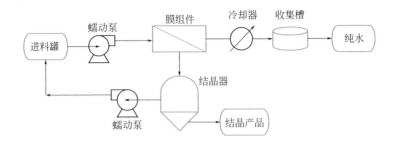

▶ 图 6-15　高盐废水的膜蒸馏结晶基本流程 [11]

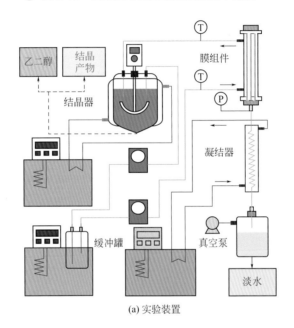

(a) 实验装置

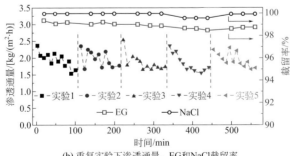

(b) 重复实验下渗透通量，EG和NaCl截留率

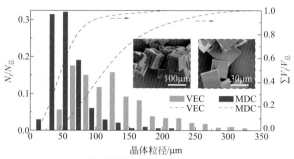

(c) 通过MDC和真空蒸发结晶(VEC)获得的晶体颗粒性质的比较

▶ **图 6-16** 在 MDC 中同时进行乙二醇（EG），有机含盐废水的回收和结晶控制[15]

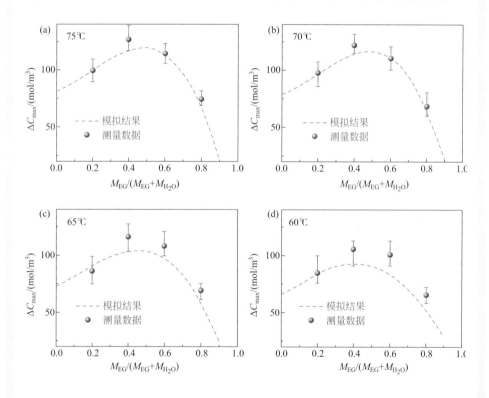

▶ **图 6-17** 模拟和测量结果临界结晶成核浓度的比较

不同盐类会引起不同的介稳区宽度，并且当浓度波动达到成核能垒时，容易诱导膜表面的结晶[18]。因此，长期稳定连续的 MDC 工艺仍然有待发展，目前 MDC 只能以中等和小规模批量生产。然而，随着高通量膜的发展[20]和 MDC 工艺的改进[93]，分离效率和操作稳定性获得改进，将提高 MDC 在废水处理领域的工业可行性。

2. 膜界面成核及生长的动力学分析

为了揭示这种耦合结晶过程中结晶成核趋势及膜操作条件的关系，研究者提出建立结晶介稳区宽度与二元溶剂复杂系统中溶剂比例的相互关系模型，并通过实验研究得到了验证（图 6-17）。结果表明，结晶介稳区宽度并未简单地随着浓缩速率的增加而增加，或者随着挥发性溶剂（该系统中的水）的组分减少而减少。由于低挥发性溶剂（EG）浓度的增加和挥发性溶剂（H_2O）的脱除，晶体成分的扩散阻力和溶液环境中的表面自由能对晶体成核能垒产生了耦合的影响。

与溶质（NaCl）-良溶剂（H_2O）二元溶液体系不同，NaCl 的溶解度和扩散速率随着三元体系中弱溶剂（EG）含量的增加而显著下降，从而降低了成核能垒；而随着 EG 的增加，作为挥发性组分的良溶剂（H_2O）的分压也降低，这相应地减慢了膜蒸馏过程的浓缩速率并缩小了介稳区宽度。因此，相互竞争的机理通过膜蒸馏成核过程在三元系统的结晶介稳区宽度上产生了复杂的作用结果。在所研究的操作条件下，所提出的模型的测量结果和模拟结果均显示当质量分数 M_{EG} /（ M_{H_2O} +M_{EG} ）

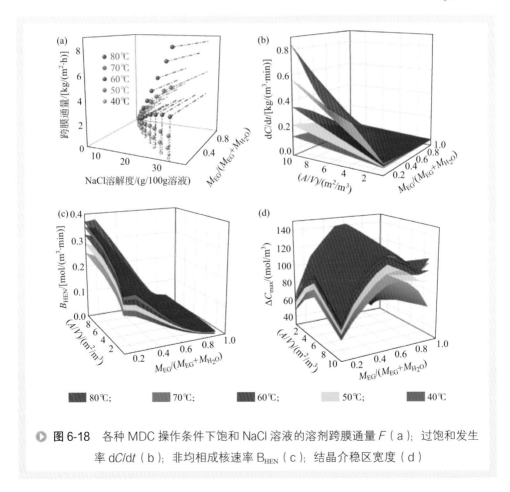

● **图 6-18**　各种 MDC 操作条件下饱和 NaCl 溶液的溶剂跨膜通量 F（a）；过饱和发生率 dC/dt（b）；非均相成核速率 B_{HEN}（c）；结晶介稳区宽度（d）

为 0.4～0.6 时临界结晶成核浓度达到最大值。

为了进一步揭示膜传质特性、溶液体系性质、操作温度、膜分离器和结晶器对成核的影响，对溶剂跨膜通量 F、饱和 NaCl 溶液在各种 MDC 下的过饱和发生率 dC/dt 的操作条件进行了系统模拟。如图 6-18 所示，通过重量法测定了 EG-H_2O 混合溶液中 NaCl 的溶解度，根据理论方程模拟渗透通量 F、浓度变化速率 dC/dt。由于 NaCl 在 EG-H_2O 混合溶液中的溶解度并没有随温度从 40℃增加到 80℃而显著变化［图 6-18（a）］，加速溶剂跨膜过程主要是由于溶剂的上升分压。放大膜分离器和结晶器的比率（A/V）导致浓缩速率［dC/dt，图 6-17（b）］加速，这将对异相成核速率［B_{HEN}，图 6-17（c）］，结晶介稳区宽度［图 6-18（d）］造成影响。

因此，在相同的结晶介稳区宽度下，生长速率在不同的扩散条件下［受不同进料溶液组成 $M_{EG}/(M_{H_2O}+M_{EG})$ 的影响］和流体力学条件下（受不同操作进料的影响）具有各种不同趋势的温度等。如图 6-19 所示，在设定的 MDC 操作下，当在不同温度下进料溶液组成 $M_{EG}/(M_{H_2O}+M_{EG})$ 在 0.6～0.9 时获得最高值 v_{PN}。随着温度的升高，扩散控制的生长速率 v 增加更快，并在晶体生长中占据主导地位，这表明生长过程稳定。很明显，不同的理论多核生长表明了多分子（或离子）排列和构建过程的不同倾向。随着 v_{PN} 越来越大，单核和多核生长机制之间的交替得到加强，在复杂多核生长过程中肯定会导致差异很大的晶体形态（如图 6-19 右图所示，操作条件 A 和 C，不规则颗粒和具有梯度缺陷的立方体）。相反，在适当的扩散控制的生长速率 v 下，即使成核能至 S_{max} 到 1.040，所获得的晶体形态也是规则立方体（如图 6-19 的右图所示，操作条件 B）。而通常，更大的 S_{max} 意味着更高的初始异相

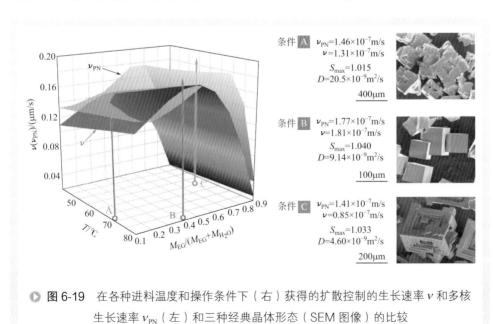

▶ **图 6-19** 在各种进料温度和操作条件下（右）获得的扩散控制的生长速率 v 和多核生长速率 v_{PN}（左）和三种经典晶体形态（SEM 图像）的比较

成核速率 B_{HEN} 和更小的平均晶体尺寸。

除了膜通透性 P_m 对溶剂去除和溶液浓度动力学有影响之外，三元溶液浓缩增加的疏水性使非均相成核能垒向均相成核能垒增大，这弱化了微孔膜对促进的三元溶液异相成核的影响。因此，扩散过程与膜组件中的晶体生长动力学之间的相互作用变得非常重要。显然，强化扩散性能会增强表面反应动力学在晶体生长中的支配作用，而多向成核生长速率增加将导致生长速度从理想的稳定增长速度转变为无序的随机增长，使得晶体产品趋于无规则的随机粒度分布。

3. 膜结晶调控晶体产品特性

通过发现扩散性能和表面反应对颗粒结构形成和发展影响的重要性，研究者系统地研究了在不同操作温度和溶剂组成下（这两个因素都影响结晶组分的扩散性能）的终端晶体形貌和尺寸分布改性效果（图 6-20 和图 6-21）。随着不同扩散速率下的晶核生长机制的不同，所得到的晶体形貌和尺寸分布具有一个有趣的趋势。低黏度时，溶剂组成中主要成分是溶剂（水），操作温度较低，晶体产品（位于左下角）通常为小立方体，表面光滑，尺寸几乎一致。而随着温度的升高，晶体颗粒的形态转变为不规则立方体，表面缺陷和附着增加。此外，发现在某些溶剂组合物中总是存在一定的温度范围来保持光滑的晶体表面和均匀的粒度。这与扩散控制生长

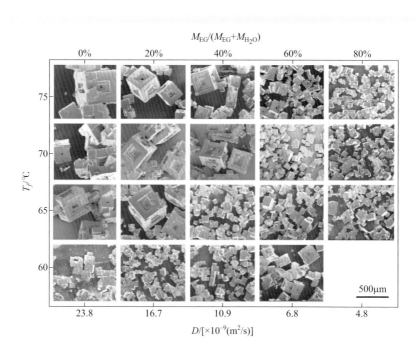

▶ 图 6-20　不同进料溶剂组成和操作温度 T_f 下 NaCl 晶体形貌的 SEM 图像

（为了简化图形，图中列出的NaCl的扩散系数为相应溶剂温度为60℃的时候）

速率 v 和多核生长速率 v_{PN} 的模拟结果相一致，因为总是有一个操作范围来保持扩散控制的生长速率 v 等于或高于 v_{PN}。

对于工业方面，如图 6-20 所示，所需晶体产品的优选操作路线是沿着 EG 浓度的增加（也是扩散系数的降低）提高进料侧的操作温度。路线可以通过扩散性质和表面反应混合物控制机理来 解释。当扩散过程由于高黏度非溶剂（EG）浓度的增加而受到限制时，升高的温度则可以通过提供足够的传质驱动力增强扩散和晶体生长。此外，MDC 过程中适当操作条件提供了晶核生长和晶体生长的有效协调，从而避免晶体表面上的极度快速成核或不可控的多向成核发生。结果，对于三元或更复杂的溶液系统，通过研究膜结晶所获得具有期望形态的均匀晶体，来深入理解扩散特性的组合作用机理（其影响结晶成分成核和生长）和操作温度（其显著影响表面反应动力学）对颗粒形成的影响。

此外，晶体尺寸分布的分析结果进一步表明了扩散性能和表面反应对颗粒形成的综合影响。成核与晶体生长之间的竞争导致了不同的平均大小和变异系数（C.V.）。随着工作温度的升高，最大 C.V. 从贫 EG 溶液转移到富 EG 溶液 $[M_{EG} / (M_{EG} + M_{H_2O})] = 0.0 \sim 0.6]$。最大 C.V. 平均尺寸较小表明成核作用在沿着结晶过程的持续成核中起主导作用 [94-96]。

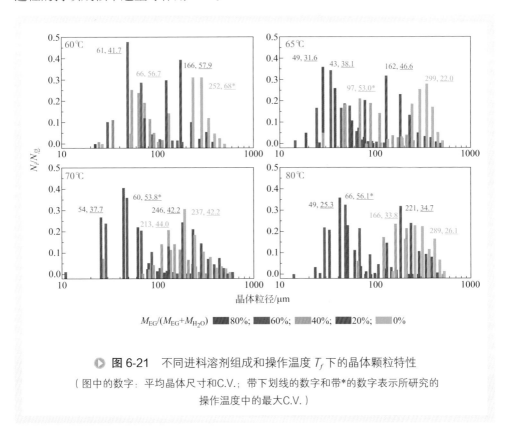

图 6-21　不同进料溶剂组成和操作温度 T_f 下的晶体颗粒特性

（图中的数字：平均晶体尺寸和C.V.；带下划线的数字和带*的数字表示所研究的
操作温度中的最大C.V.）

4. 优化的梯度耦合分离工艺

MDC 对于多元高浓度有机盐水溶液的分离优势，还体现在提高溶液回收率和分离效率上。通过 MDC 进行的晶体形态改性操作依赖于稳定的膜蒸馏过程。结晶现象和可能的颗粒沉积可能会污染膜，并降低膜和 MDC 过程的耐久性。考虑到 MDC 的潜在工业应用，当系统在饱和或过饱和状态下运行时，应强调长时间工作时的稳定性，这对于连续的水溶液处理和盐分回收是极其关键的。据报道，动态膜结晶器中适当的剪切应力足以避免实验室和中试规模中的大部分晶体沉积，进而保持膜的功能连续稳定[97]。而对于 EG-H$_2$O 的混合溶剂[98]，增加的溶液 MDC 过程中的黏度可能会阻碍剪应力的作用，这应该引起关注。实验结果表明，膜在去除溶剂和结晶改性超过 10h 时仍保持稳定的性能。在重复实验中，EG 和 NaCl 的渗透通量和排斥率在简单的洗涤过程持续 10～20min 后持续稳定且可重复。这些结果表明，除了溶剂去除的作用外，现有的膜和膜组件能够在相当长的时间内作为有效的晶体形态修饰装置。

为了确定晶体形态改性对提高高附加值溶剂回收率的影响，将离心和过滤后原料晶体产物中的母液截留分析，并将原料晶体产物进行取样测定相应的盐分组成纯度。如图 6-22 所示，在 EG 质量分数达到 80% 之前，原料结晶产物中的 EG 溶剂损失率保持在 2.5% 左右。具有窄尺寸分布和期望表面的晶体颗粒通过简单的离心和过滤有利于溶剂回收。当进料组成在 20%～60% 范围内时，EG 损失率保持在甚至低于进料溶液重量的 2.5%，这是工业应用的期望结果。考虑到低溶剂损失，可以省略高能耗单元过程干燥。当进料组合物中的 EG 质量分数达到 80% 时，溶液过高

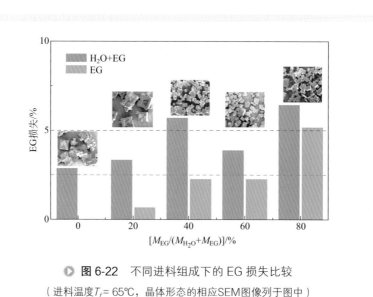

▶ 图 6-22　不同进料组成下的 EG 损失比较

（进料温度T_f= 65℃，晶体形态的相应SEM图像列于图中）

的黏度（2.591 mPa·s，几乎是 20% 时溶液黏度的 4 倍）使得分离困难，并且过滤后的 EG 损失增加至 5.1%（质量分数）。

因此，进一步提高溶剂回收效率的替代方法遵循所期望的晶体性质（形态和尺寸分布）的形成轨迹，在 MDC 下梯度增加操作温度路线，确保在期望的扩散速率和表面生长速率下控制结晶（图 6-23 中的路线 A）。通过对现有溶液系统的扩散性能和结晶驱动力的匹配，发现获得的产品确实有利于接下来的分离操作。如图 6-23（b）所示，改进的晶体性质，有利于过滤和干法分离，在相同的过滤操作之后，干法中的 EG 损失从 4.8%（质量分数）（路线 B）减少到 1.2%（质量分数）（路线 A）。尽管 MDC 持续时间从 3.9h 延长（路线 B）至 5.2h（途径 A），由于液体包裹较少，路线 A 的干燥过程需要较短的时间来获得标准固体产物。作为比较，在较低温度（路线 C）下操作的 MDC 生产的晶体颗粒，由于一部分区间受多向成核生长机制控制，因此具有粗糙表面和宽尺寸分布的晶体，EG 溶液在过滤等后续操作中损失较大。MDC 持续时间延长至 5.7h，EG 损失为 3.3% 的重量。除整体运行时间外，缩短干燥过程的时间有助于降低能耗，这样从另一方面提高分离效率。

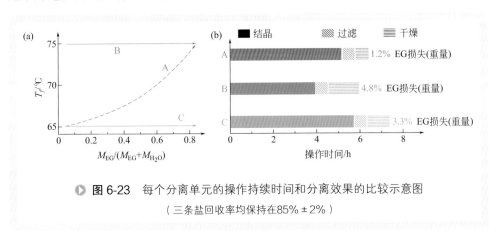

▶ 图 6-23　每个分离单元的操作持续时间和分离效果的比较示意图

（三条盐回收率均保持在85% ± 2%）

可以预见，该研究领域中提出的膜蒸馏结晶技术，有望替代现有的直接蒸发结晶方法，且已通过批量处理操作的实验验证和理论分析验证，该技术具有较大优势。同时，该方法也适用于连续（或半连续）运行，多级的 MDC 是首选的优化技术，随着各级运行温度逐渐升高，运行规模的扩大和比例设计 $[A_i/Q_i$，$m^2/$（$m^3\cdot h$），膜面积 A_i 相对于某一级膜组件内的溶液流速 Q_i]，将有利于保持稳定的溶剂蒸馏速率和结晶环境。

三、高通量抗污染膜蒸馏结晶过程研发

超疏水膜是膜蒸馏过程的核心部件，研发具有超疏水性、抗污染性及长期运行稳定性的膜蒸馏用膜是该技术实现工业化应用的核心问题。研究者通过负载 SiO_2 纳

米颗粒构建表面粗糙结构，接枝 1H, 1H, 2H, 2H- 全氟癸基三乙氧基硅烷（PFDTS）降低膜表面能；同时建立考虑纳米颗粒直径、膜表面接触角、表面粗糙度等参数的成核能垒模型，预测膜界面几何参数对膜界面诱导成核能垒，揭示了表面颗粒尺寸、临界成核尺寸、膜表面超疏水性与异相成核能垒的影响机制，进一步指导膜表面结构优化。研究表明，当纳米颗粒尺寸约为 50 nm 时，制备的超疏水聚丙烯（PP）微孔复合膜具有优异的抗污染性、抗润湿性和通量稳定性，静态水接触角可达 158.5°（图 6-24）[99]。

研发的超疏水膜应用于真空膜蒸馏中处理高浓度 NaCl (15%)/MgCl$_2$ (3%～9%)（质量分数）混合溶液，测试了不同流速（45～340 mL/min）及进料浓度对膜性能的影响，分析了溶液中 Na$^+$ 和 Mg^{2+} 的结构特征对膜渗透通量和浓差极化效应的影响机制。结果表明，当进料溶液 MgCl$_2$ 浓度为 6%（质量分数）和 9%（质量分数）

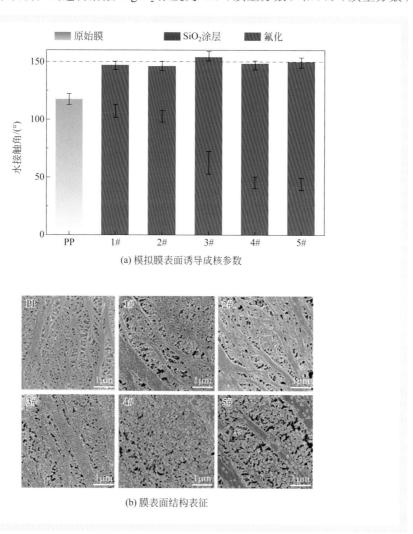

(a) 模拟膜表面诱导成核参数

(b) 膜表面结构表征

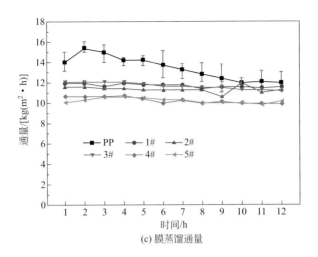

(c) 膜蒸馏通量

▶ 图 6-24　不同条件的超疏水 F/SiO$_2$/PP-OH 膜性质测试结果

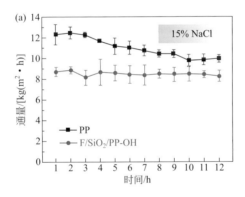

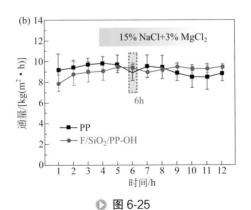

▶ 图 6-25

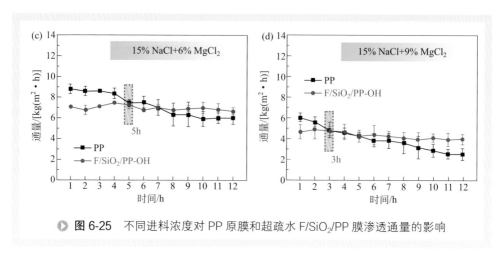

▶ **图6-25** 不同进料浓度对PP原膜和超疏水F/SiO₂/PP膜渗透通量的影响

时，制备的超疏水膜仍显示出良好的通量稳定性，其通量衰减率仅约为PP原膜的1/4（图6-25）。当进料流速降低时，原膜通量显著下降，制备的超疏水膜通量较为稳定，证明了超疏水膜具有可有效削弱浓差极化现象的优越性能。同时，制备的超疏水膜在连续运行后，依然保持了清洁的表面、断面结构，表现出优异的抗润湿性、抗污染性和高浓度盐耐受性（图6-26）。

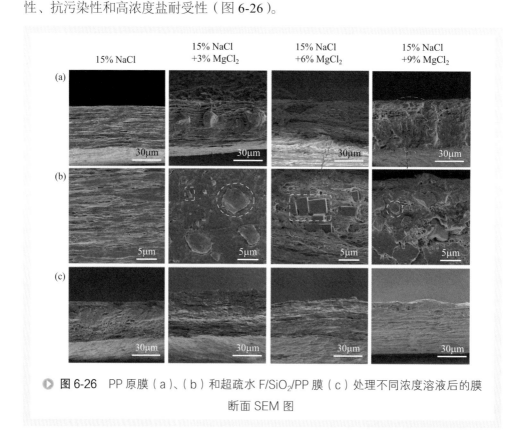

▶ **图6-26** PP原膜（a）、（b）和超疏水F/SiO₂/PP膜（c）处理不同浓度溶液后的膜断面SEM图

四、成核检测和介稳区宽度测量

通常认为传质通量下降和膜界面上结晶会使膜结垢。因此，许多研究都集中于避免或减少结晶[11,51,100]，但几乎没有关注成核反应现象。事实上，在某些操作条件下膜界面上不可避免的结晶表明膜界面作为成核现象响应的介质发挥作用。因此，研究者提出利用"溶液浓度和亚稳态区域达到上限—多孔膜界面孔—成核—跨膜通量急剧下降"的链式效应作为新型响应机理（图6-27），通过检测跨膜通量的拐点确定膜界面上成核的时机，并计算对应的成核临界浓度。这一通过跨膜通量数值变化测定并计算溶液浓度，进而确定介稳区宽度（MSZW）的方法，为有效控制成核和确定结晶过程的关键数据开辟了一个新的方向。

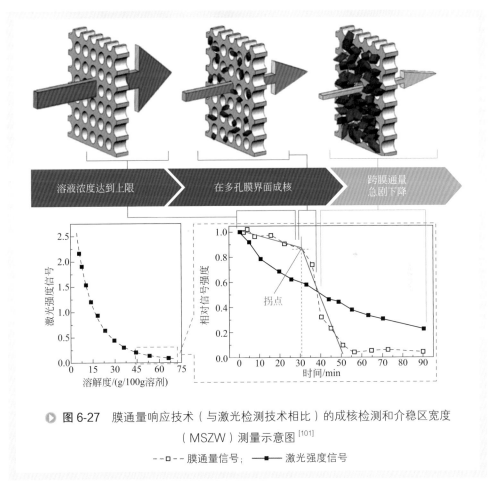

> ▶ **图 6-27** 膜通量响应技术（与激光检测技术相比）的成核检测和介稳区宽度（MSZW）测量示意图[101]

---□--- 膜通量信号；——■—— 激光强度信号

这种基于 MDC 的成核检测方法比激光强度响应（LIR）方法使用更广泛，特别是对不透明溶液[101]。这种方法提高了 MSZW 测量过程中的可控性和灵活性。而且，控制过程和选择优化条件将会更容易。在等温膜蒸馏过程中，可以实现针对所

需要的浓缩速度模拟不同的蒸发速率。同时，研究还发现跨膜通量在大量成核前还有一个更早的拐点，该拐点正是初始晶核在膜孔道区域形成，导致传质通道局部收窄引起的通量衰减。这一重要发现，同时突破了光学法的300nm晶核检测精度极限：初始成核的响应拐点标志着膜界面（膜平均孔径<100 nm）检测原理可更早响应成核现象，更准确测定体系的临界成核状态，为结晶的精确调控奠定了基础。该成核检测原理与国际先进的光学技术相比，适用范围、检测精度、有效检测区域等核心指标都具有显著优势（图6-28）。

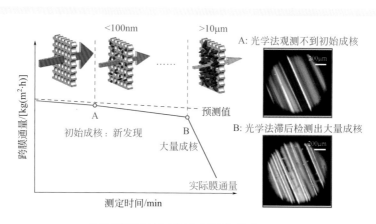

膜界面检测方法与国际先进检测仪器对比

项目	膜检测方法	PVM® V19 梅特勒-托利多，美国
响应机理	膜通量响应	光学法结合 图像分析
适用范围	全色级体系	低色级、 高透射率体系
成核响应尺寸	<100nm	1～2μm
有效检测区域	～150cm²	～1mm²

▶ **图6-28** 膜界面初始成核检测的原理、优势及同现有先进光学检测仪器的对比

为了提高该方法的检测精度，需要对膜界面进行严格的要求。最近Trout等开发了纳米颗粒压印光刻方法来制备具有形状均匀的纳米孔的聚合物膜[102]。一些形状阻碍了成核，而另一些则促进了成核。此外，聚合物界面中的纳米尺寸孔隙对诱导结晶和多种晶型控制有重要影响[103,104]。这些关于成核检测和MSZW测量的基础研究可以制备出可供成核检测和响应界面的微孔膜，可以促进人们对MDC的理解和应用。

五、溶析结晶的混合和成核促进

目前，传统溶析结晶主要通过滴加或微通道混合方法实现溶析，但是宏观混合界面的超大过饱和度梯度和滴加点爆发成核问题一直无法有效解决，制约了一系列高端药物晶体的连续精细化制备。它关键的问题是反溶剂与溶剂的混合和随后的结晶控制。近年来，有研究报道采用一种创新的双冲击喷射混合器和其他用于添加反溶剂的改进混合器，可实现对晶体尺寸分布和多种晶型的良好控制[104-106]。在抗溶剂结晶中，MDC用于提高对溶剂/反溶剂组合物的控制以使溶液过饱和[107]。与膜蒸馏中使用的其他结晶控制方法类似，即通过影响操作过程参数的多孔膜结构改变关键组分（溶剂/抗溶剂结晶中的溶剂/反溶剂）的迁移（图6-29）。此外，溶剂/反溶剂在气相中的迁移比在液相中更有利于得到可控的精确的过饱和环境和所需性质的晶体。随着涂覆有薄聚合物层的亚微米和纳米尺寸颗粒的添加，使用中空纤维膜MDC来控制抗溶剂结晶取得了进一步的发展，已经从精确控制结晶点处的溶液组成发展到获得具有所需形态的晶体[108]。但是仍需研究证明，将MDC应用于抗溶剂结晶是一个连续的过程，并且可以方便地放大。

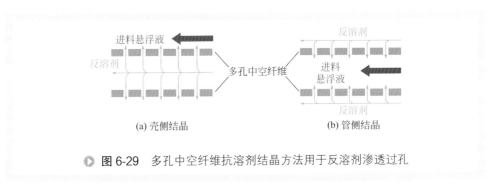

(a) 壳侧结晶　　　　　　　　　　(b) 管侧结晶

▶ **图6-29**　多孔中空纤维抗溶剂结晶方法用于反溶剂渗透过孔

我国研究者提出一种利用有机中空纤维膜作为溶析剂辅助加入界面，实现高效微观混合和精确界面传质的新型溶析结晶方法。这一方法通过渗透压差调控溶析剂的单向跨膜传质，在膜的外表面形成厚度为微米级的溶析剂液膜层；不同于传统的膜界面诱导成核、结晶过程，溶析剂液膜层的存在将成核位置与膜界面分隔，从本质上避免了膜污染；同时，通过结晶溶液和液膜界面的微观混合和轴向传输，实现了类似膜萃取过程的液膜表面更新机制，共同保障了连续成核和生长过程在膜组件中的稳定运行（图6-30）[109]。

为了验证所提出的新型溶析结晶的传质速率高度可调性和表面液膜更新传质机制，研究者提出改变中空纤维膜内、外侧流体流速，检测溶析剂的渗透速率变化和响应灵敏性。结果表明，溶析剂的跨膜渗透传质速率仅对膜外侧的宏观流体速度变化有着精确的响应。这也证实了液膜在膜外侧微观混合和轴向传输速率提升后，可有效强化溶析剂的跨膜传输（图6-31）[109]。

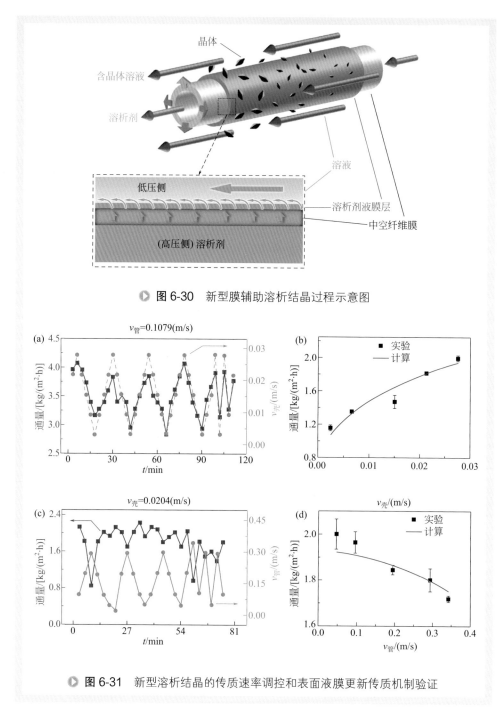

图 6-30 新型膜辅助溶析结晶过程示意图

图 6-31 新型溶析结晶的传质速率调控和表面液膜更新传质机制验证

这一方法应用于药物赤藓糖醇的溶析结晶制备，结果表明：在相同的溶析剂加入速率下，采用膜界面调控的溶析结晶过程成核更加温和，没有局部爆发成核现象，产品的晶体形貌完整，平均长径比为 1.49 左右（理想晶体为 1.51），粒度分布

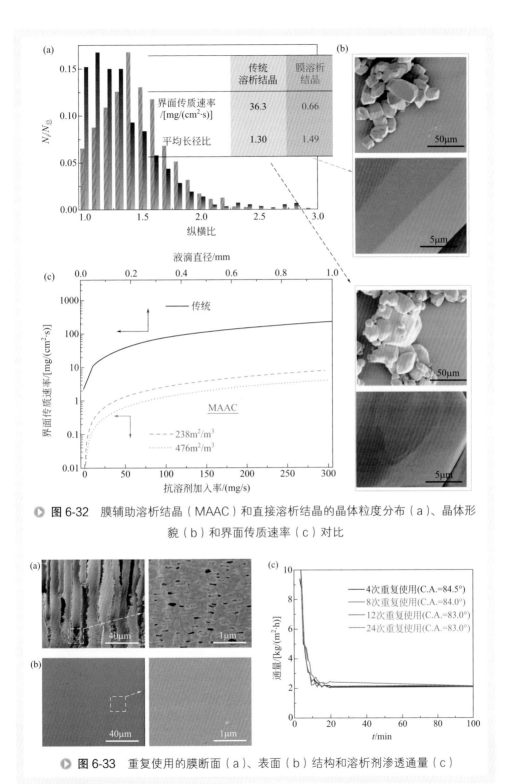

图 6-32　膜辅助溶析结晶（MAAC）和直接溶析结晶的晶体粒度分布（a）、晶体形貌（b）和界面传质速率（c）对比

图 6-33　重复使用的膜断面（a）、表面（b）结构和溶析剂渗透通量（c）

集中性提高了 19.3%；经计算，与现有的直接滴加相比，有机微孔膜控制的溶析剂传质速率控制精度要高 1～2 个数量级（图 6-32）。同时，由于有机膜对溶析剂的良好耐受性，通过 20 余次的重复使用，依然保持了稳定的渗透通量和清洁的表面、断面结构，没有膜污染形成（图 6-33）。这一方法是对现有医药结晶制备技术的发展和完善，对于主要依赖溶析结晶技术制备的广谱头孢类药物、心脑血管药物晶体的连续精细化制备有重要意义。

六、蛋白质结晶和仿生晶体超结构制备

连续、高选择性制备特定形貌、晶型、粒度特征的生物大分子晶体，对蛋白质结构解析、高端生物医药制备等具有重要意义。研发精准的结晶调控技术和连续化制备平台是这一领域的研究核心和关键瓶颈[110-112]。解决蛋白质结晶问题需要一种优化的结晶方法，以应对包含柔性结构域和连接基团的蛋白质异构现象的问题[113-115]。这种方法需要考虑晶体质量、结晶时间、效率、重复性和蛋白质需求量。Diao 等报道了使用具有可调微观结构的新型纳米多孔聚合物微凝胶来控制多晶型晶体的制备[116]。他们研究了界面相互作用和纳米复合对晶体多态性结果的影响。这些凝胶诱导的成核对聚合物微观结构和化学组成都非常敏感。聚合物微凝胶也是控制多种晶型核化的极有发展前景的材料。

在最近的一项研究中，制备的具有可控化学组成和纳米结构的水凝胶复合膜

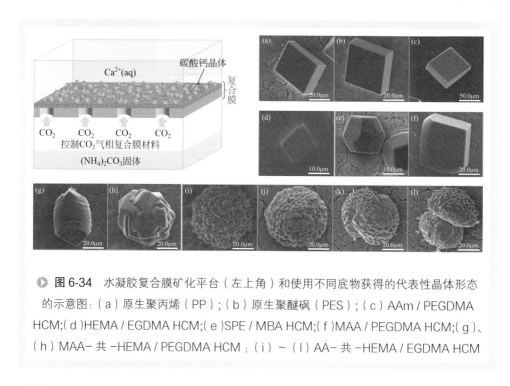

▶ 图 6-34 水凝胶复合膜矿化平台（左上角）和使用不同底物获得的代表性晶体形态的示意图：（a）原生聚丙烯（PP）；（b）原生聚醚砜（PES）；（c）AAm / PEGDMA HCM；（d）HEMA / EGDMA HCM；（e）SPE / MBA HCM；（f）MAA / PEGDMA HCM；（g）、（h）MAA- 共 -HEMA / PEGDMA HCM；（i）～（l）AA- 共 -HEMA / EGDMA HCM

（HCMs）被用作生物大分子结晶的非均相载体界面[21]。与传统工艺相比，复合膜界面和膜浓缩技术可以在较低蛋白质浓度下增强成核作用而更有效地提高结晶过程的效率[117]。这种蛋白质结晶方法可以适用于制备特定的晶体。此外，他们创新性地提出将 HCMs 用作合成 $CaCO_3$ 上层结构的新平台，这是一种典型的仿生矿化过程（图 6-34）[115,118]。图中，AA 表示丙烯酸；MAA 表示甲基丙烯酸；HEMA 表示甲基丙烯酸羟乙酯；AAm 表示丙烯酰胺；SPE 表示 2- 乙基（甲基丙烯酰氧基）乙基 -（3- 磺丙基）氢氧化铵；EGDMA 表示乙二醇二甲基丙烯酸酯；PEGDMA 表示聚乙二醇二甲基丙烯酸酯；MBA 表示 N，N'- 亚甲基双丙烯酰胺。HCMs 的使用增强了传质控制效果，可以很好地控制 CO_2 扩散速率。

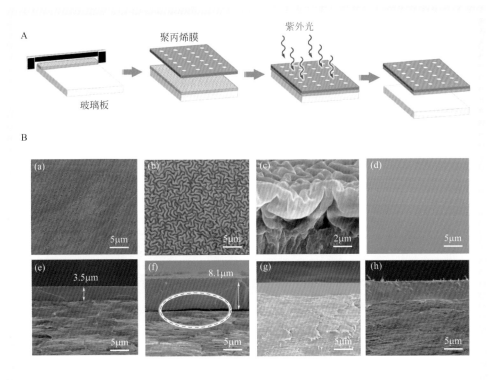

🔵 **图 6-35** A 为 HCMs 制备工艺示意图；B 为膜结构表征：（a）为 PP 原膜表面；（b）为溶胀的 PEGDA HCM 表面指纹状结构；（c）为溶胀的 PEGDA HCM 断面结构；（d）为 NIPAM-PEGDA HCM 表面结构；（e）为 NIPAM-PEGDA HCM 断面结构；（f）为过厚的水凝胶层导致复合层与基膜分离；（g）为连续在水溶液中浸泡 4 周的 NIPAM-PEGDA HCM 断面结构；（h）为制备晶体后的 NIPAM-PEGDA HCM 断面结构（连续使用 7 天）[119]

同时，研究者还提出构建基膜 - 水凝胶预聚物 - 玻璃板构成的"三明治结构"，使 N- 异丙基丙烯酰胺（NIPAM）和聚乙二醇双丙烯酸酯（PEGDA）组成的预聚物介于玻璃板与基膜间的隔氧环境中，大大提高了聚合速率及水凝胶复合膜

（NIPAM-PEGDA HCM）结构稳定性、机械强度，保证了连续结晶过程的稳定应用（图 6-35）[119]。

该水凝胶膜兼具 NIPAM 和 PEGDA 材料的温度敏感、pH 响应能力，同时，聚合物分子网格在结晶溶液中平均尺寸变化，形成"指纹状"褶皱，这种仿生结构可控的网格收缩和扩张有效地调节离子的吸附和传输能力，从而使水凝胶界面的非均相结晶成核微环境高度可控（图 6-36）。

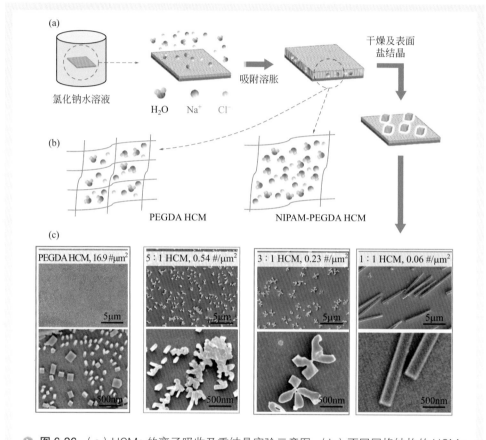

▶ 图 6-36 （a）HCMs 的离子吸收及重结晶实验示意图；（b）不同网格结构的 HCMs 示意图；（c）不同 PEGDA/NIPAM 比例的 HCMs 的表面无机盐结晶成核密度和形貌[118]

所研发的水凝胶膜装配在多通道连续膜结晶平台中，应用于模型蛋白溶菌酶的连续结晶生产。不同于 PP 膜和 PEGDA 自聚水凝胶膜结晶平台制备的晶体产品（棒状、片状混杂，粒度分布宽，平均粒径仅为 20μm），NIPAM-PEGDA HCMs 膜结晶平台制备的产品具有极高的形貌和尺寸选择性：既实现了晶面生长完整的拟球体晶形的高选择性制备（选择性 >97%），又通过调控温度、pH 值，制备出全新的具有显著多向成核生长特征的"花形"晶体，平均粒径达 120 μm，选择性 >98%。在这一高效制备平台中，还可通过增大洗脱液离子浓度，强化晶体的连续生产能力，在保证高形貌选择性的同时（选择性>97%），将晶体生产时间缩短30%以上，大大强化了这一结晶过程（图6-37）。

以上研究将有力推动对非均相化学界面上的复杂成核机理研究，强化难成核的生物大分子体系结晶过程。当然，为进一步扩大膜结晶在生物、医药等领域的应用，需要在这个领域进一步开展诸如分子动力学模拟、高速在线显微观测等研究[120,121]。可以预见，膜蒸馏结晶虽然最初是专门为工业结晶和水治理而提出的耦合技术，但是预计将来会在生物、医药、精细化学品等方面和理论研究中发挥主导作用。

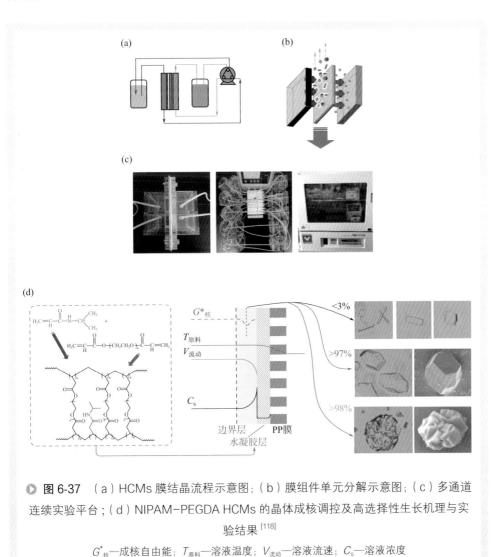

▶ **图 6-37** （a）HCMs 膜结晶流程示意图；（b）膜组件单元分解示意图；（c）多通道连续实验平台；（d）NIPAM-PEGDA HCMs 的晶体成核调控及高选择性生长机理与实验结果[118]

$G^{*}_{核}$—成核自由能；$T_{原料}$—溶液温度；$V_{流动}$—溶液流速；C_{S}—溶液浓度

膜蒸馏结晶（MDC）过程具有低能耗、低成本、高效和环保等优点，可以通过提升结晶控制精度和控制机制来扩展工业应用领域。根据 MDC 模型模拟，MDC 可以通过提供异质成核界面来促进成核。膜表面传质/传热过程极化效应的机理对 MDC 工艺参数选择和优化设计有指导作用。基于 MDC 开发的新型应用（如成核检测、抗溶剂结晶控制、生物大分子结晶和仿生晶体形成等）已引起越来越多的关注。随着机理、膜材料、膜组件和操作参数的研究，在未来的商业化生产和化学分离方面，MDC 有望发挥重要作用。

图 6-38 系统地展示了 MDC 的重要进展和发展方向，可进一步解决这些方面的问题（包括海水处理、盐水废水回收、精细晶体制造和生物分子结晶，但不仅限于这些领域）。在过去的几十年中 MDC 尽管取得了进展，但是几个关键问题仍然存在。

● **图 6-38**　膜蒸馏结晶（MDC）的重要进展和进一步发展方向

（1）开发新型膜制备技术制备性能优异、成本低、化学稳定性高、抗污染性能好、抗菌性能好的有机、无机或复合膜材料，特别是加强对各种新型膜材料的研究，更加注重开发高强度、使用寿命长、防污染、高通量的膜材料以满足各行业的复杂要求。同时，注重在分子设计和纳米尺度结构修饰的基础上进行研究。

（2）将膜分离技术与其他分离技术相结合。这项研究可能有助于新型膜分离工艺的发展，可以减少污垢形成和膜污染问题。目前，不同膜技术的集成或膜技术与其他常规水处理技术的结合已经得到广泛开发，以提高处理效果并降低处理成本。将各工艺单元优化并综合利用各种技术的优势非常重要。

（3）薄膜辅助污水处理过程中新型膜组件及辅助设备的开发设计意义重大，除膜组件外，辅助设备（如高压泵、计量泵、精密过滤器等）也影响膜装置的稳定性和水的质量。

（4）膜组件影响晶体初始成核和生长的动力学机制尚不清楚。这是避免在膜表面结垢并确保结晶输出的关键问题。

（5）通过利用膜组件作为结晶器，可以利用 MDC 技术连续和放大结晶。与间歇结晶器相比，新型 MDC 技术可降低由结晶沉淀引起的膜污染风险。适当的流速可以将晶核和晶体带走，不会留在膜中，颗粒随过饱和溶液排出。这些性能在对长期产生的有严格要求的高纯度晶体（如药物结晶和精细化学品制备）的领域有显著作用效果，连续 MDC 工艺更易于工业化，并非只适用于实验室规模。

（6）MDC 在成核检测和生物大分子晶体制造等领域具有潜在应用。诱导异相成核的机理仍需要进一步证明和完善。

参考文献

[1] Sha Z L, Yin Q X, Chen J X. Industrial crystallization: Trends and challenges[J]. Chemical Engineering & Technology, 2013, 36(8): 1286-1286.

[2] Gong J B, Wang Y, Du S C, et al. Industrial crystallization in China[J]. Chemical Engineering & Technology, 2016, 39(5): 807-814.

[3] Kiani H, Sun D W. Water crystallization and its importance to freezing of foods: A review[J]. Trends in Food Science & Technology, 2011, 22(8): 407-426.

[4] Chandrapala J, Oliver C M, Kentish S, et al. Use of power ultrasound to improve extraction and modify phase transitions in food processing[J]. Food Reviews International, 2013, 29(1): 67-91.

[5] Casado-Coterillo C, Soto J, Jimaré M T, et al. Preparation and characterization of ITQ-29/polysulfone mixed-matrix membranes for gas separation: Effect of zeolite composition and crystal size[J]. Chemical Engineering Science, 2012, 73: 116-122.

[6] Narducci O, Jones A G. Seeding in situ the cooling crystallization of adipic acid using ultrasound[J]. Crystal Growth & Design, 2012, 12(4): 1727-1735.

[7] Lakerveld R, Verzijden N G, Kramer H, et al. Application of ultrasound for start‐up of evaporative batch crystallization of ammonium sulfate in a 75‐L crystallizer[J]. AIChE Journal, 2011, 57(12): 3367-3377.

[8] Nguyen T N P, Kim K J. Transformation of hemipentahydrate to monohydrate of risedronate monosodium by seed crystallization in solution[J]. AIChE Journal, 2011, 57(12): 3385-3394.

[9] Soare A, Dijkink R, Pascual M R, et al. Crystal nucleation by laser-induced cavitation[J]. Crystal Growth & Design, 2011, 11(6): 2311-2316.

[10] Alkhudhiri A, Darwish N, Hilal N. Membrane distillation: A comprehensive review[J]. Desalination, 2012, 287: 2-18.

[11] Edwie F, Chung T S. Development of simultaneous membrane distillation–crystallization (SMDC) technology for treatment of saturated brine[J]. Chemical Engineering Science, 2013, 98: 160-172.

[12] Onsekizoglu Bagci P. Potential of membrane distillation for production of high quality fruit juice concentrate[J]. Critical Reviews in Food Science & Nutrition, 2013, 55(8): 1098-1113.

[13] Ji X C, Curcio E, Al Obaidani S, et al. Membrane distillation-crystallization of seawater reverse osmosis brines[J]. Separation and Purification Technology, 2010, 71(1): 76-82.

[14] Susanto H. Towards practical implementations of membrane distillation[J]. Chemical Engineering and Processing: Process Intensification, 2011, 50(2): 139-150.

[15] Lu D P, Li P, Xiao W, et al. Simultaneous recovery and crystallization control of saline organic wastewater by membrane distillation crystallization[J]. AIChE Journal, 2017, 63(6): 2187-2197.

[16] Creusen R J M, van Medevoort J, Roelands C P M, et al. Brine treatment by a membrane distillation-crystallization (MDC) process[J]. Procedia Engineering, 2012, 44: 1756-1759.

[17] Meng S, Hsu Y C, Ye Y, et al. Submerged membrane distillation for inland desalination applications[J]. Desalination, 2015, 361: 72-80.

[18] Drioli E, Di Profio G, Curcio E. Progress in membrane crystallization[J]. Current Opinion in Chemical Engineering, 2012, 1(2): 178-182.

[19] Ji Z G, Wang J, Yin Z F, et al. Effect of microwave irradiation on typical inorganic salts crystallization in membrane distillation process[J]. Journal of Membrane Science, 2014, 455: 24-30.

[20] Kim J H, Park S H, Lee M J, et al. Thermally rearranged polymer membranes for desalination[J]. Energy & Environmental Science, 2016, 9(3): 878-884.

[21] Di Profio G, Curcio E, Ferraro S, et al. Effect of supersaturation control and heterogeneous nucleation on porous membrane surfaces in the crystallization of L-glutamic acid polymorphs[J]. Crystal Growth & Design, 2009, 9(5): 2179-2186.

[22] Kuhn J, Lakerveld R, Kramer H J M, et al. Characterization and dynamic optimization of membrane-assisted crystallization of adipic acid[J]. Industrial & Engineering Chemistry Research, 2009, 48(11): 5360-5369.

[23] Wang P, Chung T S. Recent advances in membrane distillation processes: Membrane

分离过程耦合强化

development, configuration design and application exploring[J]. Journal of Membrane Science, 2015, 474: 39-56.

[24] Tijing L D, Woo Y C, Choi J S, et al. Fouling and its control in membrane distillation—a review[J]. Journal of Membrane Science, 2015, 475: 215-244.

[25] Warsinger D M, Swaminathan J, Guillen-Burrieza E, et al. Scaling and fouling in membrane distillation for desalination applications: A review[J]. Desalination, 2015, 356: 294-313.

[26] Zhang Y G, Peng Y L, Ji S L, et al. Review of thermal efficiency and heat recycling in membrane distillation processes[J]. Desalination, 2015, 367: 223-239.

[27] Pantoja C E, Nariyoshi Y N, Seckler M M. Membrane distillation crystallization applied to brine desalination: A hierarchical design procedure[J]. Industrial & Engineering Chemistry Research, 2015, 54(10): 2776-2793.

[28] Srisurichan S, Jiraratananon R, Fane A G. Mass transfer mechanisms and transport resistances in direct contact membrane distillation process[J]. Journal of Membrane Science, 2006, 277(1-2): 186-194.

[29] Khayet M. Membranes and theoretical modeling of membrane distillation: A review[J]. Advances in Colloid & Interface Science, 2011, 164(1-2): 56-88.

[30] Francis L, Ghaffour N, Al-Saadi A S, et al. Performance of different hollow fiber membranes for seawater desalination using membrane distillation[J]. Desalination and Water Treatment, 2015, 55(10): 2786-2791.

[31] Yu W Z, Graham N, Yang Y J, et al. Effect of sludge retention on UF membrane fouling: The significance of sludge crystallization and EPS increase[J]. Water Research, 2015, 83: 319-328.

[32] He X Z, Hägg M B. Structural, kinetic and performance characterization of hollow fiber carbon membranes[J]. Journal of Membrane Science, 2012, 390: 23-31.

[33] Edwie F, Chung T S. Development of hollow fiber membranes for water and salt recovery from highly concentrated brine via direct contact membrane distillation and crystallization[J]. Journal of Membrane Science, 2012, 421: 111-123.

[34] Shirazi M M A, Kargari A, Ismail A F, et al. Computational fluid dynamic (CFD) opportunities applied to the membrane distillation process: State-of-the-art and perspectives[J]. Desalination, 2016, 377: 73-90.

[35] Nakoa K, Date A, Akbarzadeh A. A research on water desalination using membrane distillation[J]. Desalination and Water Treatment, 2015, 56(10): 2618-2630.

[36] Koo J, Lee S, Choi J S, et al. Theoretical analysis of different membrane distillation modules[J]. Desalination and Water Treatment, 2015, 54(4-5): 862-870.

[37] Boucif N, Roizard D, Corriou J P, et al. To what extent does temperature affect absorption in gas-liquid hollow fiber membrane contactors?[J]. Separation Science and Technology, 2015,

50(9): 1331-1343.

[38] Al Obaidani S, Curcio E, Di Profio G, et al. The role of membrane distillation/crystallization technologies in the integrated membrane system for seawater desalination[J]. Desalination and Water Treatment, 2009, 10(1-3): 210-219.

[39] Li W Q, Van der Bruggen B, Luis P. Integration of reverse osmosis and membrane crystallization for sodium sulphate recovery[J]. Chemical Engineering and Processing: Process Intensification, 2014, 85: 57-68.

[40] Jiang X B, Lu D P, Xiao W, et al. Membrane assisted cooling crystallization: Process model, nucleation, metastable zone, and crystal size distribution[J]. AIChE Journal, 2016, 62(3): 829-841.

[41] Hasanoğlu A, Rebolledo F, Plaza A, et al. Effect of the operating variables on the extraction and recovery of aroma compounds in an osmotic distillation process coupled to a vacuum membrane distillation system[J]. Journal of Food Engineering, 2012, 111(4): 632-641.

[42] Quist-Jensen C A, Ali A, Mondal S, et al. A study of membrane distillation and crystallization for lithium recovery from high-concentrated aqueous solutions[J]. Journal of Membrane Science, 2016, 505: 167-173.

[43] Pantoja C E, Nariyoshi Y N, Seckler M M. Membrane distillation crystallization applied to brine desalination: Additional design criteria[J]. Industrial & Engineering Chemistry Research, 2016, 55(4): 1004-1012.

[44] Pangarkar B L, Sane M G, Parjane S B, et al. Status of membrane distillation for water and wastewater treatment—a review[J]. Desalination and Water Treatment, 2014, 52(28-30): 5199-5218.

[45] Kim Y J, Jung J, Lee S, et al. Modeling fouling of hollow fiber membrane using response surface methodology[J]. Desalination and Water Treatment, 2015, 54(4-5): 966-972.

[46] Duong H C, Cooper P, Nelemans B, et al. Optimising thermal efficiency of direct contact membrane distillation by brine recycling for small-scale seawater desalination[J]. Desalination, 2015, 374: 1-9.

[47] Camacho L, Dumée L, Zhang J, et al. Advances in membrane distillation for water desalination and purification applications[J]. Water, 2013, 5(1): 94-196.

[48] Boubakri A, Hafiane A, Al Tahar Bouguecha S. Nitrate removal from aqueous solution by direct contact membrane distillation using two different commercial membranes[J]. Desalination and Water Treatment, 2015, 56(10): 2723-2730.

[49] Chen W, Chen S Y, Liang T F, et al. High-flux water desalination with interfacial salt sieving effect in nanoporous carbon composite membranes[J]. Nature Nanotechnology, 2018, 13(4): 345.

[50] Feng X, Jiang L Y, Song Y. Titanium white sulfuric acid concentration by direct contact

membrane distillation[J]. Chemical Engineering Journal, 2016, 285: 101-111.

[51] Caridi A, Di Profio G, Caliandro R, et al. Selecting the desired solid form by membrane crystallizers: Crystals or cocrystals[J]. Crystal Growth & Design, 2012, 12(9): 4349-4356.

[52] Anisi F, Thomas K M, Kramer H J M. Membrane-assisted crystallization: Membrane characterization, modelling and experiments[J]. Chemical Engineering Science, 2017, 158: 277-286.

[53] Chen G Z, Lu Y H, Krantz W B, et al. Optimization of operating conditions for a continuous membrane distillation crystallization process with zero salty water discharge[J]. Journal of Membrane Science, 2014, 450: 1-11.

[54] You W T, Xu Z L, Dong Z Q, et al. Vacuum membrane distillation–crystallization process of high ammonium salt solutions[J]. Desalination and Water Treatment, 2015, 55(2): 368-380.

[55] Cuellar M C, Herreilers S N, Straathof A J J, et al. Limits of operation for the integration of water removal by membranes and crystallization of l-phenylalanine[J]. Industrial & Engineering Chemistry Research, 2009, 48(3): 1566-1573.

[56] Rubbo M. Basic concepts in crystal growth[J]. Crystal Research and Technology, 2013, 48(10): 676-705.

[57] Kashchiev D, van Rosmalen G M. Nucleation in solutions revisited[J]. Crystal Research and Technology: Journal of Experimental and Industrial Crystallography, 2003, 38(7 - 8): 555-574.

[58] Guan G, Wang R, Wicaksana F, et al. Analysis of membrane distillation crystallization system for high salinity brine treatment with zero discharge using Aspen flowsheet simulation[J]. Industrial & Engineering Chemistry Research, 2012, 51(41): 13405-13413.

[59] Chen G Z, Lu Y H, Yang X, et al. Quantitative study on crystallization-induced scaling in high-concentration direct-contact membrane distillation[J]. Industrial & Engineering Chemistry Research, 2014, 53(40): 15656-15666.

[60] Vetter T, Iggland M, Ochsenbein D R, et al. Modeling nucleation, growth, and Ostwald ripening in crystallization processes: A comparison between population balance and kinetic rate equation[J]. Crystal Growth & Design, 2013, 13(11): 4890-4905.

[61] Curcio E, Fontananova E, Di Profio G, et al. Influence of the structural properties of poly (vinylidene fluoride) membranes on the heterogeneous nucleation rate of protein crystals[J]. The Journal of Physical Chemistry B, 2006, 110(25): 12438-12445.

[62] Trifkovic M, Sheikhzadeh M, Rohani S. Determination of metastable zone width for combined anti-solvent/cooling crystallization[J]. Journal of Crystal Growth, 2009, 311(14): 3640-3650.

[63] Sangwal K. On the interpretation of metastable zone width in anti-solvent crystallization[J]. Crystal Research and Technology, 2010, 45(9): 909-919.

[64] Mielniczek-Brzóska E. Effect of sample volume on the metastable zone width of potassium nitrate aqueous solutions[J]. Journal of Crystal Growth, 2014, 401: 271-274.

[65] Peng J Y, Dong Y P, Wang L P, et al. Effect of impurities on the solubility, metastable zone width, and nucleation kinetics of borax decahydrate[J]. Industrial & Engineering Chemistry Research, 2014, 53(30): 12170-12178.

[66] Hao L, Chen X G, Sun Y Z, et al. Mathematical modeling of static layer crystallization for propellant grade hydrogen peroxide[J]. Journal of Crystal Growth, 2017, 469: 24-30.

[67] Hou G Y, Power G, Barrett M, et al. Development and characterization of a single stage mixed-suspension, mixed-product-removal crystallization process with a novel transfer unit[J]. Crystal Growth & Design, 2014, 14(4): 1782-1793.

[68] Quist-Jensen C A, Macedonio F, Horbez D, et al. Reclamation of sodium sulfate from industrial wastewater by using membrane distillation and membrane crystallization[J]. Desalination, 2017, 401: 112-119.

[69] Ingole P G, Ingole N P. Methods for separation of organic and pharmaceutical compounds by different polymer materials[J]. Korean Journal of Chemical Engineering, 2014, 31(12): 2109-2123.

[70] Munirasu S, Haija M A, Banat F. Use of membrane technology for oil field and refinery produced water treatment—a review[J]. Process Safety and Environmental Protection, 2016, 100: 183-202.

[71] Thamaraiselvan C, Noel M. Membrane processes for dye wastewater treatment: Recent progress in fouling control[J]. Critical Reviews in Environmental Science and Technology, 2015, 45(10): 1007-1040.

[72] Göbel A, McArdell C S, Joss A, et al. Fate of sulfonamides, macrolides, and trimethoprim in different wastewater treatment technologies[J]. Science of the Total Environment, 2007, 372(2-3): 361-371.

[73] Le-Clech P. Membrane bioreactors and their uses in wastewater treatments[J]. Applied Microbiology and Biotechnology, 2010, 88(6): 1253-1260.

[74] Marcucci M, Ciardelli G, Matteucci A, et al. Experimental campaigns on textile wastewater for reuse by means of different membrane processes[J]. Desalination, 2002, 149(1-3): 137-143.

[75] Buscio V, Crespi M, Gutiérrez-Bouzán C. Application of PVDF ultrafiltration membranes to treat and reuse textile wastewater[J]. Desalination and Water Treatment, 2016, 57(18): 8090-8096.

[76] Li Y F, Su Y L, Zhao X T, et al. Surface fluorination of polyamide nanofiltration membrane for enhanced antifouling property[J]. Journal of Membrane Science, 2014, 455: 15-23.

[77] Kim J, van der Bruggen B. The use of nanoparticles in polymeric and ceramic membrane

structures: Review of manufacturing procedures and performance improvement for water treatment[J]. Environmental Pollution, 2010, 158(7): 2335-2349.

[78] Jiang H, Meng L C R Z, et al. Progress on porous ceramic membrane reactors for heterogeneous catalysis over ultrafine and nano-sized catalysts[J]. Chinese Journal of Chemical Engineering, 2013, 21(2): 205-215.

[79] Dong J H, Xu Z, Yang S W, et al. Zeolite membranes for ion separations from aqueous solutions[J]. Current Opinion in Chemical Engineering, 2015, 8: 15-20.

[80] Padaki M, Murali R S, Abdullah M S, et al. Membrane technology enhancement in oil-water separation. A review[J]. Desalination, 2015, 357: 197-207.

[81] Cath T Y, Childress A E, Elimelech M. Forward osmosis: Principles, applications, and recent developments[J]. Journal of Membrane Science, 2006, 281(1-2): 70-87.

[82] Bolzonella D, Fatone F, di Fabio S, et al. Application of membrane bioreactor technology for wastewater treatment and reuse in the mediterranean region: Focusing on removal efficiency of non-conventional pollutants[J]. Journal of Environmental Management, 2010, 91(12): 2424-2431.

[83] Shenvi S S, Isloor A M, Ismail A F. A review on RO membrane technology: Developments and challenges[J]. Desalination, 2015, 368: 10-26.

[84] Bellona C, Drewes J E, Xu P, et al. Factors affecting the rejection of organic solutes during NF/RO treatment—a literature review[J]. Water Research, 2004, 38(12): 2795-2809.

[85] Lee K P, Arnot T C, Mattia D. A review of reverse osmosis membrane materials for desalination—development to date and future potential[J]. Journal of Membrane Science, 2011, 370(1-2): 1-22.

[86] Chen D, Zhao X, Li F Z. Treatment of low level radioactive wastewater by means of NF process[J]. Nuclear Engineering and Design, 2014, 278: 249-254.

[87] Dang T T H, Li C W, Choo K H. Comparison of low-pressure reverse osmosis filtration and polyelectrolyte-enhanced ultrafiltration for the removal of Co and Sr from nuclear plant wastewater[J]. Separation and Purification Technology, 2016, 157: 209-214.

[88] Khayet M. Treatment of radioactive wastewater solutions by direct contact membrane distillation using surface modified membranes[J]. Desalination, 2013, 321: 60-66.

[89] Liu H Y, Wang J L. Treatment of radioactive wastewater using direct contact membrane distillation[J]. Journal of Hazardous Materials, 2013, 261: 307-315.

[90] Ruiz-Aguirre A, Alarcón-Padilla D C, Zaragoza G. Productivity analysis of two spiral-wound membrane distillation prototypes coupled with solar energy[J]. Desalination and Water Treatment, 2015, 55(10): 2777-2785.

[91] Wang Y G, Xu Z L, Lior N, et al. An experimental study of solar thermal vacuum membrane distillation desalination[J]. Desalination and Water Treatment, 2015, 53(4): 887-897.

[92] Quist-Jensen C A, Macedonio F, Drioli E. Membrane crystallization for salts recovery from brine—an experimental and theoretical analysis[J]. Desalination and Water Treatment, 2016, 57(16): 7593-7603.

[93] Turek M, Mitko K, Piotrowski K, et al. Prospects for high water recovery membrane desalination[J]. Desalination, 2017, 401: 180-189.

[94] Dirksen J A, Ring T A. Fundamentals of crystallization: Kinetic effects on particle size distributions and morphology[J]. Chemical Engineering Science, 1991, 46(10): 2389-2427.

[95] Jiang S F, ter Horst J H. Crystal nucleation rates from probability distributions of induction times[J]. Crystal Growth & Design, 2010, 11(1): 256-261.

[96] Woehl T J, Park C, Evans J E, et al. Direct observation of aggregative nanoparticle growth: Kinetic modeling of the size distribution and growth rate[J]. Nano Letters, 2013, 14(1): 373-378.

[97] Di Profio G, Curcio E, Drioli E. Supersaturation control and heterogeneous nucleation in membrane crystallizers: Facts and perspectives[J]. Industrial & Engineering Chemistry Research, 2010, 49(23): 11878-11889.

[98] Cai J C, Hu X Y, Xiao B Q, et al. Recent developments on fractal-based approaches to nanofluids and nanoparticle aggregation[J]. International Journal of Heat and Mass Transfer, 2017, 105: 623-637.

[99] Shao Y S, Han M G, Wang Y Q, et al. Superhydrophobic polypropylene membrane with fabricated antifouling interface for vacuum membrane distillation treating high concentration sodium/magnesium saline water[J]. Journal of Membrane Science, 2019, 579: 240-252.

[100] Meng S W, Ye Y, Mansouri J, et al. Fouling and crystallisation behaviour of superhydrophobic nano-composite PVDF membranes in direct contact membrane distillation[J]. Journal of Membrane Science, 2014, 463: 102-112.

[101] Jiang X B, Ruan X H, Xiao W, et al. A novel membrane distillation response technology for nucleation detection, metastable zone width measurement and analysis[J]. Chemical Engineering Science, 2015, 134: 671-680.

[102] Diao Y, Helgeson M E, Siam Z A, et al. Nucleation under soft confinement: Role of polymer–solute interactions[J]. Crystal Growth & Design, 2011, 12(1): 508-517.

[103] Curcio E, López-Mejías V, Di Profio G, et al. Regulating nucleation kinetics through molecular interactions at the polymer–solute interface[J]. Crystal Growth & Design, 2014, 14(2): 678-686.

[104] Nguyen A T, Kang J, Kim W S. Noncommon ion effect on phase transformation of guanosine 5-monophosphate disodium in antisolvent crystallization[J]. Industrial & Engineering Chemistry Research, 2015, 54(21): 5784-5792.

[105] Yang Y, Nagy Z K. Combined cooling and antisolvent crystallization in continuous mixed suspension, mixed product removal cascade crystallizers: Steady-state and startup optimization[J]. Industrial & Engineering Chemistry Research, 2015, 54(21): 5673-5682.

[106] Zhou S F, Zheng B B, Shimotsuma Y, et al. Heterogeneous-surface-mediated crystallization control[J]. NPG Asia Materials, 2016, 8(3): e245.

[107] Charcosset C, Kieffer R, Mangin D, et al. Coupling between membrane processes and crystallization operations[J]. Industrial & Engineering Chemistry Research, 2010, 49(12): 5489-5495.

[108] Chen D Y, Singh D, Sirkar K K, et al. Porous hollow fiber membrane-based continuous technique of polymer coating on submicron and nanoparticles via antisolvent crystallization[J]. Industrial & Engineering Chemistry Research, 2015, 54(19): 5237-5245.

[109] Tuo L H, Ruan X H, Xiao W, et al. A novel hollow fiber membrane‐assisted antisolvent crystallization for enhanced mass transfer process control[J]. AIChE Journal, 2019, 65(2): 734-744.

[110] Yu X X, Ulrich J, Wang J K. Crystallization and stability of different protein crystal modifications: A case study of Lysozyme[J]. Crystal Research & Technology, 2015, 50(2): 179-187.

[111] Studart A R. Towards high-performance bioinspired composites[J]. Advanced Materials, 2012, 24(37): 5024-5044.

[112] Bayerlein B, Zaslansky P, Dauphin Y, et al. Self-similar mesostructure evolution of the growing mollusc shell reminiscent of thermodynamically driven grain growth[J]. Nature Materials, 2014, 13(12): 1102-1107.

[113] Wegst U G K, Bai H, Saiz E, et al. Bioinspired structural materials[J]. Nature Materials, 2015, 14(1): 23-36.

[114] Hu Y F, Chen Z H, Fu Y J, et al. The amino-terminal structure of human fragile X mental retardation protein obtained using precipitant-immobilized imprinted polymers[J]. Nature Communications, 2015, 6: 6634.

[115] Vekilov P G. Nucleation of protein condensed phases[J]. Reviews in Chemical Engineering, 2011, 27(1-2): 1-13.

[116] Diao Y, Whaley K E, Helgeson M E, et al. Gel-induced selective crystallization of polymorphs[J]. Journal of the American Chemical Society, 2011, 134(1): 673-684.

[117] Profio G D, Polino M, Nicoletta F P, et al. Tailored hydrogel membranes for efficient protein crystallization[J]. Advanced Functional Materials, 2014, 24(11): 1582-1590.

[118] Di Profio G, Salehi S M, Caliandro R, et al. Bioinspired synthesis of $CaCO_3$ superstructures through a novel hydrogel composite membranes mineralization platform: A comprehensive view[J]. Advanced Materials, 2016, 28(4): 610-616.

[119] Wang L, He G H, Ruan X H, et al. Tailored robust hydrogel composite membranes for continuous protein crystallization with ultrahigh morphology selectivity[J]. ACS Applied Materials & Interfaces, 2018, 10(31): 26653-26661.

[120] Myerson A S, Trout B L. Nucleation from solution[J]. Science, 2013, 341(6148): 855-856.

[121] Giegé R. A historical perspective on protein crystallization from 1840 to the present day[J]. FEBS Journal, 2013, 280(24): 6456-6497.

第七章

基于过程集成的分离过程系统设计与优化

第一节 研究背景及意义

化工分离过程是相互连接的分离单元和物流构成的集成系统。对过程问题的正确理解和解决不应局限于问题特性，而应把过程作为一个整体来确定这些问题产生的根本原因，从而整体考虑过程中能量、质量的供求关系以及过程结构、操作参数的调优处理，达到全过程系统的优化综合[1]。因此，过程集成是分离系统成本效益和可持续设计及运行的关键。过程集成是指将已成熟的单元操作过程集成起来，组成一个最好的流程以满足目标函数的要求[2]。过程集成强调过程的统一性，是过程设计、改造和操作的系统化方法。鉴于过程单元、资源、物流和目标之间的强交互作用，过程集成为分离过程耦合强化可持续设计提供了有效的方法和工具。即从全过程系统能量、质量的供求关系进行分析，将过程系统中的反应、分离、换热等用能过程与公用工程的使用通盘考虑，综合利用能量而使系统用能最优[3-5]；或将具有不同优势范围的精馏、吸收、吸附、膜分离等分离单元，通过耦合集成的方式，进行流程和参数的优化设计，通过协同强化作用，提高产品的回收率，降低过程的能耗和物耗。过程集成的优势和吸引力源于其系统地提供以下能力[6]。

① 对过程的全局把握以及对性能限制的根本原因及基本规律的了解；

② 通过设定目标的方法，可以在详细设计之前，将过程中各个目标的绩效基准化；

③ 有效地生成和筛选解决方案，以实现一流的设计和运营策略。

过程集成的基本步骤如下[7]。

（1）任务识别

综合的第一步是明确目标，即将要实现的目标描述为可操作的任务。

（2）定目标法

目标是指在详细设计之前确定性能基准。定目标法是指通过过程集成方法确定过程系统的能耗目标及物耗（水、氢气、CO_2 等）目标。

（3）生成备选方案（综合）

通过过程综合的方法或策略，根据达到的目标（或定义的任务），产生包含所有有价值的结构和代表性备选流程方案。

（4）筛选备选方案（综合）

当生成了包含适当替代方案的搜索空间后，就需要从可能的备选方案中选取最优解。这一步通常由一些有助于排序和选择最佳方案的性能指标指导。可以使用图形、代数和数学优化技术来选择最佳替代方案。

（5）方案分析

综合的目的是将过程要素结合到一个连贯的整体中，而分析则涉及将整体分解成若干组成要素，然后研究各个组成要素的绩效。这些要素包括数学模型、经验关联式、计算机辅助过程模拟工具、可持续性指标评估、技术经济分析、安全评估和环境影响评估。

在过去的三十多年中，过程集成领域有了长足的发展，其推动了分离过程耦合强化的进步。过程集成问题主要包括质量集成和能量集成。一方面，能量集成从全局出发，统筹安排和分析过程系统中的能源利用情况，并确定能源目标和优化用能网络，实现能源高效利用[8,9]。另一方面，质量集成侧重于过程的物质流，从系统出发，通过各种质量交换操作，综合得到一个质量交换网络，确定质量目标和优化方案，实现清洁生产。

除此以外，过程集成还在大力推进循环经济的发展理念，通过"三低一高"（即低开采、低消耗、低排放和高效利用）和3R（reduction，reduce，reuse）使资源消耗下降，排放的废料、废水得到重复利用。从而将循环经济由末端治理走向清洁生产，并进一步实现废旧物品资源化，从而走向生态文明社会[1]。

一、分离过程的能耗和热力学效率

物质的混合是一个不可逆过程，能够自发地完成。因此，其逆过程——分离必然要消耗一定的能量才能进行。设计分离过程的目标是在满足产品质量和回收率的前提下减少能量的消耗。了解分离所需的最小功，即分离过程的理想功，以及实际能量消耗的大小和哪些因素有关，有助于分析、设计和改进分离过程，降低能量的消耗。

（1）等温分离最小功[10]

热力学原理指出，某一分离任务的最小可能（即可逆）功与采用什么样的过程去完成它无关，仅取决于被分离混合物的组成、温度、压力以及所要求产物的组成、温度和压力，均属状态性质。而用来进行分离的实际过程所需要的功均大于此值。

在等温、等压下将均相混合物分离成纯产物所需的最小功为

$$W_{\min,T} = -RT \sum_{i=1}^{m} x_{iF} \ln(\gamma_{iF} x_{iF}) \qquad (7\text{-}1)$$

式中　$W_{\min,T}$——每摩尔原料消耗的最小功，J/mol 原料；

　　　R——气体常数，8.314J/（mol·℃）；

　　　x_{iF}——原料中组分 i 的摩尔分数；

　　　γ_{iF}——原料中组分 i 的活度系数；

　　　m——原料中的组分数；

　　　T——分离物系所处的温度，K。

对于理想气体混合物或理想溶液，有 $\gamma_i = 1$，则式（7-1）变成

$$W_{\min,T} = -RT \sum_{i=1}^{m} x_{iF} \ln x_{iF} \qquad (7\text{-}2)$$

因此，分离溶液与分离理想气体混合物所需的最小功是相同的。

若溶液为正偏差，$\gamma_i > 1$，所需理论分离最小功比理想溶液的分离最小功小；反之，溶液为负偏差。由于不同组分分子间作用力大于同组分分子间的作用力，更难分离，所以所需最小功比理想溶液的最小功大。但当体系为完全不互溶时，其分离功为零。此外，等温分离功总是大于零的。

若在等温等压下将进料混合物分离成不纯产物时，其所需最小功应由式（7-1）

再减去将这些不纯产物分离成纯产物的最小功。

$$W_{\min,T} = -RT\left[\sum_i x_{iF}\ln(\gamma_{iF}x_{iF}) - \sum_j \varphi_j \sum_i x_{ij}\ln(\gamma_{ij}x_{ij})\right] \qquad (7\text{-}3)$$

式中 φ_j——产物 j 在进料中的摩尔分数；

x_{ij}——产物 j 中组分 i 的摩尔分数；

γ_{ij}——产物 j 中组分 i 的活度系数。

（2）非等温分离最小功

当分离过程的原料与产品温度不同时，称非等温分离，其理论最小功可用原料与产品有效能之差来计算。

有效能 E 定义为

$$E = H - T_0 S \qquad (7\text{-}4)$$

式中 T_0——环境的温度；

S——熵；

H——焓。

原料与产品有效能的差（即产物有效能减去原料有效能）即是最小功，以 $W_{\min,T_0}$ 表示

$$W_{\min,T_0} = \Delta E_{\text{分离}} = \Delta H - T_0 \Delta S \qquad (7\text{-}5)$$

该式表明，非等温过程最小分离功等于物流的有效能增量。同时还表明，计算分离过程的最小功时，可先分别计算出 ΔH 和 ΔS。当分离理想气体混合物时，式 (7-5) 中的 ΔH 和 ΔS 可按下列公式计算

$$\Delta H = \sum_i y_{iF}\int_{T_F}^{T_i} C_{Pi}\mathrm{d}T \qquad (7\text{-}6)$$

$$\Delta S = \sum_i y_{iF}\left(\int_{T_F}^{T_i}\frac{C_{Pi}}{T}\mathrm{d}T - R\ln\frac{P_i}{y_{iF}P_F}\right) \qquad (7\text{-}7)$$

式中 C_{Pi}——组分 i 的比热容；

y_{iF}——原料混合物中组分 i 的摩尔组成；

T_F、P_F——原料混合物的温度和压力；

T_i、P_i——分离后纯组分 i 的温度和压力。

分离最小功是一个分离过程所必须消耗的能量下限，大多数场合，一个实际分离过程的能耗要比这个最低值大许多倍。但是不同场合分离过程的最小功的相对大小仍可作为比较它们分离难易程度的重要指标。

（3）热力学效率和净功消耗

表征能量被利用的程度有两类效率：基于热力学第一定律的热效率和基于热力学第二定律的热力学效率。热效率只反映出过程中能量上被利用的程度，并未反映

出能量转换过程中能量品位上的变化。热力学效率反映了过程中有效能被利用的程度，它是能量在数量上和品位上被利用的综合反映，更准确地反映了过程的完善程度。热力学效率又称为有效能效率[11]。

把分离过程中系统有效能的改变与过程所消耗的净功之比定义为分离过程的热力学效率，即

$$\eta = \frac{\Delta E_{\text{分离}}}{W_{\text{净}}} = \frac{W_{\min, T_0}}{W_{\text{净}}} \tag{7-8}$$

精馏分离过程采用能量作为分离剂，驱动精馏分离过程的能量通常以热的形式供给。精馏塔从作为热源的再沸器在高温 T_H 下吸热 Q_H，同时精馏塔向作为热阱的冷凝器在低温 T_L 下放热 Q_L，如图 7-1 所示。该精馏过程所消耗的净功为

$$W_{\text{净}} = Q_H(1 - \frac{T_0}{T_H}) - Q_L(1 - \frac{T_0}{T_L}) \tag{7-9}$$

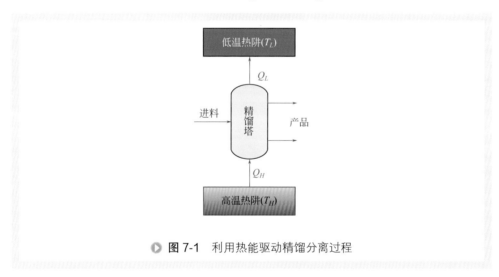

● **图 7-1** 利用热能驱动精馏分离过程

应当指出，净功耗是在可逆分离过程中的极限功耗，实际分离过程功耗都大于它，且净功耗只是代表输入热量的分离过程的功耗，若分离过程还消耗机械功，必须直接加到式 (7-9) 中。

若分离过程不消耗机械功，且产物与原料之间热焓差与输入热量相比可忽略，即 $Q_H \approx Q_L = Q$，则式 (7-9) 可改为

$$W_{\text{净}} = QT_0(\frac{1}{T_L} - \frac{1}{T_H}) \tag{7-10}$$

因 $T_H > T_L$，所以 $W_{\text{净}}$ 总是正值。

不同类型的分离过程，其热力学效率各不相同。一般来说，只靠外加能量的分离过程（如精馏、结晶、部分冷凝），热力学效率可以高些，同时加入能量分离剂

和质量分离剂的分离过程（如共沸精馏、萃取精馏、萃取和吸附）热力学效率较低，而速率控制的分离过程（膜分离）则更低。

二、分离过程的节能措施

要降低分离过程的能耗，提高其热力学效率，就应采取措施减小过程的有效能损失。有效能损失是由过程的不可逆性引起的，分离过程中热力学不可逆性因素主要有以下几个方面[10,12-15]：

① 过程中存在压力梯度的动量传递；

② 过程中存在温差传热；

③ 存在浓度梯度下的传质；

④ 有不可逆化学反应。

要使上述过程（流体流动、传热、传质、反应）有较大的速率，就得有一定的推动力，而推动力越大，则不可逆性越大。反之，要提高分离过程的热力学效率就必须减少这些不可逆因素。

三、膜分离过程的能耗和热力学效率

1.膜分离过程的能耗

在速率控制的气体膜分离过程中，渗透传质推动力可以看作是分离消耗的指标，而目标物质的富集程度则可以看作是分离效果的指标。如果将渗透传质推动力和目标物质的富集程度都转化成能量差的形式，那么气体膜分离过程是一个典型的物理有效能（压力）向化学有效能（浓度）转变的过程[16]。在这种前提下，不同气体膜分离过程的效果比较就能转变成纯粹的用能合理程度的对比。

基于非平衡热力学理论，气体膜分离过程中渗透传质的推动力可以用吉布斯自由能损失（Gibbs' free energy loss）进行描述[17]。由于自由能描述的是物料通过可逆循环热机达到参照状态能够输出的最大机械功，所以这个自由能损失代表着气体渗透过程消耗的机械功。忽略气体膜分离过程中热传导产生的熵，气体渗透过程导致的自由能损失量可以表示为化学势描述的传质推动力和渗透通量的乘积。于是，在一个面积为 dA 的膜微元中，1mol 气体渗透通过膜（传质过程第一步，S-1）造成的吉布斯自由能损失的量可以通过式（7-11）计算。

$$\Delta\mu_{S\text{-}1} = \frac{\Delta\mu_{MP}N_{MP}dA + \Delta\mu_{LP}N_{LP}dA}{(N_{MP} + N_{LP})dA} \qquad (7\text{-}11)$$

式中　$\Delta\mu_{MP}$，$\Delta\mu_{LP}$——快组分和慢组分跨膜渗透传质的化学势损失；

　　　N_{MP}，N_{LP}——快组分和慢组分的渗透通量。

根据工业化气体膜分离过程的操作压力和温度，大多数分离体系中的气体都可以看成是理想气体。根据文献 [17-19]，混合体系中各种气体的化学势可以通过式（7-12）进行计算。

$$\mu_i(g) = \mu_i^o(g,T) + RT \ln \frac{p_i}{P^o} \qquad (7\text{-}12)$$

式中　$\mu_i(g)$——任意气体组分 i 的化学势；

　　　$\mu_i^o(g,T)$——标准状况下这种气体的化学势（绝对压力，$P^o = 101.325\ \text{kPa}$）；

　　　p_i——这种气体的分压；

　　　T——分离体系的开尔文温度；

　　　R——气体常数。

将式（7-11）中 $\Delta\mu_{MP}$ 和 $\Delta\mu_{LP}$ 分别用式（7-12）描述的快组分和慢组分的化学势代替，气体膜分离传质过程第一步（S-1）导致的吉布斯自由能损失 $\Delta\mu_{S\text{-}1}$ 可以通过式（7-13）进行具体计算。

$$\frac{\Delta\mu_{S\text{-}1}}{RT} = y_L \ln \frac{p_P y_L}{p_F x} + (1 - y_L) \ln \frac{p_P(1 - y_L)}{p_F(1 - x)} \qquad (7\text{-}13)$$

对于整个膜系统来说，膜分离过程传质第一步消耗的机械功（LW_1）可以通过对吉布斯自由能损失 $\Delta\mu_{S\text{-}1}$ 进行积分求得，其计算公式为

$$LW_1 \approx -\int \Delta\mu_{S\text{-}1} dQ_P \qquad (7\text{-}14)$$

在局部渗透气与渗透气主体的汇合过程（S-2）中，两股物料的组成差异同样会导致吉布斯自由能的损失。

$$\frac{\Delta\mu_{S\text{-}2}}{RT} = y_L \ln \frac{y}{y_L} + (1 - y_L) \ln \frac{(1 - y)}{(1 - y_L)} \qquad (7\text{-}15)$$

通常，渗透气主体的流量远远大于局部渗透气，可以忽略渗透气主体经过一个膜微元后组成发生的变化。于是，在一个面积为 dA 的膜微元中，1mol 局部渗透气与渗透气主体混合导致的吉布斯自由能损失可以通过式（7-15）计算。

对应地，整个气体膜分离系统中传质过程的第二步损失的机械功（LW_2）可以通过对 $\Delta\mu_{S\text{-}2}$ 进行积分求得，其计算公式为

$$LW_2 \approx -\int \Delta\mu_{S\text{-}2} dQ_P \qquad (7\text{-}16)$$

根据气体膜分离过程的传质特征可知，LW_1 和 LW_2 是分离功损失最主要的两个组成部分。因而总损失功可以近似表示为二者之和。

$$W_{损} \approx LW_1 + LW_2 \qquad (7\text{-}17)$$

除了驱动气体渗透和渗透气混合造成的损失，还有相当一部分机械功转变为物料浓度变化的化学有效能。对于一个分离任务，不管实际生产中采用什么过程，都

可以设计出一个理想的可逆分离途径，系统进出物料的温度和压力完全相同；这个分离途径消耗的机械功或者吉布斯自由能，就是实现这一分离任务的最小分离功（minimum separation work，$W_{\text{min}, T}$）。根据文献报道[20]，最小分离功可以通过原料和产出物料的流量和组成进行计算，如式（7-18）所示。

$$\frac{W_{\text{min},T}}{RT} = Q_{P_0}\left[x_{P_0} \ln \frac{x_{P_0}}{x_{F_0}} + \left(1 - x_{P_0}\right) \ln \frac{1 - x_{P_0}}{1 - x_{F_0}} \right]$$
$$+ Q_{R_0}\left[x_{R_0} \ln \frac{x_{R_0}}{x_{F_0}} + \left(1 - x_{R_0}\right) \ln \frac{1 - x_{R_0}}{1 - x_{F_0}} \right] \qquad （7\text{-}18）$$

式中　下标 F_0——膜分离系统原料的代号；

下标 R_0，P_0——膜分离系统渗余气，渗透气这两股产品的代号。

总的来说，气体膜分离过程中参与到分离进程的等效机械功，等于总损失功和最小分离功之和，如式（7-19）所示。

$$W_{\text{总}} \approx W_{\text{min},T} + W_{\text{损}} \qquad （7\text{-}19）$$

根据上述热力学分析，气体膜分离系统吉布斯自由能的变化过程见图 7-2。值得注意的是，式（7-19）中参与分离进程的等效机械功（$W_{\text{总}}$），并不等于图中原料气压缩过程输入的机械功。二者之间的差值等于带压渗余气从膜分离系统带出的机械功，而这一部分机械功并没有参与膜分离系统的渗透传质过程。

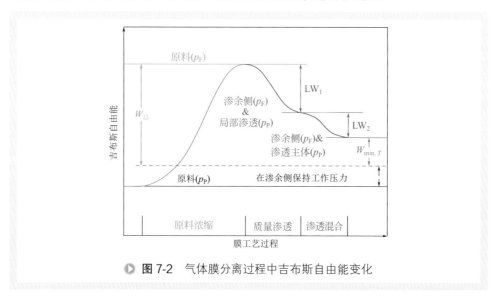

◉ **图 7-2　气体膜分离过程中吉布斯自由能变化**

2.膜分离过程的热力学效率

基于对气体膜分离过程的热力学分析，可以定义整个气体膜分离过程的热力学效率，以及膜组件内传质过程各个步骤的效率。

对于整个膜分离过程，其自由能效率可以定义为

$$\eta_\text{总} = \frac{W_{\min,T}}{W_\text{总}} \qquad (7\text{-}20)$$

对于膜组件内部传质过程的第一步，即各气体组分按照一定比例跨过选择皮层进入渗透侧的多孔支撑层内，其自由能效率可以定义为

$$\eta_\text{S-1} = \frac{W_\text{总} - \text{LW}_1}{W_\text{总}} \qquad (7\text{-}21)$$

对于膜内传质过程的第二步，即多孔支撑层内的局部渗透气与渗透气主体混合的过程，其自由能效率可以定义为

$$\eta_\text{S-2} = \frac{W_{\min,T}}{W_\text{总} - \text{LW}_1} \qquad (7\text{-}22)$$

除此之外，上述三个热力学效率之间存在如下关系

$$\eta_\text{总} = \eta_\text{S-1}\eta_\text{S-2} \qquad (7\text{-}23)$$

四、热力学分析指导多级膜分离过程结构的优化

根据文献中不同多级膜分离系统的效果可知，分离过程的结构差异导致分离效率显著变化。结构差异背后的规律是指导过程结构设计与优化的重要依据[21]。下面以典型多级膜分离过程——连续膜分离塔（简称"膜塔"CMC）和逆流循环膜分离级联结构（简称"膜级联"RMC）为例，通过热力学分析找出这些隐藏的规律。

阮雪华[22]根据通过 RMC 和 CMC 捕集烟道气中 CO_2 的分离实例指出，与 CMC 流程相比，RMC 流程的热力学效率和加工能力都有显著提高。然而，RMC 流程的热力学效率仍有很大的提高空间，以聚酰亚胺膜分离捕集燃煤烟道气中 CO_2 为例，有 85% 的自由能被浪费掉。因此，对 RMC 的流程结构进行改良优化，进一步提高过程的热力学效率，是一件非常重要且意义非凡的工作。

早在 20 世纪末，对 RMC 系统进行结构改进以减少分离能耗的研究工作就已取得重要进展，尤其是 1996 年，Agrawal 和 Xu[23] 建立了 RMC 结构的系统改进方法。这种方法的要点是：将 RMC 中的所有分离级利用子结构进行重建。最常用的子结构是将分离级中的气体分离膜组件排布成两段串联，各段的渗透气分别循环。对捕集燃煤烟道气中 CO_2 的 4 级 RMC 系统采用 Agrawal-Xu 系统方法进行流程结构重建，如图 7-3 所示。这种改进方式缺少对分离级进行结构重建的必要性分析，因此，不可避免地会引入一些非必要的循环回路，增加了设备投资和流程复杂性，但对提高效率的贡献却很小。

基于热力学分析模型，分析过程中造成有效能损失的关键环节，为膜分离系统的流程结构改进提供了一种理论指导工具[22,23]。在前面的研究中已经指出，流程结

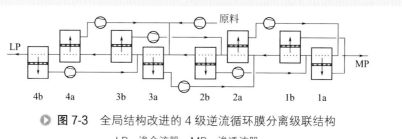

图 7-3 全局结构改进的 4 级逆流循环膜分离级联结构

LP—渗余流股；MP—渗透流股

构改进优化的主要作用是减少膜分离传质过程第二步的自由能损失，从而提高了分离过程的热力学效率。因此，传质第二步的热力学效率 $\eta_{S\text{-}2}$ 可以作为依据来判断对一个膜分离级进行结构优化改良的必要性。对于捕集烟道气中 CO_2 的 4 级 RMC 流程，$\eta_{S\text{-}2}$ 已经非常高，可以达到 94.86%，这与 Agrawal 和 Xu 在文献中猜测的结果存在较大的差异[23,24]。在这种情况下，通过流程结构改良提高分离效率的做法更加需要考虑其必要性，尽可能做到分离效率和设备投资（以及过程复杂性）的平衡。

膜分离传质过程第二步造成的自由能损失 $\Delta\mu_{S\text{-}2}$ 在各个分离级中的情况不一样。很显然，$\Delta\mu_{S\text{-}2}$ 越大的分离级，越适合对其进行结构改进，这样增加一个循环回路对效率的提高更明显。通过使用 4 级 RMC 的模拟结果对 $\Delta\mu_{S\text{-}2}\mathrm{d}Q_P$ 进行数值积分，可以得到各个分离级中因膜分离传质过程第二步造成的机械功损失。这些机械功损失在各分离级中的分布见图 7-4。由图可知，第 3 分离级的分离功损失最严重，占到整体的 53.8%，其次是第 2 分离级，占到整体的 26.4%。

在分析了分离功损失的分布之后，提出了一种只对分离功损失严重的分离级进行重建的局部结构改进 4 级 RMC 系统，见图 7-5。在这种局部改进流程中，只对分

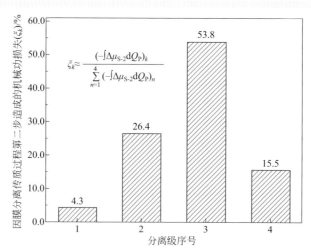

$$\xi_{\tilde{k}} = \frac{(-\int\Delta\mu_{S\text{-}2}\mathrm{d}Q_P)_k}{\sum_{n=1}^{4}(-\int\Delta\mu_{S\text{-}2}\mathrm{d}Q_P)_n}$$

图 7-4 4 级 RMC 系统中膜分离传质第二步造成的分离功损失的分布

离功损失最严重的第 2 分离级和第 3 分离级进行子结构改造，而第 1 分离级和第 4 分离级则保持原状。第 3b 分离级的渗透气循环至第 2b 分离级，第 3a 分离级的渗透气则循环至第 2a 分离级；第 2b 分离级的渗透气循环至第 1 分离级，而第 2a 分离级的渗透气和第 1 分离级的渗透气输出作为 CO_2 富集的产品。

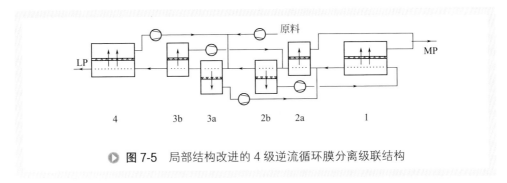

● **图 7-5** 局部结构改进的 4 级逆流循环膜分离级联结构

在 4 级 RMC 的局部结构改进系统中，第 2 和第 3 分离级低压侧的局部渗透气被进一步细分，混合在一起的局部渗透气的组成差异（CO_2 浓度）更小，其结果是膜分离传质过程第二步损失的分离功减少到 0.26 kW，分离功损失在局部改进系统各个分离级中的分布见图 7-6。由于第 2 和第 3 级的结构改进减少了这两个分离级的损失，导致整个膜分离系统的传质过程第二步造成的分离功损失减少。因此，尽管第 1 和第 4 分离级中分离功损失的量维持不变，但二者所占比例均有所上升。

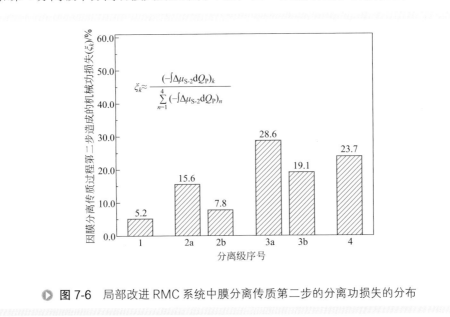

● **图 7-6** 局部改进 RMC 系统中膜分离传质第二步的分离功损失的分布

对原始的 4 级 RMC 系统及其两个改进系统进行详细数据比较，见表 7-1，用于确认基于热力学分析模型进行膜分离流程结构优化设计的效果。基于文献报道进行全局结构改进的 RMC 系统，压缩机的轴功率为 238 kW，需要的膜面积为 4350 m²；基于本章的分离功损失分析进行局部结构改进的 RMC 系统，压缩机的轴功率为 242 kW，需要的膜面积为 4420 m²。原始 RMC、全局结构改进 RMC 和局部结构改进 RMC 这三种膜分离系统的全局热力学效率 $\eta_{总}$ 分别为 14.17%、15.23% 和 15.00%。显然，与原始 RMC 系统相比，两种改进系统的分离效率都有所提高。全局改进系统和局部改进系统在压缩机轴功率和膜面积使用量，以及全局热力学效率等方面都比较接近。

表7-1 4级RMC系统及其全局结构改进、局部结构改进系统的对比

系统代号	原始型	全局改进	局部改进
压缩机台数	4	7	5
循环回路数	3	6	4
压缩机轴功率 /kW	256	238	242
膜组件面积 /m²	4670	4350	4420
$W_{\min,T}$ /kW	11.62	11.62	11.62
LW_1 /kW	69.73	64.51	65.57
LW_2 /kW	0.63	0.18	0.26
$\eta_{S\text{-}1}$ /%	14.94	15.46	15.34
$\eta_{S\text{-}2}$ /%	94.86	98.47	97.81
$\eta_{总}$ /%	14.17	15.23	15.00

随着分离过程效率的提高，分离系统需要的膜组件面积和压缩机轴功率都有所减少（表 7-1），这两方面将一定程度上减少关键设备的投资。然而，随着过程复杂性和压缩机台数的增加，分离系统需要的其他设备（管道、阀门、仪表及控制）投资和安装费用等将有所增加。为此，有必要对膜分离装置的总建设投资进行一个估算，以判断过程改进增加的费用能否抵得上节能的效益。

压缩机的设备投资与轴功率之间存在如下关系式：$E_C = 1080 \times W_C^{0.95}$ ($) ($W_C$ 单位按千瓦计）。膜的投资则与膜面积用量成正比，按单价 150 $/m² 进行计算。同等规模下循环回路的投资（包括管道、阀门、仪表及控制）约为 1.2×10^4 $。基于以上依据进行膜分离系统总建设投资的估算，原始 4 级 RMC 系统约为 9.61×10^5 $，全局改进系统约为 9.40×10^5 $，而局部改进系统则为 9.27×10^5 $。尽管结构改进后的 RMC 系统的流程更复杂，需要的设备台数也更多，但由于分离效率的提高减小了设备规模，总建设投资反而有所减少。

综合考虑建设投资和分离能效，基于分离功损失分析进行局部结构改进的 RMC 系统，优于原始 RMC 系统和全局结构改进的 RMC 系统。与原始系统相比，局部改进系统的能效 $\eta_{总}$ 提高了 5.9%，与此同时，压缩机的总轴功率减少了 5.5%，

膜组件面积的用量减少了 5.4%，最终建设投资预计可以减少 3.5%。总的来说，基于非平衡热力学的自由能效率分析是指导多级膜分离过程设计的重要理论工具，尤其是对现有流程进行分离功损失分析，找出其中损失最为严重的膜分离级进行改进，能够尽可能在流程结构优化时保证节能和设备投资之间的平衡。

五、耦合分离序列优化设计

1.基于三角相图的耦合分离序列优化设计[16]

（1）含烃石化尾气综合回收复杂设计问题的简化

含烃石化尾气的资源最大化利用，需要能够对多股原料中的多个目标物质进行梯级化浓缩和提纯的低耗高效分离过程。针对复杂过程设计的关键环节（原料、产品、分离技术和路线）进行必要而正确的简化，是降低设计难度、减少设计工作量，进而在较短的时间内获得近似最优分离序列和工艺流程的有效途径[25]。具体简化步骤如下。

① 基于产品归属和分离性质的差异程度归类合并。尽管含烃石化尾气中有近

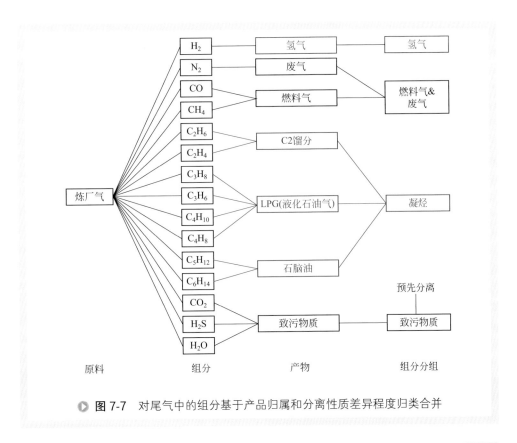

▶ 图 7-7 对尾气中的组分基于产品归属和分离性质差异程度归类合并

20种组分，但在资源化过程中，并不是每一种物质都需要将其分离成纯物质。利用含烃石化尾气中各物质在产品中的归属，可以对复杂多元体系的组分数进行合并简化，见图7-7。

a. 甲烷和CO合并为燃料气。这两种物质作为燃料使用，不需要单独分离。

b. 乙烷和乙烯合并为碳二馏分。尽管乙烷和乙烯可以单独作为产品，但二者的分离需要专门的深冷精馏，因此大多数时候都是以混合物的方式送往乙烯装置，当乙烯含量较高时去乙烯精馏单元，当乙烯含量比较低时，去裂解单元。

c. 丙烷、丙烯、丁烷、丁烯合并为液化石油气。由于烯烃/烷烃的分离需要采用高能耗的精馏，因此这四种物质常不分离，而作为液化石油气。如果液化石油气中的烯烃含量较高，可以考虑送往烯烃装置的精馏单元。

d. 戊烷等 C_{5+} 烃类合并为石脑油。戊烷以及其他分子量较大的烃类，无论是作为裂解原料，还是作为汽油调和成分，都可以作为一个整体，不需要进一步分离。

e. 水、CO_2 和 H_2S 等杂质合并为致污物质。为了避免这些杂质对分离装置和产品的影响，往往需要在预处理中将其脱除至一定的指标。因此，在构建分离序列的过程中可以将这些杂质看作一个整体。

根据含烃石化尾气中各种物质的分离性质差异，将含有十余种组分的复杂尾气简化为氢气（H_2）、可凝性轻烃（CHC）、燃料气（FG）和污染物构成的四元体系。由于致污物质在预处理中就被脱除，在分离序列构建过程中含烃石化尾气可以简单地看成是三元体系。根据分离序列计算公式进行统计，分离序列的可能种数 N_S 将减少为 $2 \times 49 \times 225$。总的来看，对含烃石化尾气复杂体系基于产品归属和分离性质进行组分归类合并后，大大减少了分离序列的可能种数，有利于降低设计难度、减少设计工作量。

组成非常复杂的含烃石化尾气被简化成三元体系后，对多股原料中的多个目标物质进行梯级化浓缩和提纯的分离过程设计任务就可以用图示法来表示，具体见图7-8。在三角坐标体系中，三个顶点分别表示高附加值的轻烃、氢气和低附加值的燃料气（FG）。根据这三大类物质的含量，就可以将各种含烃石化尾气标注在三角坐标体系中。

将中石油、中石化下属分公司及地方炼油厂等十多家石油化工企业提供的90多股含烃石化尾气统一按照组成标注于图7-8中的三角坐标体系中，这些尾气全面地分散在整个视图中。很显然，尽管组分的归类合并使许多细节的变化被忽略掉，但最显著的组成变化和各股尾气的差异在三角坐标体系中仍得以保留，含烃石化尾气综合回收的分离过程设计任务的关键环节也得到体现。

② 气体分离技术优势分离区域的划分。通过前面所述的组分归类合并，已经大大减少了可能构建的分离序列的种类数。然而，分离方法的种类数对分离序列的变化也有非常大的影响。根据分离序列统计，即使在含烃石化尾气被简化成三元体系后，由于有7种气体分离技术可供选择，这些分离技术的组合方案就多达49种。

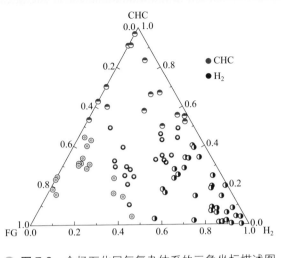

▶ **图 7-8** 含烃石化尾气复杂体系的三角坐标描述图

    针对多种气体分离技术可供选择这一现状，需要建立一种优选方法：一方面，尽可能地选用目标物质回收程度和分离效率都比较高的技术；另一方面，保证进料状况（进料的组成）与分离技术高效运行的条件符合。为此，对浅冷分离系统（SCS）、深冷分离系统（CSS）、汽油吸收稳定系统（GAS）、变压吸附装置（PSA）、玻璃态聚合物气体分离膜（GPM）和橡胶态聚合物气体分离膜（RPM）六种分离技术进行过程模拟，比较不同工况下的目标物质回收情况和能耗情况，进而在三角坐标体系中确定这些技术的优势分离区域。

    通过对轻烃回收的浅冷分离系统（SCS）、汽油吸收稳定系统（GAS）和橡胶态聚合物气体分离膜（RPM）三种回收技术进行模拟分析，比较处理各种含烃石化尾气时的分离效果差异，得到三种方法在三角形相图中的优势分离区域如图7-9所示。由于 SCS 和 GAS 系统的轻烃回收情况非常相似，两者的功能非常接近，只不过 GAS 的能耗略高于 SCS，在图7-9中表现为 GAS 的优势分离区域完全被 SCS 覆盖。因此，在设计综合回收含烃石化尾气的分离过程时，可以只考虑 SCS 和 RPM 这两种轻烃分离回收技术。

    通过对氢气回收的变压吸附装置（PSA）、深冷分离系统（CSS）和玻璃态聚合物气体分离膜（GPM）三种回收技术进行模拟分析，比较处理各种含烃石化尾气时的分离效果差异，得到三种方法在三角形相图中的优势分离区域如图7-10所示。三种氢气回收装置的氢回收单耗均随着原料氢浓度的降低而增高，但原因并不完全一样。通常 CSS 系统需要冷凝更多的甲烷，导致制冷过程的压缩功增加；PSA 解吸气流量增多，相应的压缩功增加；GPM 的渗透气减少，相应的压缩功减少。基于以上原因，原料氢浓度对 GPM 的能耗影响较小，而 PSA 和 CSS 的能耗随着原料氢浓度的降低而急剧增加。

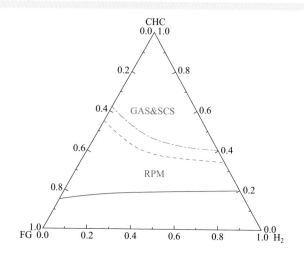

图 7-9 三种回收轻烃的气体分离技术的优势分离区域

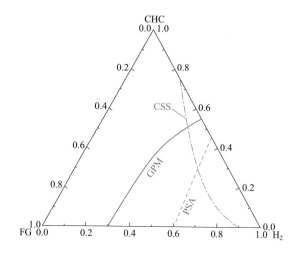

图 7-10 三种提纯氢气的气体分离技术的优势分离区域

对于 H_2/CHC 混合体系来说，CSS 是一种合适的氢气提纯手段。然而，大多数含烃石化尾气的甲烷含量都比较高，CSS 的分离能耗仍然较高；PSA 依然适合处理氢气浓度大于 60%（摩尔分数）的原料；GPM 的原料情况有所变化，适合于处理氢浓度在 45%～60%（摩尔分数）之间的原料。

根据 CSS、PSA 和 GPM 三种氢气提纯技术处理各种含烃石化尾气时的分离效果差异，在图 7-10 中划分出了它们的优势分离区域。CSS 系统的大部分优势分离区域都可以用 PSA 和 GPM 系统代替，因此，在设计综合回收含烃石化尾气的分离过程时，可以只考虑 PSA 和 GPM 这两种氢气提纯技术。值得注意的是，PSA 处理含烃石化尾气时，原料氢气浓度的下限并不是固定不变的：随着吸附剂选择性的提高，或者吸附塔的数量增加（增加均压次数，减少尾气氢含量），对较低氢浓度的原料也具有较高的回收率。GPM 处理含烃石化尾气的下限也不是固定的：高选择性的膜组件能够提高氢气浓缩程度，因而能在更高切割比条件下操作，能够提高氢气回收率和使用范围。

在图 7-9 和图 7-10 的基础上，将两种轻烃回收技术 SCS 和 RPM、两种氢气提纯技术 PSA 和 GPM 的优势分离区域进行整合和微调，得到图 7-11。基于综合四种气体分离技术的优势区域划分图，就可以进行含烃石化尾气梯级耦合分离流程的设计工作。

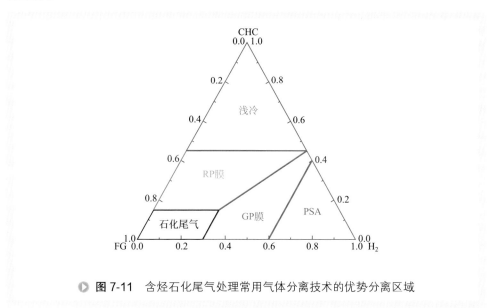

● **图 7-11** 含烃石化尾气处理常用气体分离技术的优势分离区域

③ 气体分离技术的矢量描述。分离（技术）单元是构成含烃石化尾气综合回收过程的基本元件。然而，基于不同运行原理的分离单元在过程设计中往往有独特的数学表达形式。以三角坐标体系为基础的图解过程设计方法，需要一种可比较的统一方式来描述这些分离单元。

众所周知，大多数分离单元，不管其运行原理和流程结构有多复杂，可以看作是一个将一股进料按照一定比例分割成两股组成不同的输出物料的黑匣子（black box）；围绕这个黑匣子，进料和出料保持物料守恒，包括总物料守恒和各组分的守恒。基于这种理解，处理含烃石化尾气的分离单元可以用一对矢量在三角坐标体系中描述，如图 7-12 所示 PSA 单元和 SCS 单元。

绘制两个矢量来描述一个分离单元，需要知道两股输出物料的组成。其中，实线矢量 FP 代表"进料→产品"的路径；虚线矢量 FR 代表"进料→剩余"的路径；

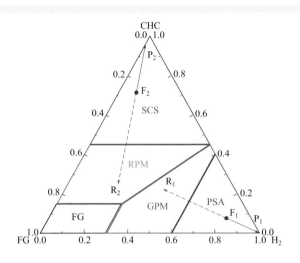

图 7-12 气体分离单元在三角坐标系中的矢量描述

两个矢量的长度之比与所对应的输出物料的摩尔流量之比成倒数关系。一般情况下，输出物料的具体情况要根据过程模拟结果才能确定。然而，在规划含烃石化尾气综合回收的分离序列时，可以根据各种分离技术的分离特征性质以及工业应用中的经验/结果进行近似估计。在确定好回收方案后，再进行精确的模拟，从而保证设计的准确性。

④ 多来源含烃石化尾气的分类与合并。通过前面组分归类合并和分离技术优势分离区域的划分，已经大大减少了可能构建的分离序列的种类数。然而，待处理

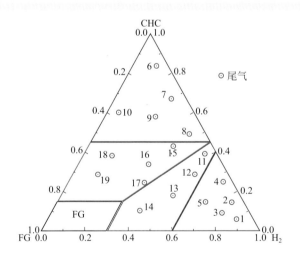

图 7-13 多来源含烃石化尾气的分类与合并

的含烃石化尾气的流股数对分离序列的变化仍有很大的影响。对于大型炼化一体化的石化企业，可供综合回收利用的尾气超过 10 股，即使在含烃石化尾气被简化成三元体系后，原料进入综合分离系统的进料组合方案仍超过 100 种。因此，有必要对含烃石化尾气按照一定的规律分类合并，在避免严重的"浓差"混合损失的同时，尽可能减少原料流股数。

合并原则：在同一个优势分离区域中的尾气合并为一股物流。以某石化企业的 19 股含烃石化尾气为例，进行多来源原料气的分类合并，见图 7-13。显然，根据含烃石化尾气所在的优势区域可以分为四类：原料气 1～5 合并作为 PSA 单元的进料，6～10 合并作为 SCS 单元的进料；11～14 合并作为 GPM 单元的进料，而 15～19 合并作为 RPM 单元的进料。

（2）含烃石化尾气梯级耦合分离序列的设计

在上一小节对复杂设计问题进行简化后，原料的多流股及组成变化、分离技术的优势区域以及分离单元操作的路径都已经可以在三角坐标体系中表达出来。在此基础上，可以开展含烃石化尾气梯级耦合分离序列的设计和规划。本节将分别以单一进料和多股进料的实际案例来阐明多技术梯级耦合分离序列的三角坐标 - 矢量分析设计。

① 单一进料梯级耦合分离序列的设计。单一进料的分离序列设计任务，不仅指一股含烃石化尾气为原料的分离任务，也可以是多股组成相似（比如，处于同一分离技术的优势分离区域内）的含烃石化尾气为原料的分离任务。在这里，将以芳烃歧化与烷基转移反应的尾气为原料来阐述单一进料梯级耦合分离序列的图解设计程序，见图 7-14。

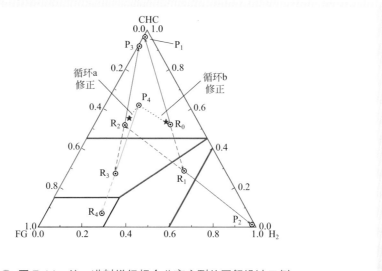

▶ **图 7-14** 单一进料梯级耦合分离序列的图解设计示例

第1步：根据氢气/轻烃含量确定芳烃歧化尾气在三角坐标体系中的位置（R_0）。

第2步：根据 R_0 所在的优势分离区域，确定轻烃为第一分离目标，并选择 SCS（浅冷）对芳烃歧化尾气进行分离；根据 SCS 的工业数据近似预测分离效果，绘制描述分离单元的矢量对（$R_0 \to P_1 / R_0 \to R_1$），确定一次分离尾气（$R_1$）的位置。

第3步：根据 R_1 所在的优势分离区域，确定氢气为第二分离目标，并选择 GPM 系统（氢气膜分离）对 R_1 进行分离；根据 GPM 系统的运行数据近似预测分离表现，绘制描述分离单元的矢量对（$R_1 \to P_2 / R_1 \to R_2$），确定二次分离尾气（$R_2$）的位置。

第4步：重复第3步的做法，直至多次分离后的尾气（R_4）进入燃料气区域。

将图 7-14 中的设计结果转化为示意流程框图，见图 7-15。

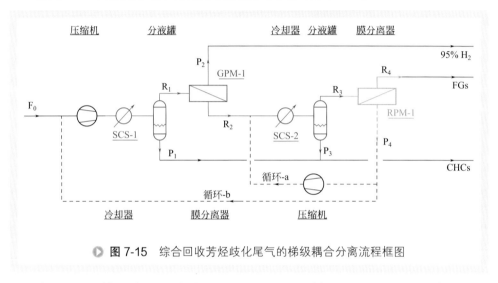

▶ **图 7-15** 综合回收芳烃歧化尾气的梯级耦合分离流程框图

② 多股进料梯级耦合分离序列的设计。多股进料的分离序列设计任务，主要针对大型炼化一体化企业的含烃石化尾气，不仅来源多样，而且组成差异非常大，不能简单地合并成为一股进料。本节将以某大型炼化企业的 19 股含烃石化尾气为原料，阐述多股进料梯级耦合分离序列的设计程序。

第1步：根据组成确定 19 股含烃石化尾气在三角坐标体系中的位置，见图 7-13。

第2步：按照分离技术的优势区域将待处理的 19 股尾气分类成 4 组，并按照"杠杆"原理合并，分别作为对应气体分离单元的进料（F_1；F_2；F_3；F_4），见图 7-16。

第3步：对 4 股进料按照第一分离目标物质的含量（氢气或者轻烃）确定优先处理的进料：$F_1 \gg F_2 \gg F_3 \gg F_4$。

第4步：根据 F_1 所在的优势区域，采用 PSA 装置分离氢气，并根据工业数据近似预测分离效果，绘制矢量对（$F_1 \to P_1 / F_1 \to R_1$），确定解吸气（$R_1$）的位置。

第 5 步：根据 F_2 所在的优势区域，采用 SCS 系统回收轻烃，并按照近似预测的分离表现绘制矢量对（$F_2 \rightarrow P_2 / F_2 \rightarrow R_2$），确定冷凝尾气（$R_2$）的位置。

第 6 步：进料 F_3 和一次尾气 R_1、R_2 处于同一个优势分离区域，按照"杠杆"原理合并，采用 GPM 膜分离系统提纯氢气，然后绘制矢量对（$F'_3 \rightarrow P_3 / F'_3 \rightarrow R_3$）确定 GPM 渗余气（$R_3$）的位置。

第 7 步：进料 F_4 和一次尾气 R_3 处于同一个优势区域，合并后采用 RPM 膜分离系统浓缩轻烃，然后绘制矢量对（$F'_4 \rightarrow P_4 / F'_4 \rightarrow R_4$）确定 RPM 渗余气（$R_4$）的位置。

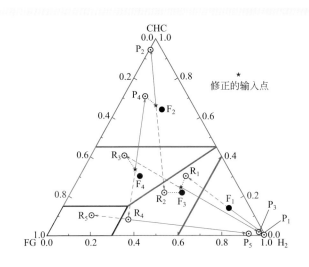

▶ 图 7-16　多股进料梯级耦合分离序列的图解设计示例

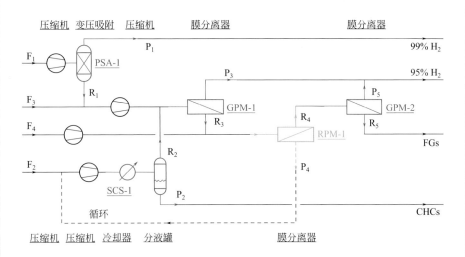

▶ 图 7-17　综合回收多股含烃石化尾气的梯级耦合分离流程框图

第 8 步：RPM 的渗余气 R_4 位于 GPM 的优势分离区域，采用 GPM 进一步回收氢气，并绘制矢量对（$R_4 \rightarrow P_5 / R_4 \rightarrow R_5$）确定 GPM 渗余气（$R_5$）的位置。由于 R_5 已经位于燃料气区域，不再对其进行分离加工。

将图 7-16 中的设计结果转化为示意流程框图，见图 7-17。

2. 基于数学规划法的分离序列优化设计

分离序列综合的目的，是从可能的分离序列中找出满足一定性能指标和约束条件的最优序列。然而，实际分离问题的可能分离序列往往很大，要从中选出最优序列是十分困难的。因此，针对分离序列综合问题的组合爆炸特征，已经提出了种种方法，以尽量缩小问题搜索空间，迅速找到最优或者近优的分离序列，提高综合过程的效率。

分离序列的综合方法大体上可以分为三大类，即：直观推断法、渐进调优法和数学规划法。其中，数学规划法适用于无初始方案下的分离序列综合。直观推断法得到的分离序列有时是局部最优解或近优解。因此，其中大多数方法必须与渐进调优法结合，派生出一些组合方法。渐进调优法只适用于有初始方案下的综合问题。初始方案的产生可依赖于直观推断法或现有生产流程。基于分离序列综合的数学规划法的相关内容，请参阅文献 [10]。

第三节　基于过程集成的分离耦合工艺应用实例

基于能量集成原理，进行分离系统和过程工艺系统之间的能量集成，以节省公用工程用量，提高能量利用效率，可实现过程系统的优化设计。采用三角相图或数学规划等方法的耦合分离序列优化设计方法，针对特定分离体系的组分、浓度和压力特性，构建耦合多种技术的分离序列，可实现基于过程集成的高效耦合分离系统流程设计。

一、精馏和过程系统集成

精馏塔的热量衡算式为 $Q_R + Q_F = Q_D + Q_C + Q_W$，式中，$Q_R$ 为再沸器的加热量；Q_F 为料液带进的热量；Q_D 为塔顶产品带出的热量；Q_C 为塔顶冷凝器的冷却量；Q_W 为塔底产品带出的热量。

精馏塔的节能就是如何回收热量 Q_C、Q_D、Q_W，以及如何减少向塔内供应的热量 Q_R。因此利用精馏塔采出液的热能预热进料，以较低温位的热能代替再沸器所要求的高温位热能，无疑是低温位热能的有效利用方法。如图 7-18 所示为一利用系

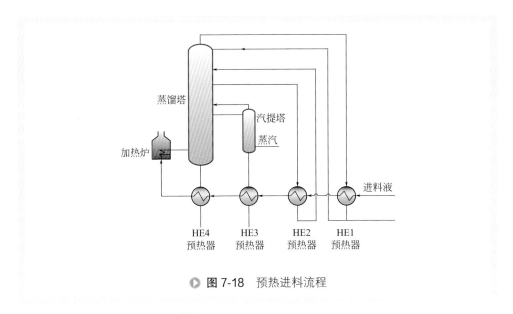

图中标注：
蒸馏塔
汽提塔
蒸汽
加热炉
进料液
HE4 预热器
HE3 预热器
HE2 预热器
HE1 预热器

▶ **图 7-18** 预热进料流程

统余热预热原料的典型流程[10]。

蒸馏塔塔釜液、塔顶蒸汽的余热除了可以直接用于预热进料外，还可以通过产生低压蒸汽、吸收式制冷和透平发电等方式进行热回收。

二、精馏和热泵集成

精馏塔操作特点是通过塔底再沸器加入热量，通过塔顶冷凝器取走热量。若能把塔顶气体冷凝放出的热量传递给再沸器，就能大幅度降低能量消耗。但是通常情况下塔顶温度总是低于塔底温度，根据热力学第二定律"热量不能自动地从低温流向高温"，除非有外加功，才能使热量从低温传向高温。通过外加功将热量自低温位传至高温位的系统称为热泵系统。

热泵精馏系统就是利用泵（压缩机）消耗外加功，冷凝器从塔顶取出的低温热量通过输入功提高温位后作为再沸器的热源。虽然这里压缩机也消耗外功，但比直接加热再沸器的能耗要小得多，一般只是后者耗能的 20%～40%。故热泵精馏是节能的有效措施之一。

用于精馏塔的热泵主要有两种形式[10]。第一种形式的热泵（图 7-19）是用外界的工作介质为冷剂，液态冷剂在冷凝器中蒸发，使塔顶物料冷凝。汽化后的冷剂进入压缩机升压，然后在压缩机出口压力下在再沸器中将热量传递给塔釜物料，本身冷凝成液体，如此循环不已。这种塔内物料与制冷系统的工质两者之间封闭的系统称为闭式热泵。

第二种形式的热泵是以过程本身的物料为制冷系统的工作介质，称为开放式热泵系统。其中一种形式是以塔釜物料为工质，在冷凝器汽化，取消再沸器，如图

7-20(a) 所示。另一种形式是以塔顶物料为工质，在再沸器冷凝，取消冷凝器，见图 7-20(b)。

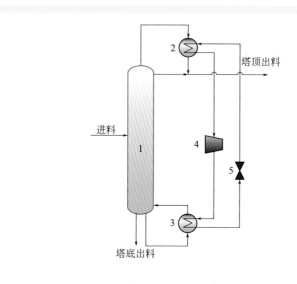

◆ 图 7-19　闭式热泵

1—精馏塔；2—冷凝器；3—再沸器；4—压缩机；5—节流阀

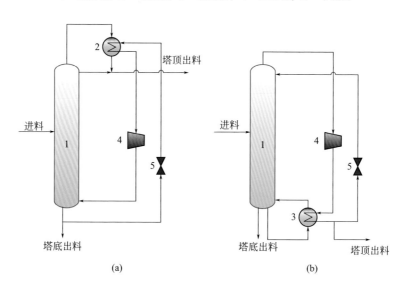

(a)　　　　　　　　　　　　　(b)

◆ 图 7-20　开式热泵

1—精馏塔；2—冷凝器；3—再沸器；4—压缩机；5—节流阀

三、精馏与精馏单元的能量集成

如图 7-21 所示的过程系统[10]，离开反应器流股的热量用于第二个蒸馏塔塔釜、原料预热的热源，第一个蒸馏塔塔顶冷凝器同时作为原料预热器，第二个蒸馏塔塔顶冷凝器同时作为第一个蒸馏塔塔釜再沸器。这样一来，就可以节省加热蒸汽和冷却水用量，该方案为具有一定程度的热集成流程。

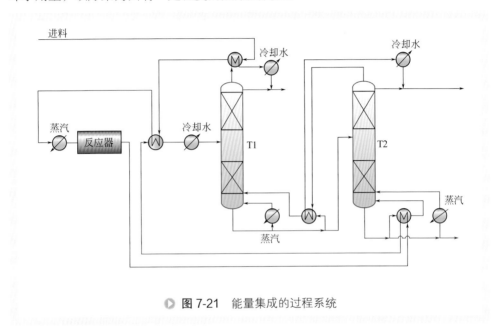

▶ 图 7-21 能量集成的过程系统

四、膜蒸馏和过程余热集成

热膜蒸馏"TMD"（或膜蒸馏"MD"）是一种新兴技术，在处理海水、咸水和含无机污染物的工业废水方面备受关注。将进料加热到低于沸点的温度，产生的蒸汽（基本不含无机盐）渗透通过疏水微孔膜，透过膜的蒸汽在渗透侧冷凝，并作为高纯水收集。收集和冷凝蒸汽的方法有直接接触式膜蒸馏（DCMD）、吹扫气式膜蒸馏（SGMD），真空式膜蒸馏（VMD)和气隙式膜蒸馏（AGMD）。

由于对 MD 进料物流的预热是系统的主要操作费用消耗，所以通过将工厂余热传递给 MD 进料的热耦合过程，可以降低工厂的冷负荷，同时也降低了 MD 进料的热负荷。

对某产量为 5000 吨 / 天甲醇装置的工艺流程，进行 MD 和过程换热器网络集成。系统中包含的冷热物流数据如表 7-2 所示[26]。

欲将气制甲醇工艺与处理原始进料量为 174.0 kg/s 的 MD 装置热集成，进料是微咸水（162.0 kg/s）和来自甲醇工厂废水（12.0 kg/s）的混合物，原料中的溶质主要是 NaCl［0.77%（质量分数）］。膜特性和费用的数据来自文献 [26]。过程热集成和 MD 同时优化的系统流程如图 7-22 所示。

表7-2　气制甲醇工艺冷、热物流数据[26]

热交换	供给温度 /K	目标温度 /K	热负荷 /kW
O₂- 热液	299	473	7614
WGS- 热液	313	573	45129
气分	95	90	−2459
循环热液	1544	313	−283206
冷液	597	313	−51008
甲醇冷液	513	423	−42389
循环冷液 (1 和 2)	420	318	−37093

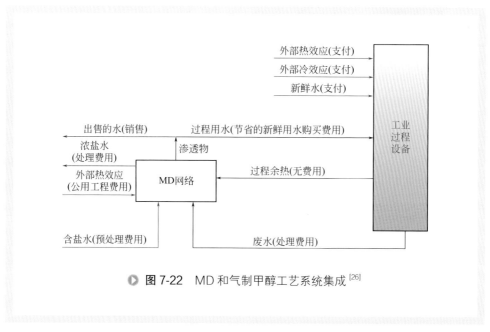

> 图 7-22　MD 和气制甲醇工艺系统集成 [26]

　　相较于没有热集成的两个独立系统，MD 和气制甲醇工艺热集成工艺，在固定费用仅增加 4.7×10^5\$/ 年的条件下，冷却费用从 4.37×10^7\$/ 年降低为 2.12×10^6\$/年，降低了 95.0%。

　　MD 与其他过程系统耦合的案例也有很多。例如，González-Bravo 等 [27] 提出了利用来自工业过程的火炬气的有效燃烧来预热 MD 进料。除了降低 MD 系统操作费用外，这种做法还减少了与火炬气相关的温室气体的排放。图 7-23 描述了利用来自乙烯装置的火炬气和来自热电厂的余热来预热 MD 进料的实例 [28]，在油气生产期间使用热废水和燃烧的气体来驱动 MD 应用的也是相同原理 [29,30]。

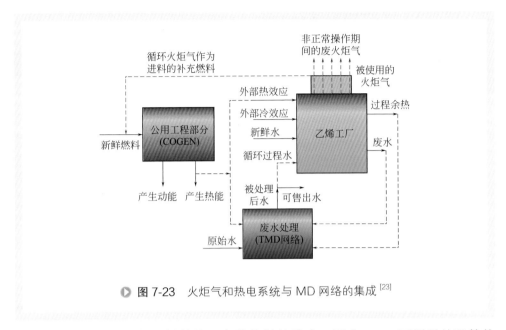

● 图 7-23 火炬气和热电系统与 MD 网络的集成 [23]

　　MD 的主要优点之一是其处理高盐物料的能力，因此，MD 可用于处理其他脱盐技术的出料。 图 7-24 说明了 MD 如何与工业过程热耦合处理来自多效蒸馏（MED）的盐水 [31]。

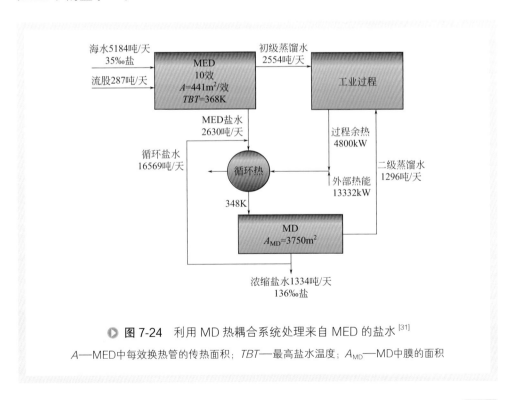

● 图 7-24 利用 MD 热耦合系统处理来自 MED 的盐水 [31]

A—MED中每效换热管的传热面积；TBT—最高盐水温度；A_{MD}—MD中膜的面积

五、膜分离和变压吸附耦合过程

以膜法和变压吸附（pressure swing adsorption，PSA）法耦合回收炼厂氢气工业应用为例。膜分离方法可高效处理含 20%～90%（摩尔分数）氢气的原料气，适合氢气纯度要求不苛刻、回收率大的应用场合 [32]，但难以处理 CO、NH_3 等杂质；而变压吸附法可以获得高纯度氢气，且具有很强的 CO、NH_3 等杂质处理能力，但回收率较低，仅在原料气中氢气浓度较高时，才具有竞争性的效率优势。因此，通过充分利用膜法和 PSA 法的优势，研发膜与 PSA 耦合工艺，以实现炼厂氢气的高收率高纯度回收，是有效的过程强化措施。

在梯级耦合回收炼厂气技术的基础上，结合国内某炼厂尾气情况，大连理工大学膜科学与技术研究开发中心研发了膜法 - 变压吸附法耦合集成工艺 [33]，工艺流程示意图见图 7-25。首先通过氢膜分离器 -2（HM-2）对氢气含量较低的多股炼厂气进行氢气提浓后进入重整 PSA 装置；然后，为了保持重整 PSA 装置不超过设计处理能力，增建辅助重整氢膜分离器 -1（HM-1）处理不含 CO_2、O_2 等杂质的重整氢气（部分），直接得到高纯度氢气产品，且其渗余气进入氢膜分离器 -2 进一步回收氢气。同时重整 PSA 装置的解吸气作为氢膜分离器 -2 的重要原料，实现了膜分离装置和重整 PSA 装置间的氢气循环回收，提高了氢气的回收率。通过富氢气体膜分离装置和重整 PSA 装置的耦合工艺，氢气回收率大于 95%，氢气纯度大于 99%（摩

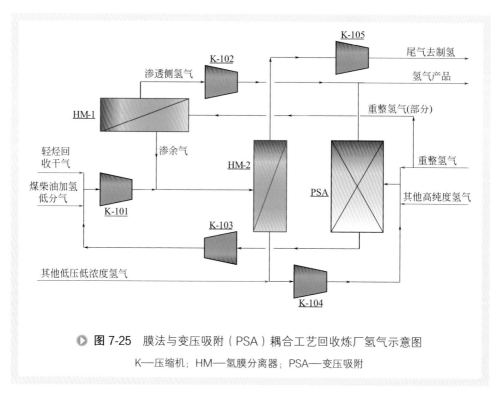

> **图 7-25** 膜法与变压吸附（PSA）耦合工艺回收炼厂氢气示意图

K—压缩机；HM—氢膜分离器；PSA—变压吸附

尔分数），实现炼厂气中氢气的高纯度、高质量、高效率回收。该耦合工艺已应用于国内某炼厂富氢气体回收，于 2014 年 6 月开车成功，开车后运行平稳，各项指标均达到预期目标，目前，已经累计创效益超过 10 亿元。

六、膜分离、压缩和冷凝单元集成

石化企业中常见的提纯回收含烃石化尾气中氢气的方法有四塔变压吸附装置（PSA）、典型的深冷分离系统（CSS）、玻璃态聚合物气体分离膜（GPM）分离回收氢气三种方法。三种氢气回收装置的氢回收单耗均随着原料氢浓度的降低而增高，但原因并不完全一样。随着原料氢浓度降低，氢气产量必然减少，这是共同的一面。除此之外，CSS 需要冷凝更多的甲烷，导致制冷过程的压缩功增加；PSA 解吸气流量增多，相应的压缩功增加；GPM 的渗透气减少，相应的压缩功减少。基于以上原因，原料氢浓度对 GPM 的能耗影响较小，而 PSA 和 CSS 的能耗随着原料氢浓度的降低而急剧增加。当原料氢浓度 <61%（摩尔分数）时，GPM 的能耗低于 PSA。

对于 H_2/CH_4 混合体系来说，CSS 能耗高，设备昂贵，不适合生产需要；PSA 能够生产高纯度氢气，但要求原料氢浓度大于 60%（摩尔分数）才能保证合适的回收率；GPM 对氢浓度在 30%～60%（摩尔分数）之间的原料都具有较高的回收率和合理的生产单耗。

石化企业普遍采用的 GPM 分离回收氢气的示意流程结构见图 7-26。含烃石化尾气经压缩、预处理后冷却到 40℃，然后在分液罐中脱除冷凝下来的高沸点轻烃，接下来在膜前预热器中加热到 60℃以上进入气体膜分离器。氢气优先透过气体分离膜，成为浓缩 / 提纯的产品，氢气浓度大于 90%（摩尔分数），经压缩后输出；甲烷、轻烃等其他组分被膜截留，形成渗余气。

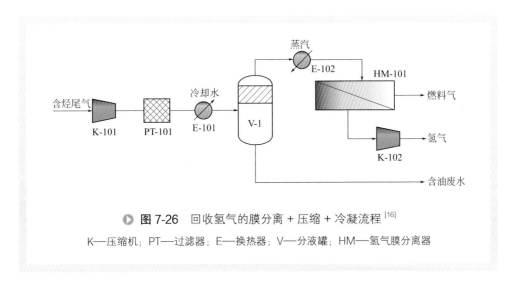

▶ 图 7-26　回收氢气的膜分离 + 压缩 + 冷凝流程[16]

K—压缩机；PT—过滤器；E—换热器；V—分液罐；HM—氢气膜分离器

七、氢膜、有机蒸气膜、浅冷和精馏单元集成

针对多组分、多目标产品的综合回收目标，常常需要将多种分离技术组合集成，以强化过程分离效率，降低能量消耗，提高产品回收率。如含烃石化尾气是一个非常复杂的分离对象：①尾气通常由十余种组分构成，可以分离出氢气、乙烷、乙烯、丙烯、丁烯、液化石油气以及石脑油等数种产品；②尾气的来源多种多样，在炼化一体化企业中至少存在十余种不同的来源，如常压/减压蒸馏尾气、加氢裂化尾气、加氢脱硫尾气、渣油加氢尾气等；③尾气压力往往不一致，如柴油加氢装置高分气的压力可达到数兆帕，而减压蒸馏塔顶排出的尾气为微正压；④尾气中往往含有少量影响分离装置或产品质量的污染物，如乙苯脱氢尾气中含有极易自聚的苯乙烯、催化裂化尾气中含有使催化剂中毒的 CO、加氢脱硫尾气中含有腐蚀设备的 H_2S 等。显然，炼化企业中复杂的含烃石化尾气体系，不能简单地依靠单一分离技术来实现其资源的最大化利用。

大连理工大学膜科学与技术研究开发中心开发了由氢气分离膜（GPM）/有机蒸气膜（RPM）多级系统和压缩冷凝（SCS）、多塔精馏结合的集成工艺（图 7-27），以氢含量 44.9%（摩尔分数）、轻烃 C_{3+} 含量 30.3%（摩尔分数）的炼厂气为原料，得到纯度大于 95.0%（摩尔分数）的氢气，回收率达到 96.6%，以及浓度大于 97.0%（摩尔分数）的液化轻烃 C_{3+}，回收率达到 94.3%。与美国著名膜技术公司 MTR 工艺相比，大连理工大学开发的工艺充分利用分离一种目标（比如 H_2）后富集另一种目

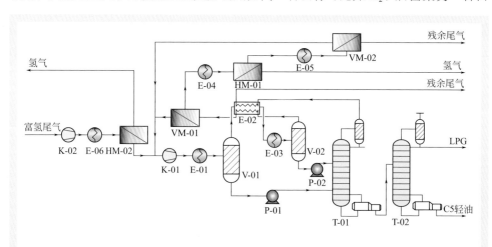

▶ 图 7-27 氢膜、有机蒸气膜、浅冷和精馏单元集成工艺综合回收含烃石化尾气的典型流程[22]

E-01，E-02，E-03，E-04，E-05，E-06—换热器；HM-01，HM-02—氢膜分离器；

T-01，T-02—精馏塔；VM-01，VM-02—有机膜分离器；V-01，V-02—缓冲罐；P-01，

P-02—泵；K-01，K-02—压缩机

标（比如 C_{3+}），有效地提高了目标的回收率。多种分离技术集成综合梯级耦合回收含烃石化尾气的技术应用于国内某炼厂尾气中氢气和轻烃的综合回收，处理原料达到 13 股炼厂气，年处理量 28 万吨，氢气回收率达 95%，液化石油气 LPG 及石脑油回收率达 98%，每年回收氢气 1 万吨，液化石油气 12 万吨，石脑油 2 万吨，创经济效益超过 2 亿元 / 年，解决了我国炼厂气处理长期存在的技术落后、回收产品单一、回收效率低等问题。

该领域的创新技术荣获 2010 年、2018 年国家科技进步二等奖；荣获 2013 年中国发明专利优秀奖；2017 年荣获世界知识产权组织颁发的日内瓦国际发明展特别嘉许金奖；获省部级科技奖励 10 余项。

第四节　小结与展望

一、小结

围绕分离过程系统耦合流程结构和操作参数优化设计的关键问题，在过程集成基本理论的指导下，致力于提高过程系统的热力学效率和分离效率。基于热力学分析和分离过程分析，提出了基于三角形相图的含烃石化尾气分离序列综合方法，以及基于数学规划法的分离序列综合方法，并综述了常见的典型应用案例。

（1）阐述了分离过程的过程集成原理，分离过程能量集成的能耗和热力学效率的计算和分析，分离过程的主要节能措施。重点描述了新兴的膜分离过程的热力学效率的计算方法。建立了由开始到完结状态涉及的能量转变的热力学分析模型，在此基础上，通过衡量过程用能合理程度，鉴别影响分离效率的关键环节，明确过程中可以避免的能量损失，为多级膜分离过程的结构设计和操作参数的优化提供理论指导。气体膜分离过程的热力学分析模型是寻求能耗最小分离过程以及快捷设计复杂气体膜分离系统的重要理论指导工具。

（2）面向多原料、多回收目标的多元复杂体系——含烃石化尾气体系，建立了多技术梯级耦合分离序列的三角坐标 - 矢量分析快捷设计方法，为气体膜分离技术与压缩冷凝、吸收、变压吸附、精馏等技术的有机结合提供了决策手段，是含烃石化尾气资源最大化利用和低耗高效分离过程的设计指导工具。

（3）综述了热泵蒸馏、蒸馏与过程系统能量集成的应用案例以及含烃石化尾气分离过程综合应用案例，通过比较，指出了耦合分离过程的低能耗、高效率的特点。同时对最新的膜蒸馏和过程系统余热集成应用案例进行了分析和总结，展示了耦合集成分离系统的综合优势。

二、展望

通过过程集成，将不同的分离单元进行耦合强化，让不同的分离单元在优势区域进行操作，不同分离单元协同促进，提高分离效率。同时，通过分离单元和反应系统、工艺系统、公用工程系统等进行能量集成，分离序列综合优化，以提高系统的节能降耗潜力，提高能源和资源的利用效率。目前，以上方向都取得了很好的研究成果和应用实例，为基于过程集成的分离系统优化设计和推广应用打下坚实的基础，但是仍有很多需要进行深入研究的内容，可进一步拓展和完善的地方主要有：

（1）膜分离过程是一个多尺度过程，其准确模拟、基于热力学原理的有效能分析方法、多级膜分离过程的优化设计理论等还不够完善。

（2）膜分离等分离单元发展日趋成熟，不同分离单元之间的过程集成设计是实现节能减排的重要手段和方法。但是很多工厂的设计规划是分步进行和实现的。不同阶段建设的分离单元与新建分离单元之间的能量集成、质量集成、耦合协同优化的理论方法亟待提出，如何有效利用现有分离单元设备，提高分离效率和热力学效率，实现过程系统的整体优化设计是迫切需要的，即如何将理论方法服务于工程实际，是未来的重要发展方向。

（3）三角坐标-矢量分析设计方法解决了复杂体系多技术梯级耦合分离序列的规划与决策问题，但复杂过程中多个分离单元的整体协同优化，是进一步提高综合过程分离效率的关键；高度集成的多循环耦合流程操作弹性和柔性的提高，是梯级耦合分离过程进一步推广应用的要点。

参考文献

[1] 杨友麒. 化学工业的转型升级和过程系统工程（PSE）[J]. 化工进展, 2018, 37(3): 803-814.

[2] 龚俊波, 杨友麒, 王静康. 可持续发展时代的过程集成 [J]. 化工进展, 2006, 25(7): 721-728.

[3] Lv J F, Jiang X B, He G H, et al. Economic and system reliability optimization of heat exchanger networks using NSGA-II algorithm[J]. Applied Thermal Engineering, 2017, 124: 716-724.

[4] 李帅, 姜晓滨, 贺高红, 等. 蒸汽动力系统柔性设计和多目标优化研究进展 [J]. 化工进展, 2017, 36(6): 1989-1996.

[5] 吕俊锋, 肖武, 王开锋, 等. 换热网络多目标综合优化算法研究进展 [J]. 化工进展, 2016,

35(2): 352-357.

[6] El-Halwagi M M. Sustainable design through process integration: Fundamentals and applications to industrial pollution prevention, resource conservation, and profitability enhancement[M]. Butterworth-Heinemann/Elsevier, 2017.

[7] El-Halwagi M M. Process integration[M]. Elsevier, Amsterdam, 2006.

[8] Smith R. Chemical process design and integration [M]. Second Edition, Wiley, New York, 2016.

[9] El-Halwagi M M, Foo D C Y. Process synthesis and integration, in Kirk-Othmer encyclopedia of chemical technology[M]. Wiley, New York, 2014.

[10] 都健. 化工过程分析与综合 [M]. 北京：化学工业出版社，2017.

[11] 李中华，肖武，贺高红，等. 夹点技术优化改造蜡油加氢裂化装置换热网络及有效能分析 [J]. 化工进展，2017,36(4):1231-1239.

[12] 刘芙蓉，金鑫丽，王黎，等. 分离过程及系统模拟 [M]. 北京：科学出版社，2001.

[13] 冯霄. 化工节能原理与技术 [M]. 北京：化学工业出版社，2003.

[14] 刘家琪. 传质分离过程 [M]. 北京：高等教育出版社，2005.

[15] 姚平经. 全过程系统能量优化综合 [M]. 大连：大连理工大学出版社，1995.

[16] 李保军，贺高红，肖武，等. 炼厂气回收过程中分离技术的能效分析 [J]. 化工进展，2016, 35(10): 3072-3077.

[17] Hwang S T. Nonequilibrium thermodynamics of membrane transport[J]. AIChE Journal, 2004, 50(4): 862-870.

[18] Islam M, Buschatz H. Gas permeation through a glassy polymer membrane: Chemical potential gradient or dual mobility mode?[J]. Chemical engineering science, 2002, 57(11): 2089-2099.

[19] Kocherginsky N. Mass transport and membrane separations: Universal description in terms of physicochemical potential and Einstein's mobility[J]. Chemical Engineering Science, 2010, 65(4): 1474-1489.

[20] McCandless F. A comparison of membrane cascades, some one-compressor recycle permeators, and distillation[J]. Journal of Membrane Science, 1994, 89(1-2): 51-72.

[21] Ruan X H, Dai Y, Du L, et al. Further separation of HFC-23 and HCFC-22 by coupling multi-stage PDMS membrane unit to cryogenic distillation[J]. Separation and Purification Technology, 2015, 156, 673-682.

[22] 阮雪华. 气体膜分离及其梯级耦合流程的设计与优化 [D]. 大连：大连理工大学,2014.

[23] Agrawal R, Xu J. Gas‐separation membrane cascades utilizing limited numbers of compressors[J]. AIChE Journal, 1996, 42(8): 2141-2154.

[24] Agrawal R. A simplified method for the synthesis of gas separation membrane cascades with limited numbers of compressors[J]. Chemical Engineering Science, 1997, 52(6): 1029-1044.

[25] Ruan X H, Wang L J, Dai Y, et al. Effective reclamation of vent gas in ethylbenzene dehydrogenation by coupling multi-stage circle absorption and membrane units[J]. Separation and Purification Technology, 2016, 168: 265-274.

[26] Ehlinger V M, Gabriel K J, Noureldin M M B, et al. Process design and integration of shale gas to methanol[J]. ACS Sustainable Chemical Engineering, 2014, 2(1): 30-37.

[27] González-Bravo, Nápoles-Rivera R F, Ponce-Ortega J M, et al. Synthesis of optimal thermal membrane distillation networks[J]. AIChE Journal, 2015, 61(2): 448-463.

[28] Kazi M K, Eljack F, Elsayed N A, et al. Integration of energy and wastewater treatment alternatives with process facilities to manage industrial flares during normal and abnormal operations-a multi-objective extendible optimization framework[J]. Industrial & Engineering Chemistry Research, 2016, 55(7): 2020-2034.

[29] Elsayed N A, Barrufet M A, El-Halwag M M. An integrated approach for incorporating thermal membrane distillation in treating water in heavy oil recovery using SAGD[J]. Journal of Unconventional Oil and Gas Resources, 2015, (12): 6-14.

[30] Elsayed N A, Barrufet M A, Eljack F T, et al. Optimal design of thermal membrane distillation systems for the treatment of shale gas flowback water[J]. International Journal of Membrane Science and Technology, 2015, (2): 1-9.

[31] Bamufleh H, Abdelhady F, Baaqeel H M, et al. Optimization of multi-effect distillation with brine treatment via membrane distillation and process heat integration[J]. Desalination, 2017, 408: 110-118.

[32] 肖武, 高培, 姜晓滨, 等. 双膜组件及耦合工艺的研究与应用进展 [J]. 化工进展, 2019, 38(1): 136-144.

[33] 贺高红, 陈博, 阮雪华, 等. 一种使用膜分离与变压吸附联合处理炼厂气的方法和系统 [P]. 中国发明专利, ZL 201410851664.9, 201606.

第八章

新型分离－反应耦合过程强化装置

第一节 研究背景及意义

化工生产过程中，反应和分离非常重要。氢气作为清洁能源和重要的化工原料，其分离和加氢利用是国家重大需求。伴随着流程工业的发展，不同氢气分离方法的耦合强化日趋完善，但氢气分离与加氢反应仍作为两个独立过程分别进行。开发高效分离、反应耦合过程强化技术，研发能够最大限度发挥高效分离、反应过程强化优势的过程耦合强化装置，建立反应、分离等过程耦合强化的协同作用机制，是实现耦合分离强化技术在工业生产中应用，推进高效、低耗、环保等化工产业升级的关键。本章通过开发电化学氢泵为代表的高效分离/反应过程耦合装置，实现了氢气分离、加氢反应过程的强化。

一、氢气的分离

氢气是一种清洁能源。由于自然界中没有以游离态存在的氢气，制氢成为重大需求。近年来，虽然新型制氢方法，如电解水制氢、太阳能制氢等得到了长足的发展，但化石能源仍是氢气的主要来源，提供约 80 % 氢源，如天然气通过蒸气转化得到 H_2、CO_2、水蒸气和少量杂质（CO_2/H_2 体积比约为 0.25）。另外，从含氢工业气体/尾气，如催化裂化干气、炼厂催化重整气、加氢精制尾气中分离回收氢气，可以大大降低制氢成本，减少环境污染。

常用的氢气分离方法有化学吸收、变压吸附、膜分离等[1-5]。这些分离方法具有不同的工作原理、特点和适用场合，各种方法的比较如表 8-1 所示。在确定工艺路线时，需要从分离能力、经济效益、安全性、可操作性等多方面进行综合分析。

表8-1 氢气回收技术比较[4]

方法	产品氢气纯度 /%	氢气回收率 /%	进料压力 /MPa	产品氢气压力	原料中氢含量(体积分数) /%	预处理要求	投资	易于扩建程度	操作可靠性
深冷分离法	95~99	90~98	2.5~5	进料压力	> 30	很少	较高	低	低
变压吸附法	99.9	75~90	1.5~8	进料压力	> 50	无	中	中	中
膜分离法	< 95	85~90	2.05~18	<<进料压力	> 40	脱除 CO_2、H_2S 等	低	高	高

（1）变压吸附（PSA）

变压吸附法[6,7]常用于气体分离、回收或精制，其原理是通过改变压力来改变吸附剂对不同气体的吸附容量。加压时，吸附剂进行选择性吸附去除杂质气体；减压时，吸附剂进行解吸脱附释放杂质气体，吸附和解吸循环操作连续回收氢气。PSA最大的优点是产品氢纯度很高，可以高达99%~99.99 %(体积分数)。另外，操作弹性大、自动化程度高、对环境无污染。但是，其回收率较低、吸附剂再生困难、一次性投资高等问题，限制了PSA的工业应用。

（2）深冷

深冷分离工艺是一种低温精馏工艺，首先按照分离的要求将各组分冷凝，然后利用氢气与其他组分的相对挥发度差异，进行氢气分离，如从含 C_{2+} 液体产品的炼厂废气中回收高纯度的氢气。这种方法得到的产品具有纯度较高、装置简单、回收率较高的特点，但能耗高、对高压气体需求量大，如果处理低压气体，就会导致设备的投资较大、运行费较高、经济性差。一般应用在大规模、多组分回收的工况[8]。

（3）膜分离

膜分离是一种新兴的气体分离工艺，其原理是不同气体分子透过膜的速率不同。在回收和提纯氢气领域中，膜分离技术已较为成熟[9,10]，如回收炼厂气以及石化行业尾气中的氢气。膜分离技术一般采用高分子非对称膜材料，具有投资较少、占地面积较小、能耗较低以及操作简易方便等优势。但分离氢气的纯度常低于95%，只适合于处理小流量的气体。

但是，对于许多低氢气体（如 H_2 浓度小于30%）的分离，上述方法能耗较大、不经济，造成大量氢气无法回收。以中石油某石化分公司为例，制氢装置变压吸附尾气产量约120000Nm³/h，每年浪费的 H_2 量高达2亿标准立方米。因此，亟须开展针对低氢气体的高效、低成本氢气分离方法研究。

二、加氢反应

氢气不仅是一种清洁能源，更是一种重要的化工原料，加氢转化是石化行业的重要反应，也是生物质制备醇基燃料过程中极其重要的反应环节，为能源危机提供可持续发展方案。但是，加氢反应需要消耗大量纯氢气，如生物质糖类、植物油和热解油的加氢脱氧，需要消耗 0.12kg H_2/kg 原料[11]。

加氢反应的常用方法包括高压非均相催化加氢、电化学加氢等，其原理、优缺点、工业应用等各不相同。

（1）高压非均相催化加氢

液相加氢多为非均相反应，一般在三相反应器中加压进行。如间歇加氢常采用具有搅拌装置的高压釜或浆态反应器，连续加氢可采用固定床或管式反应器。在这个非均相催化加氢过程中，氢气在固相催化剂表面参与化学反应必须经过溶解、扩散、解离吸附等多个步骤。由于氢气在有机液体（如醇和烃类）中的溶解度低[亨利常数约 10^{-5}mol/(cm^3·bar)，1bar=0.1MPa]、扩散速度慢（扩散系数约 10^{-4}m^2/s），使加氢反应难以在常压下进行[9]。即使采用高压操作（～100atm，1atm=101.325kPa），设置复杂的气、液分布装置，超临界流体或催化剂负载多孔膜扩展三相界面等强化措施，氢气传质阻力仍可能成为限制加氢速率提高的控制步骤[12,13]。不仅增加了纯氢的用量，而且增加了能耗和设备复杂性、不安全性，产物的选择性也不易控制。

（2）电化学加氢

电化学加氢作为传统高压非均相催化加氢的一条替代路线，通常在液相三电极体系中进行。阴极原位生成 H^+，使氢气的传质不再是控速步骤，可以使加氢反应在更温和的条件（如室温和常压）下进行，但也存在以下问题：①需要使用液体支持电解质，造成产物纯化困难且花费高，同时液体电解质的过度使用对环境会造成污染；②液体电解质的种类、pH 值以及阴极催化剂对加氢性能的影响很大，产物的选择性难以控制；③电解需要消耗较高的能量，而且过程间歇，难以放大和工业化。

第二节 关键问题

电化学氢泵作为一种新型的氢气分离/反应耦合强化装置，涉及关键材料、研究过程匹配方案及协同强化机理等关键问题，可以为电化学氢泵流程的设计与优化提供理论指导工具，为其工业化应用打下坚实的基础。

一、电化学氢泵关键材料的本征设计

（1）质子交换膜

加氢反应的原料多为有机液体，易造成质子交换膜因溶胀导致的原料渗透问题（H_2、CO_2、有机反应物）。同时，质子传导率依赖于膜中的含水量，而多数有机液体与水的互溶度有限。因此，研发能够在有机液相环境中使用的耐溶胀、高传导率的质子交换膜，成为电化学氢泵稳定运行的关键问题。

（2）电极

电化学氢泵电极包括电催化剂和扩散层。传统的扩散层经过高度憎水处理。而加氢反应原料多为有机物的水溶液，将导致电化学氢泵反应器中加氢反应物在阴极扩散层中的传质阻力集中。传统的燃料电池催化剂，如Pt/C、PtRu/C等，对氢氧化和氧气还原具有较高催化活性。但加氢反应根据有机物不同，催化剂各异。如CO_2在不同金属催化剂上的加氢活性不同，Pt/C因析氢电位低而不适用。针对不同加氢体系，设计电极材料的本征特性非常必要。

二、电化学氢泵耦合过程的匹配与协同强化

（1）耦合过程的匹配

电化学氢泵凭借质子交换膜的阻隔性能，可以使阴、阳两极电化学过程相对独立进行。但两极电化学过程间存在内在联系，相互影响。如阳极供氢电流直接影响阴极加氢过程的效率，两极反应物、产物跨膜渗透可能引起副反应及交叉污染。阴、阳两极电化学过程的耦合匹配设计，是实现过程强化的前提。

（2）耦合过程的协同强化

高效的过程耦合装置，必须实现多过程的协同强化。设计适宜的电化学氢泵阴、阳极耦合体系，研发高性能质子交换膜，建立新型电化学氢泵耦合分离强化流程，揭示分离、反应等过程耦合的协同强化作用机制，是实现电化学氢泵分离强化技术在工业生产中应用的关键。

第三节　强化原理

电化学氢泵是一种以燃料电池装置为基础的电化学分离、压缩和反应装置，其

先驱性研究工作开始于20世纪80年代[14]，最初用于氢气的压缩、分离，20世纪90年代逐渐用于非均相催化加氢反应。它借鉴燃料电池的质子交换膜、立体化电极等关键技术，并取得长足进展，日益受到关注。

一、电化学氢泵的结构及核心膜电极组件

电化学氢泵的结构和工作原理如图8-1所示。外加电压时，阳极氢气（或含氢气体）在催化剂作用下解离产生H^+，经质子交换膜传递至阴极，在阴极催化剂表面生成原位吸附氢，重新结合成氢气脱附，电流密度与氢通量之间服从法拉第定律。如果将阴极室封闭，可以提升氢气压力，用作氢气压缩机。如果在阴极加入活性反应物，则阴极催化剂原位吸附氢可以直接参与催化加氢反应。

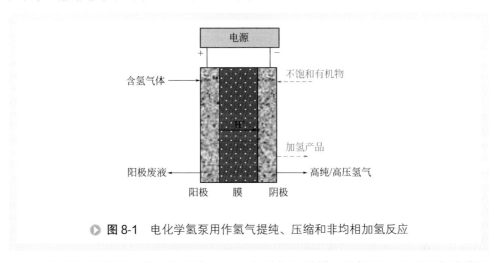

> **图 8-1** 电化学氢泵用作氢气提纯、压缩和非均相加氢反应

电化学氢泵的核心膜电极组件（MEA）结构与燃料电池相同，由质子交换膜及其两侧的阴、阳电极组装而成。但由于原料及操作条件不同，对核心组件的要求与燃料电池存在差异。

（1）质子交换膜

质子交换膜是电化学氢泵的重要部件，要求其具有较高的质子传导性和较好的致密性。它将阴、阳两极原料隔开，完成相对独立的两极过程，同时在两极间传导质子实现电化学氢泵的整体导通。质子交换膜的优异阻隔性能和质子传导能力，是阴、阳两电极过程得以高效实现的保障。这种独特的结构，也使得电化学氢泵不仅适用于氢分离、压缩、加氢反应等单一过程，还可以在阴、阳极分别完成分离与反应、反应与反应的集成，成为优异的多功能耦合强化装置。

目前，文献报道中用于电化学氢泵的质子交换膜结构如图8-2所示。其中，普遍使用的质子交换膜是全氟磺酸膜，商业化产品供应商如美国杜邦（Du pont）公司、美国陶氏化学（Dow Chemical）公司、日本AGC Flemion公司等，由聚四氟乙烯骨

架主链、全氟乙烯基醚侧链及其木端的磺酸基团组成，具有优异的电导率、机械和化学稳定性能。但价格昂贵（约占电化学氢泵成本的40%）、使用温度范围窄（通常低于80℃）、燃料阻隔性差。因此，开发廉价、高效的质子交换膜，是提高电化学氢泵与其他分离方法竞争力的研究方向。Perry等采用聚苯并咪唑(PBI)/磷酸质子交换膜，将电化学氢泵的操作温度提高至160℃，增强催化剂对混合气中CO的耐受能力[15]。大连理工大学膜技术研究团队开发了非氟磺化聚醚砜酮(SPPESK)、磺化聚醚醚酮(SPEEK)质子交换膜电化学氢泵，降低了成本，用于低氢气体分离[16,17]。

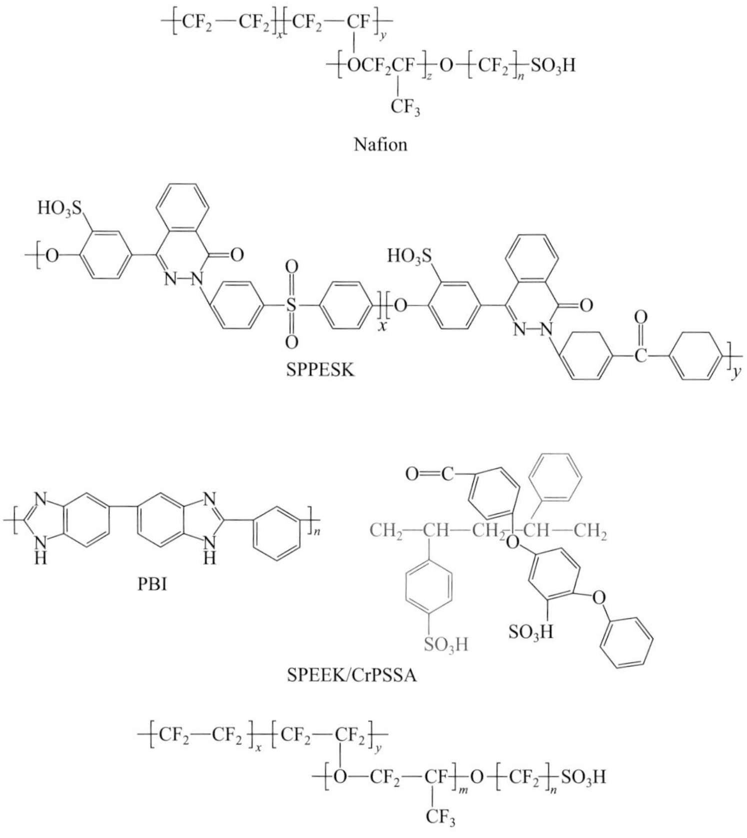

Nafion117 $m>0$, $n=2$, $x=13.5\sim15$, $y=1000$
日本旭硝子(Flemion) $m=0,1$; $n=1,5$
日本旭化成(Aciplex) $m=0,3$; $n=2\sim5$; $x=1.4\sim1.5$
美国陶氏化学(Dow) $m=0$, $n=2$, $x=3.6\sim10$

▶ 图 8-2 文献报道中用于电化学氢泵的几种质子交换膜

SPPESK—非氟磺化聚醚砜酮；SPEEK/CrPSSA—磺化聚醚醚酮-聚苯乙烯磺酸-互穿网络膜

（2）电极

电极，包括电催化剂和扩散层，通常采用燃料电池的立体化电极结构，如图 8-3 所示，具有比表面积高、催化活性好、物质（如质子、电子、原料气、产物水等）传递速率快等特点。电催化剂主要采用对氢气解离具有高催化活性的 Pt/C 或 PtRu/C 等。扩散层主要采用碳纸或碳布，其具有微米级孔结构，通常经过憎水化处理，具有支撑催化剂、微分散原料、传导电子及排水透气等作用。

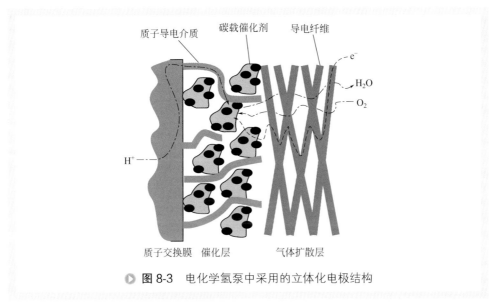

▶ **图 8-3** 电化学氢泵中采用的立体化电极结构

二、电化学氢泵的氢分离原理

电化学氢泵用于氢气分离时，在阳极发生氢气氧化，解离为氢质子；氢质子通过质子交换膜传递到阴极，在阴极被还原，析出氢气。反应方程式如下所示。

$$阳极： \quad H_2 \longrightarrow 2H^+ + 2e^- \qquad\qquad (8-1)$$

$$阴极： \quad 2H^+ + 2e^- \longrightarrow H_2 \qquad\qquad (8-2)$$

$$总反应： \quad H_2 \longrightarrow H_2 \qquad\qquad (8-3)$$

上述反应的理论电动势为 0，实际操作时过电位仅约 10mV，远低于其他种类气体的氧化分解电位，因此电化学氢泵具有极高的氢气选择性，分离含氢气体时可得到极高的氢气纯度（99% 以上[14]）。与其他种类的氢气分离方法，如膜分离、变压吸附、深冷分离等相比，电化学氢泵对氢气的选择性高、对氢源适应性强（$H_2/CO_2/CO$，H_2/CH_4，H_2/N_2，且氢浓度不限），尤其适用于低氢气体分离。与传统机械压缩机相比，电化学氢泵单级压缩可达 50bar(1bar=0.1MPa)，且在低功率（～10kW）时具有较低能耗[18]。

Scdlak 等首先进行了电化学氢泵分离 H_2/N_2 的尝试，随着膜厚减小、电压降低，在低电压下可获得高的 H_2 分离效率（~0.3V，1000mA/cm²，能量效率80%，N_2 渗透小于 0.2%，即 H_2 纯度大于 99.8%）[14]。采用电化学氢泵分离含氢混合气（H_2/N_2，$H_2/CO_2/CO$，H_2/CH_4 等）已被广泛报道[19-21]。如 Onda、Barbir 等致力于将燃料电池出口废氢（浓度 1%~99%）用电化学氢泵提纯后循环使用，在操作电压 0.2V 下，可将 1% 浓度氢气提纯回用至燃料电池产生 0.6V 电压，氢回收率近乎 100%[22,23]。Ibeh 等设想利用便利的 CH_4 输送管道运输 H_2/CH_4 混合气体，在 H_2 使用终端用电化学氢泵分离，促进燃料电池车实用化[24]。Abdulla 等研究了混合气中 H_2 浓度对分离的影响[25]，单极氢泵的氢气回收率和能量效率随电压增加存在最优值。大连理工大学膜技术研究团队建立了催化层传质模型，分析了电化学氢泵中膜组件（MEA）有效电阻对 H_2/CO_2 分离效率的影响。如图 8-4 所示，低电流下，MEA 有效电阻主要表现为质子交换膜的欧姆电阻。随 CO_2 含量增加，氢浓度降低、催化剂活性面积减小，

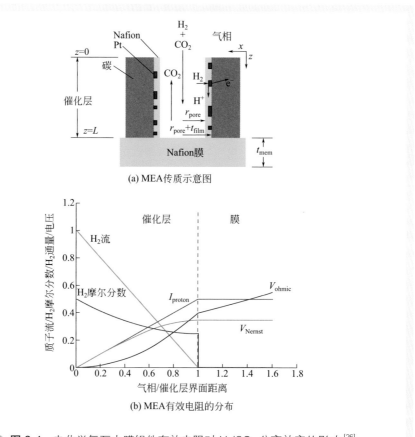

(a) MEA传质示意图

(b) MEA有效电阻的分布

⊙ 图 8-4　电化学氢泵中膜组件有效电阻对 H_2/CO_2 分离效率的影响[26]

r_{pore}—催化层孔径；t_{film}—催化剂颗粒表面的Nafion层厚度；t_{mem}—Nafion膜厚度；I_{proton}—电流；
V_{ohmic}—欧姆电压；V_{Nernst}—能斯特电压

MEA 有效电阻的作用主要取决于 CO_2 引起的传质和电化学极化电阻，限制了电化学氢泵回收率和能量效率的提高[26]。

三、电化学氢泵的加氢反应原理

电化学氢泵阳极解离出的氢质子，输送到阴极与电子结合后形成催化剂原位吸附氢，可直接参与阴极反应物的加氢反应。以 2 电子加氢反应为例，需要经过反应物吸附、加氢、产物脱附等步骤，通常认为加成第一个氢原子为速率控制步骤。同时，过剩吸附氢也存在析氢副反应。电化学氢泵加氢反应方程式为

$$阳极： H_2 \longrightarrow 2H^+ + 2e^- \tag{8-4}$$

$$阴极： H^+ + e^- + * \longrightarrow H* \tag{8-5}$$

$$U + * \longrightarrow U*$$

$$H* + U* \longrightarrow UH* + *$$

$$UH* + H* \longrightarrow UH_2 + 2*$$

$$2H* \longrightarrow H_2 + 2*$$

$$总反应： H_2 + U \longrightarrow UH_2 \tag{8-6}$$

与固定床、浆料床等传统非均相催化反应器相比，电化学氢泵在阴极催化剂表面原位生成吸附氢，常压下直接参与加氢反应，消除氢气传递阻力造成的高压、高能耗和设备复杂性，有望成为传统高压催化加氢反应的替代装置。

20 世纪 90 年代电化学氢泵用于加氢反应逐渐成为研究热点。研究工作集中在生物油加氢提质制备生物基液体燃料及药物合成上，如 C=C，C=O，苯环加氢等[27-30]。研究表明，电流密度与氢分压具有等效性，$10\sim30$ mA/cm^2 电流密度在常压下产生的阴极催化剂原位吸附氢浓度，相当于将氢气加压至约 100 atm，使氢传质不再是加氢的速率控制步骤[31]。电化学氢泵的常压、原位供氢方式，改变了传统非均相加氢反应为提高氢分压所需的高压操作，对于降低能耗和设备复杂性、提高安全性意义重大。

第四节　应用实例

近年来，随着电化学氢泵研究不断取得进展，将其用于氢气分离和加氢反应的研究实例不断增加，分离、反应效率不断提高。大连理工大学膜技术研究团队在系

统研究电化学氢泵的氢气分离和加氢反应的基础上，不断拓展其功能，使电化学氢泵成为优异的多功能耦合强化装置，实现了氢分离-加氢反应、脱氢-加氢、一步加氢酯化等多个过程在电化学氢泵中的耦合强化。

一、氢分离与加氢反应耦合强化

质子交换膜的阻隔作用，使电化学氢泵的阴、阳两极过程相对独立，可以将氢分离与加氢反应、电化学脱氢与加氢反应等多种功能集成，具有广阔的应用前景。生物质加氢转化需要消耗大量的氢气，通过氢气分离与加氢反应在电化学氢泵中的过程耦合，可以大大降低传统制氢成本，提高加氢效率。

大连理工大学膜技术研究团队在电化学氢泵分离与加氢集成方面展开了深入研究[16]。如图8-5所示，外加电压下，从阳极 H_2/CO_2 中提纯的解离氢，通过质子交换膜传递到阴极催化剂，直接参与生物质模型化合物丁酮的催化加氢。

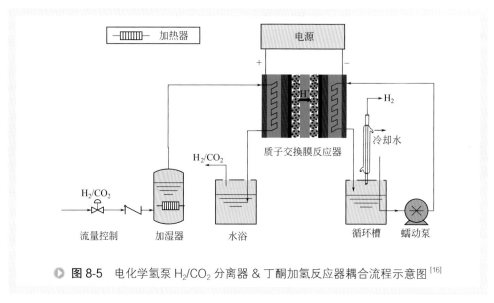

▶ **图 8-5**　电化学氢泵 H_2/CO_2 分离器 & 丁酮加氢反应器耦合流程示意图[16]

研究得到了以下结论。

（1）质子交换膜的质子传导阻力不再是过程的控制因素，但渗透性能对耦合过程影响较大

电化学氢泵用于氢气分离时，质子交换膜的欧姆电阻是影响能耗的重要因素。如图8-6所示，采用不同种类质子交换膜，由于全氟 Nafion 膜的质子传导率约为非氟磺化聚醚砜酮 SPPESK 膜的 70%，因此在不同 CO_2 含量下，SPPESK 膜氢泵所需的外加电压和能量效率均低于 Nafion 膜氢泵，仅约为 Nafion 膜氢泵的 75%。而将氢气分离与加氢反应耦合在电化学氢泵中时，质子传导阻力不再是耦合过程的控制

因素。如图 8-7(a) 所示，采用不同种类质子交换膜（全氟 Nafion 膜和 SPPESK 膜），加氢速率相当、SPPESK 膜所需的外加电压仅稍有增加。

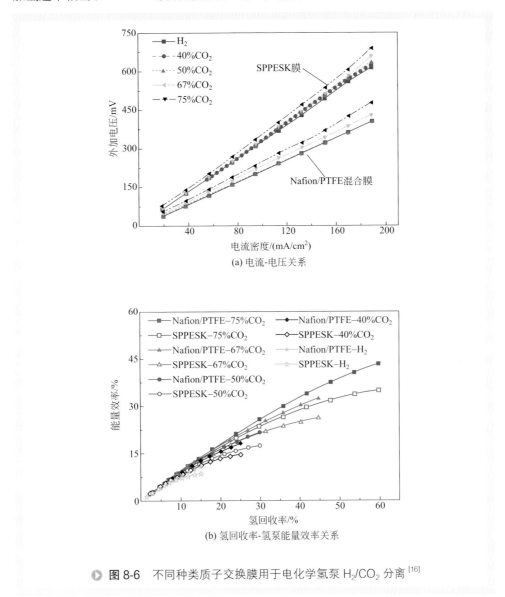

图 8-6 不同种类质子交换膜用于电化学氢泵 H_2/CO_2 分离[16]

同时，氢气分离与加氢反应耦合在电化学氢泵中时，渗透性能对耦合过程影响较大。由于电化学氢泵反应器的膜组件（MEA）一直处于有机溶液环境中，因此质子交换膜及催化层中质子导体黏合剂的溶胀和 CO_2 渗透，对氢分离与加氢反应耦合性能产生显著影响。如图 8-7(b) 所示，SPPESK 膜-氢泵反应器的加氢速率随 CO_2 含量增加保持稳定，CO_2 含量较高（>50%）时，明显优于 Nafion 系列膜-氢泵反应器。加氢反应体系中，原料丁酮和产物低级醇是 SPPESK 溶液的优良沉淀剂，但却均为 Nafion 树脂的良好分散剂。因此对于丁酮和仲丁醇的混合水溶液，SPPESK 膜的溶胀度仅为 Nafion115 膜的 1/2～1/8，显著降低了阳极 H_2 和 CO_2 向阴极的渗透，从而减少了对阴极催化剂的毒害。温度升高（>40℃）、丁酮浓度增加（>1.0mol/L）时，非氟质子交换膜也具有较大优势。

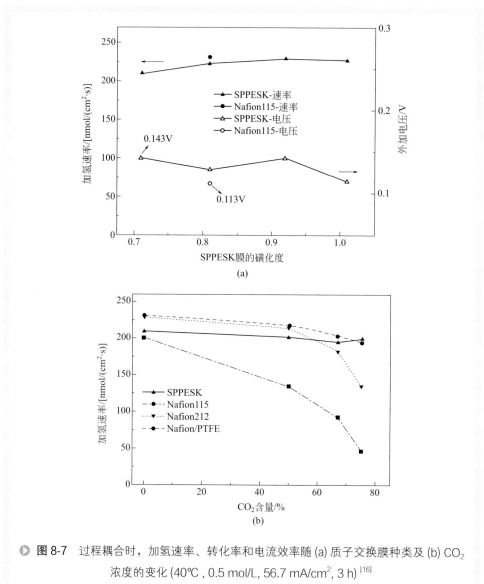

● **图 8-7** 过程耦合时，加氢速率、转化率和电流效率随 (a) 质子交换膜种类及 (b) CO_2 浓度的变化 (40℃, 0.5 mol/L, 56.7 mA/cm², 3 h)[16]

从图 8-7 还可以看出，电化学氢泵耦合氢气分离与加氢反应时，采用不同种类质子交换膜时，丁酮加氢速率均可超过 210nmol/（cm²•s）[120mmol/（g_{Pt}•min）]，远高于传统高压非均相加氢过程，如文献报道采用搅拌高压釜反应器，3bar、30℃反应条件下，石墨担载 Pt 催化剂的丁酮非均相加氢速率约为 34.8 mmol/（g_{Pt}•min）；活性炭担载 Pt 催化剂的丁酮非均相加氢速率仅约为 1.2 mmol/（g_{Pt}•min）[32,33]。

（2）扩散层亲-憎水性与反应物挥发性相匹配，减小反应物传质阻力

采用电化学氢泵进行加氢反应时，通常直接沿用燃料电池的膜电极结构。因为质子交换膜的质子传导率依赖膜中的含水量，因此加氢反应物多以水为溶剂。文献报道中，一般认为有机加氢反应物以液态形式穿过扩散层（如碳布、碳纸），而商业化碳布、碳纸为满足燃料电池排水透气需要，经过高度憎水化处理，将导致电化

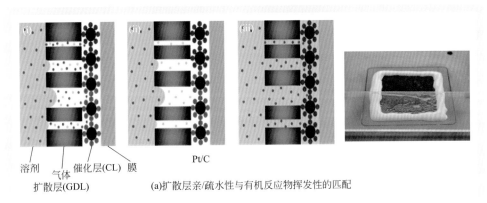

溶剂　气体　催化层(CL)　膜
　　扩散层(GDL)　　　Pt/C

(a)扩散层亲/疏水性与有机反应物挥发性的匹配

●有机分子；●水蒸气分子
(i) 疏水性扩散层中的挥发性物质
(ii) 疏水性扩散层中的非挥发性物质
(iii) 亲水性扩散层中的挥发性和非挥发性物质

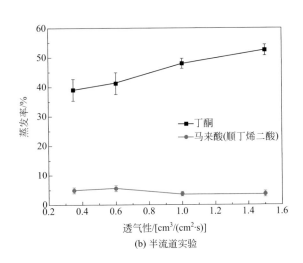

(b) 半流道实验

▶ **图 8-8**　生物质水溶液电化学氢泵加氢的扩散层传质[35]

学氢泵反应器中加氢反应物在阴极扩散层中的传质阻力集中[29,34]。大连理工大学膜技术研究团队通过对生物油模型化合物丁酮和马来酸水溶液在亲/疏水性扩散层中的传质及加氢研究，提出了扩散层亲/疏水性与有机反应物挥发性相匹配的原则，指导扩散层的选择[35]。如图 8-8 所示，采用疏水碳纸扩散层时，易挥发组分丁酮可以气相形式传质，而难挥发组分马来酸受传质阻力控制很难透过扩散层参与反应；采用亲水扩散层时，不同挥发性组分都可以液相形式传质。采用疏水碳纸和亲水金属网进行加氢时，丁酮的转化率和反应速率几乎相同，而马来酸只能选择亲水金属网扩散层，加氢反应速率为 345 nmol/($cm^2 \cdot s$)。

（3）采用乙醇等竞争吸附剂，加快产物扩散，减缓产物抑制

电化学氢泵的独特结构，使其比常规三相反应器更易出现产物抑制现象[16,29,35]，即随着反应时间增加，加氢转化率逐渐降低。产物抑制可能与以下因素有关。

① 电极中催化层具有微米级孔道，只能以分子扩散方式进行反应物及产物传递，传质阻力大。

② 催化剂碳载体具有极高的比表面积（约占 70% 载量 Pt/C 催化层比表面积的 65%）和极强的吸附能力，不利于产物向流道主体扩散。

常规的精馏、膜分离等分离方法不易解决催化层中的产物抑制问题；加氢产物多为有机物，因此常规的电极憎水化处理也无法加速产物排出。

大连理工大学膜技术研究团队研究了马来酸电化学氢泵加氢体系的产物抑制问题，提出反应液中原位引入竞争吸附剂[36]，如乙醇，利用乙醇与碳载体间的较强相互作用，及其对产物琥珀酸的较强溶剂化作用，降低了产物琥珀酸在碳载体表面的吸附量。如图 8-9 所示，少量乙醇（0.1mol/L）即可显著提高加氢反应速率、电流效率和转化率，当乙醇浓度为 2mol/L 时，加氢效率提升最大（约提升 40%）。

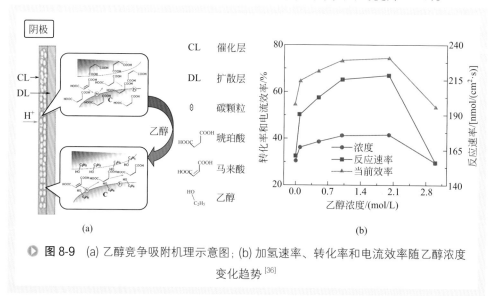

图 8-9 (a) 乙醇竞争吸附机理示意图；(b) 加氢速率、转化率和电流效率随乙醇浓度变化趋势[36]

进而，建立引入乙醇竞争吸附的电化学氢泵马来酸加氢动力学半经验模型，如式（8-7）～式（8-9）所示，结果与实验值相符，如图 8-10 所示。

原料马来酸加氢：

$$H^+ + e^- + * \xrightarrow{i} H* \left(\text{氢吸附}\right) \tag{8-7}$$

$$U + * \underset{\xleftarrow{K_U}}{} U* \left(\text{马来酸吸附}\right)$$

$$H* + U* \xrightarrow{k_0} UH* + * \left(\text{加第一个氢}\right)$$

$$UH* + H* \longrightarrow UH_2 + 2* \left(\text{加第二个氢}\right)$$

产物琥珀酸脱氢：

$$UH_2 + * \underset{\xleftarrow{K_{UH_2}}}{} UH_2* \left(\text{琥珀酸吸附}\right) \tag{8-8}$$

$$UH_2* \xrightarrow{k_{-1}} U* + H_2 \left(\text{琥珀酸脱氢}\right)$$

加氢速率：

$$\text{速率} = A - \frac{B}{D + C_{EtOHb}} \tag{8-9}$$

其中，

$$A = \frac{N}{1 + K_U C_U} k_0 K_U C_U \left(\frac{i}{k_d}\right)^{1/2}$$

$$B = \frac{NFK_{UH_2}C_{UH_2b}\left(k_0 K_U C_U \left(\dfrac{i}{k_d}\right)^{1/2} + k_{-1}\left(1 + C_U K_U\right)\right)}{\left(1 + K_U C_U\right) b_{EtOH}}$$

$$D = \frac{\left(1 + K_U C_U\right) b_{UH_2} C_{UH_2b} + FK_{UH_2}C_{UH_2b}}{\left(1 + K_U C_U\right) b_{EtOH}}$$

式中　A——不考虑产物抑制的理想反应速率；

K——吸附平衡常数；

C——浓度；

k_0——正反应速率常数；

k_{-1}——逆反应速率常数；

k_d——析氢反应速率常数；

i——电流密度；

N——总吸附位浓度；

b——吸附平衡常数；

F——碳载体颗粒表面最大吸附量与催化层中孔隙体积之比；

B——与逆反应相关的数；

D——与琥珀酸以及乙醇在碳粉表面吸附性质相关的数。

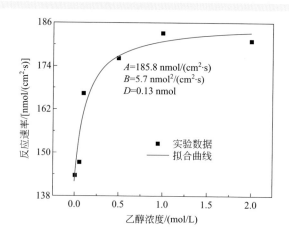

图中标注：

$A=185.8\ nmol/(cm^2\cdot s)$
$B=5.7\ nmol^2/(cm^2\cdot s)$
$D=0.13\ nmol$

纵轴：反应速率/[nmol/(cm²·s)]
横轴：乙醇浓度/(mol/L)

■ 实验数据
—— 拟合曲线

> **图 8-10** 引入乙醇竞争吸附的电化学氢泵马来酸加氢动力学模拟值与实验值相符[36]

二、电化学氢泵的脱氢与加氢双反应耦合

纯氢气是传统的加氢氢源，但生产成本高。因此，开发可替代氢源意义重大。利用电化学氢泵的结构优势，大连理工大学膜技术研究团队研发出电化学电位较低、水溶性较好的醇类作为氢源，供给有机物加氢转化，同时生产高附加值的脱氢化工品[37,38]。凭借质子交换膜的优异阻隔性能，将阳极有机物脱氢反应和阴极有机物加氢双反应集成，实现了双反应在同一电化学氢泵中耦合强化，提高反应效率和设备利用率，便于产物分离。与阳极氢气进料相比，有机物作为氢源减小了氢气的跨膜渗透，提高了加氢效率，优于传统的高压非均相反应器和电化学三电极反应器[39]。

首先，研发出阳极异丙醇脱氢和阴极苯酚加氢的电化学氢泵双反应器[37,40]。如图 8-11 所示，阳极采用 Pt/Ru 催化剂，异丙醇最大供氢电流约 38mA/cm²，满足阴极苯酚加氢的需要；配合脉冲电流操作模式，解决了异丙醇过度氧化造成的电压升高，使异丙醇脱氢电压控制在 0.2V 以下，与阳极 H_2O 电解制氢（过电位常高于2.0V）相比，可以显著降低脱氢反应的操作电压[37]。阴极苯酚加氢，如图 8-12 所示，采用不同种类催化剂，可以高选择性地制备环己酮和环己醇（Pd/C 和 Pt/C 对环己酮和环己醇的选择性分别为 95.4% 和 80%）。加氢速率接近传统非均相加氢反应器及电化学三电极反应器的 3 倍。在异丙醇 / 苯酚电化学氢泵双反应器研究中，也暴露出亟待解决的有机物透过质子交换膜的渗透和催化剂中毒问题。从阴极透过Nafion 膜进入阳极的苯酚，同样会在阳极发生脱氢反应，造成电压升高（反应 1h 时电压升至 0.6V），能耗增加。因此，开发耐溶胀、低渗透的高性能质子交换膜，是电化学氢泵及其耦合过程装置效率提高亟须解决的关键问题。

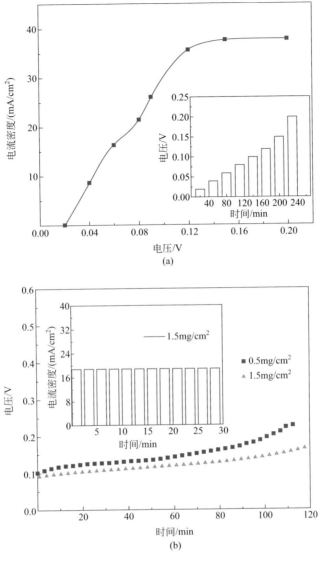

● 图 8-11 异丙醇电化学氢泵脱氢的 (a) 电流密度; (b) 电压 [37]

上述研究表明，阴、阳两极反应物的选择，对电化学氢泵双反应器至关重要。大连理工大学膜技术研究团队进一步开发了乙二醇 / 乙酰丙酸脱氢 / 加氢反应对，显著提高了电化学氢泵双反应器的效率和经济性，实现了阴、阳极双反应协同强化。如图 8-13 所示为乙二醇 / 乙酰丙酸电化学氢泵双反应器与单反应器的对比。图 8-13(a) 为不同电流密度下，双反应器所需外加电压仅稍高于单乙二醇脱氢反应器，比脱氢、加氢两反应单独操作所需外加电压的加和显著降低，表现出双反应耦合对阴、阳极反应的集成简化作用。图 8-13(b) 表明，与乙酰丙酸单反应器（HR，阳极

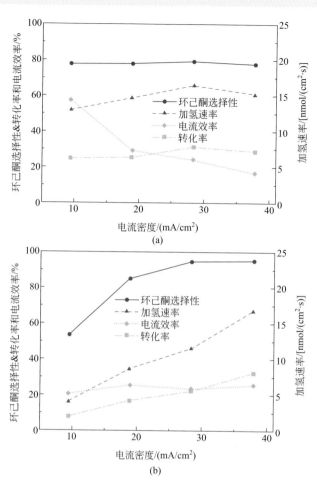

图 8-12　电化学氢泵耦合双反应器的加氢速率及选择性 (a)Pd/C；(b)Pt/C [37]

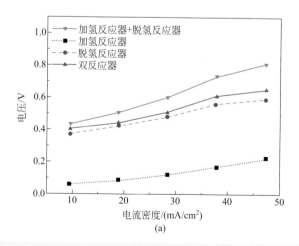

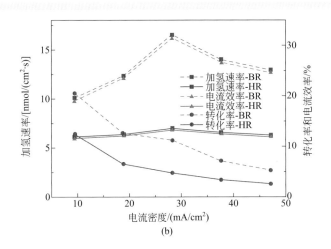

（b）

▶ **图 8-13**　乙二醇 / 乙酰丙酸电化学氢泵双反应器与单反应器的对比 [PtRu/C-Nafion-
　　　　　Pt/C (60 ℃, PtRu: 2.0 mg/cm, Pt: 0.4 mg/cm）]

为纯氢气进料）相比，乙二醇 / 乙酰丙酸电化学氢泵双反应器（BR）的加氢速率、电流效率和转化率均显著提高（约 100% 以上）。这可以归因于双反应器中采用乙二醇为氢源可以抑制氢气的跨膜渗透，从而提高反应效率。

乙二醇为氢源也显著提高了脱氢的经济性。如表 8-2 所示，乙二醇为氢源的能耗远低于电解水制氢，乙二醇脱氢同时还生成高附加值的乙醇酸，因此，与纯氢气及电解水制氢相比，经济效益显著提高。

表8-2　采用不同氢源生产1 Nm³ 氢气的费用比较[41,42]

氢源	原料价格 /$	能耗 /$	副产品价格 /$	总利润 / ($/ Nm³)
纯氢气	−0.3	−0.2	—	−0.5
水	—	−4.7	+0.2*	−4.5
乙二醇	−30.7	−1.2	+45.8	+13.9

注：1. 能耗 =[0.1$/（kW・h）]× 电流 × 电压 × 时间，其中电压 V 为 H₂ 0.1 V [14]、水 2.0 V [22]、乙二醇 0.45 V；电流 I 为 18.9 mA/cm²。

2. "*" 即 O₂ 为水电解的副产品，约 0.4$ /Nm³。

3. 乙醇酸和乙二醇价格参考西格玛公司（Sigma Co.），分别为 2.02$/ mol 和 1.38$/ mol。

三、电化学氢泵一步加氢酯化

生物油被称为"绿色石油"，储量丰富、环境友好。生物油是由醇、醚、醛、酮、酸及其衍生物组成的复杂含氧混合物，需要加氢除去其不饱和组分，酯化除去有机羧酸，从而提高油品的稳定性和燃烧性能，降低其腐蚀性。加氢和酯化是两类不同的化学反应，通常在不同种类的反应器中进行，其中加氢反应为控制步骤，常规的三相反应器，如浆态反应器或固定床、管式反应器，需要在高压条件下进行，设备复杂、能耗增加。酯化反应可采用常规的液相回流反应器，并通过不断移除生成物水促进反应正向进行。利用生物油中同时含有酮、酸等组分，以酮加氢作为醇源，进行酮酸一步加氢酯化反应，是生物油复杂体系提质反应耦合归并的一种重要模型反应，可以简化反应装置、协同强化反应。目前一步加氢酯化反应的研究重点是开发具有加氢和酯化双功能的催化剂，仍需在高压条件下操作[43]。

大连理工大学膜技术研究团队设计了电化学氢泵一步加氢酯化[44]。电化学氢泵阴极酮加氢生成的醇，与阴极循环液中的羧酸发生酯化反应。实现了加氢与酯化在常压条件下及同一反应器中耦合进行、协同增效。

电化学氢泵一步加氢酯化的反应方程式为

加氢反应：$\qquad CH_3CH_2COCH_3 + H_2 \longrightarrow CH_3CH_2CH(OH)CH_3$ （8-10）

酯化反应：

$$CH_3CH_2CH(OH)CH_3 + CH_3COOH \rightleftharpoons CH_3COOCH(CH_3)CH_2CH_3 + H_2O \qquad (8\text{-}11)$$

一步加氢酯化反应为

（8-12）

电化学氢泵中加氢与酯化的过程耦合对于加氢反应和酯化反应均具有强化作用。如图 8-14 所示，在电化学氢泵装置中，温度对丁酮一步加氢酯化反应和单独丁酮加氢的影响规律相同，丁酮的转化率、反应速率和电流效率均呈相同的先递增后递减的趋势，在 40℃ 到达最高点，表明两者都是催化剂活性、反应动力学增加与热力学放热、反应物挥发等两方面作用平衡的结果。特别地，相对于单丁酮加氢反应（H），一步加氢酯化反应（H-E）中丁酮的转化率、反应速率和电流效率均高于单丁酮加氢反应，提升约 30%，而两者所需外加电压基本相同。这是因为在一步加氢酯化反应中，丁酮加氢生成的仲丁醇进一步酯化生成乙酸仲丁酯，提高了加氢产物从催化层向流道扩散的浓度梯度，有效缓解了加氢反应的产物抑制，强化了加氢反应。同时，一步加氢酯化反应中的第二步酯化反应不涉及电化学过程，所以二者所需的外加电压基本一致。

同时，与固定反应物起始配比的酯化单反应相比，一步加氢酯化反应也强化了酯化反应。从图 8-15 可以看出，在 30~60℃ 范围内，一步加氢酯化反应的仲丁醇转化率高于在不加电压电化学氢泵、常规液相回流等其他两种反应器中的酯化单反

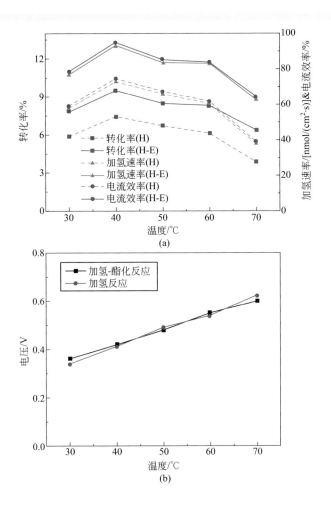

图8-14 一步加氢酯化反应和单独氢泵加氢反应中温度的影响（a）丁酮加氢的转化率，加氢速率和电流效率；（b）外加电压（反应条件：丁酮和乙酸体积比1:1，流量10 mL/min，电流密度18.9 mA/cm²，反应时间3 h，氢气流量20 sccm，标准状态下1sccm=1mL/min）

应。一方面，常规液相反应中液体依靠搅拌剪切力分散，即使强力搅拌，分散尺度也较大（200～500μm[45]），不利于反应物间的传质扩散和反应相界面积增加。电化学氢泵采用立体化电极，可以看作一种催化层、扩散层均具有微米级孔道的微混合/反应器，为液相反应提供了高比表面积相际接触界面，使加氢产物丁醇及阴极反应物乙酸更均匀地分散，促进酯化反应进行；另一方面，一步加氢酯化反应中的仲丁醇在反应过程中逐渐生成，提高了酯化反应中的乙酸过量程度，有利于酯化反应的进行，因而转化率提高。但当温度上升至70℃时，加氢反应物丁酮挥发量增加，阻碍了仲丁醇及其酯化反应的进行，所以此时仲丁醇的转化率基本与酯化单反应相同。

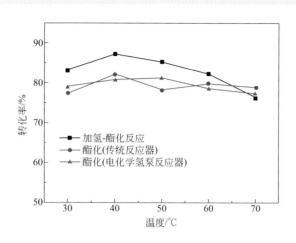

● **图 8-15** 一步加氢酯化和酯化单反应中温度对仲丁醇转化率的影响（反应条件：丁酮乙酸体积比 1∶1，流量 10 mL/min，电流密度 18.9 mA/cm²，反应时间 3 h，氢气流量 20 sccm）

第五节 小结与展望

一、小结

　　氢气是清洁能源和重要的化工原料，氢气分离、加氢反应过程的高效运行依赖于与之匹配的耦合强化过程及装置。电化学氢泵利用其对氢气极高的电化学选择性，常压下高效分离工业含氢气体。尤其对于大量工业低氢混合气，电化学氢泵的能耗显著低于传统变压吸附、膜分离等高压氢分离技术。同时，电化学氢泵又是一个高效的加氢反应器，提供充足的阴极催化剂原位吸附氢，显著降低了氢气的传质阻力，实现常压加氢，加氢速率高于非均相高压反应器。

　　电化学氢泵也是一种高效的氢气分离及资源化耦合强化过程装置。凭借质子交换膜优异的阻隔性能，使阴、阳两极电化学过程相对独立进行，便于设计、组合多种过程的耦合。建立氢分离-加氢反应耦合、脱氢-加氢双反应耦合，以及阴极一步加氢酯化双反应耦合等多种新型电化学氢泵耦合强化流程，显著提高了分离、反应效率和设备利用率；设计耐有机物溶胀和原料渗透的高性能质子交换膜，优选高效、经济的双反应对，匹配扩散层亲-憎水性与反应物挥发性以减小反应物传质阻力，引入竞争吸附剂以加快产物扩散，减少产物抑制；通过多尺度、多过程分析，揭示分离、反应等过程耦合的协同强化作用机制。

电化学氢泵耦合强化研究表明，它能够强化氢气分离、反应效率和设备利用率，满足高纯度、低能耗、环保等多重要求，具有广阔的应用前景。

二、展望

随着化工产业的不断高端化升级，对高纯度、高效率、低能耗的分离、反应等过程的需求日益增加，已经不能仅依靠单一的反应、分离技术和机制完成，分离、反应过程的耦合强化已经成为必然的发展趋势。我国学者在气体分离的吸收 - 吸附 - 精馏 - 膜分离、反应精馏、反应结晶等耦合过程研究中取得了丰硕的成果，并成功推广应用，对我国化工行业的节能减排、产业升级做出了重要贡献。

针对氢气的分离及资源化利用，电化学氢泵作为一种新型高效的过程耦合强化装置，具有显著优势和发展前景，需要在以下几方面拓展研究。

（1）对于过程耦合强化的研究，不仅需要对过程中传质、传热、化学反应等控制机制深入理解，还涉及过程数学模型的准确建立、系统工程的优化设计，同时还需要化工装备、仪器仪表的配套研发，是涉及化学工程、计算机技术、系统工程、化工机械、仪器仪表、过程控制等学科的交叉前沿领域。

（2）伴随着过程耦合强化理论和技术的发展，耦合过程强化装置的开发和应用还有较多理论和技术领域的关键难题亟待突破，形成系统理论：针对一体化、集成化的耦合过程强化装置，建立分离与反应耦合动力学机理模型，揭示传质、传热、化学反应协同控制机制；引入介观尺度的概念、耦合过程控制理论和评价机制，研究多相反应 - 分离过程中存在的复杂多尺度结构、耦合分离过程效率、过程控制精度等问题，形成对耦合过程强化装置开发和应用的共性认识，尤其是对装置的多时空尺度、多元组分和耦合作用机制等特性展开系统研究，具有重要意义。

（3）以关键装备、组件开发为载体，提高效率、降低成本，研发工业示范装置，开展工业应用研究，为我国化工行业升级、节能减排做出贡献。

参考文献

[1] Carlier P, Hannachi H, Mouvier G. The chemistry of carbonyl compounds in the atmosphere-a review[J]. Atmospheric Environment, 1986, 20(11): 2079-2099.

[2] Holladay J D H J, King D L, Wang Y.An overview of hydrogen production technologies[J]. Catalysis Today, 2009, 139: 244-260.

[3] Khan F I, Ghoshal A K.Removal of volatile organic compounds from polluted air[J]. Journal of Loss Prevention in the Process Industries, 2000, 13(6): 527-545.

[4] 陈晨 . 膜耦合工艺提高炼厂气氢气及轻烃回收率研究 [D]. 大连：大连理工大学 , 2014.

[5] 王涛. 电化学氢泵反应器用于生物质基酮加氢的研究 [D]. 大连：大连理工大学, 2015.

[6] 王春燕, 杨莉娜, 王念榕, 等. 变压吸附技术在天然气脱除 CO_2 上的应用探讨 [J]. 石油规划设计, 2013, 24(1): 52-55.

[7] 银醇彪, 张东辉, 鲁东东, 等. 数值模拟和优化变压吸附流程研究进展 [J]. 化工进展, 2014, 33(3): 550-557.

[8] 石宝明, 廖健, 白雪松. 炼厂氢气的管理 [J]. 化工技术经济学, 2003, 21(1): 55-59.

[9] 郑惠平. 变压吸附回收炼厂干气中乙烯和氢气的研究 [D]. 广州：华南理工大学, 2011.

[10] 沈光林, 陈勇, 吴鸣. 国内炼厂气中氢气的回收工艺选择 [J]. 石油与天然气化工, 2003, 32(4): 193-196.

[11] 于万金. 生物油提质模型化合物醛、酸、酚转化的研究 [D]. 杭州：浙江大学, 2012.

[12] Ribeiro A M, Grande C A, Lopes F V S, et al. A parametric study of layered bed PSA for hydrogen purification[J]. Chemical Engineering Science, 2008, 63: 5258–5273.

[13] 刘建军, 屠原祯, 栾秀文, 等. 气体膜分离在石化行业氢气分离回收中的应用 [J]. 膜科学与技术, 2005, 25: 11-16.

[14] Sedlak J M, Austin J F, LaConti A B. Hydrogen recovery and purification using the solid polymer electrolyte electrolysis cell[J]. International Journal of Hydrogen Energy, 1981, 6(1): 45-51.

[15] Perry K A, Eisman G A, Benicewicz B C. Electrochemical hydrogen pumping using a high-temperature polybenzimidazole (PBI) membrane[J]. Journal of Power Sources, 2008, 177: 478-484.

[16] Huang S, Wang T, Wu X, et al. Coupling hydrogen separation with butanone hydrogenation in an electrochemical hydrogen pump with sulfonated poly (phthalazinone ether sulfone ketone) membrane[J]. Journal of Power Sources, 2016, 327: 178-186.

[17] Wu X, He G, Yu L, et al. Electrochemical hydrogen pump with SPEEK/CrPSSA semi-interpenetrating polymer network proton exchange membrane for H_2/CO_2 separation[J]. ACS Sustainable Chemistry & Engineering, 2014, 2: 75-79.

[18] Rohland B, Eberle K, StroÈbel R, et al. Electrochemical hydrogen compressor[J]. Electrochimica Acta, 1998, 43(24): 3841-3846.

[19] Grigoriev S A, Shtatniy I G, Millet P, et al. Description and characterization of an electrochemical hydrogen compressor/concentrator based on solid polymer electrolyte technology[J]. International Journal of Hydrogen Energy, 2011, 36: 4148-4155.

[20] Lee H K, Choi H Y, Choi K H, et al. Hydrogen separation using electrochemical method[J]. Journal of Power Sources, 2004, 132(1-2): 92-98.

[21] Gardner C L, Ternan M. Electrochemical separation of hydrogen from reformate using PEM fuel cell technology[J]. Journal of Power Sources, 2007, 171: 835-841.

[22] Onda K, Araki T, Ichihara K, et al.Treatment of low concentration hydrogen by

electrochemical pump or proton exchange membrane fuel cell[J]. Journal of Power Sources, 2009, 188: 1–7.

[23] Barbir F, Gorgun H. Electrochemical hydrogen pump for recirculation of hydrogen in a fuel cell stack[J]. Journal of Applied Electrochemistry, 2007, 37: 359-365.

[24] Ibeh B, Gardner C, Ternan M.Separation of hydrogen from a hydrogen/methane mixture using a PEM fuel cell[J]. International Journal of Hydrogen Energy, 2007, 32(7): 908-914.

[25] Abdulla A, Laney K, Padilla M, et al. Efficiency of hydrogen recovery from reformate with a polymer electrolyte hydrogen pump[J]. AIChE Journal, 2011, 57: 1767-1779.

[26] Wu X, He G, Benziger J. Comparison of Pt and Pd catalysts for hydrogen pump separation from reformate[J]. Journal of Power Sources, 2012, 218: 424-434.

[27] Pintauro P N, Gil M P, Warner K, et al. Electrochemical hydrogenation of soybean oil with hydrogen gas[J]. Industrial & Engineering Chemistry Research, 2005, 44(16): 6188-6195.

[28] Xin L, Zhang Z, Qi J. Electricity storage in biofuels: Selective electrocatalytic reduction of levulinic acid to valeric acid or gamma-valerolactone[J]. ChemSusChem, 2013, 6(4): 674-686.

[29] Green S K, Tompsett G A, Kim H J, et al. Electrocatalytic reduction of acetone in a proton-exchange-membrane reactor: A model reaction for the electrocatalytic reduction of biomass[J]. ChemSusChem, 2012, 5(12): 2410–2420.

[30] Green S K, Lee J, Kim H J, et al. The electrocatalytic hydrogenation of furanic compounds in a continuous electrocatalytic membrane reactor[J]. Green Chemistry, 2013, 15(7): 1869.

[31] Benziger J. A polymer electrolyte hydrogen pump hydrogenation reactor[J]. Industrial & Engineering Chemistry Research, 2010, 49: 11052-11060.

[32] Akpa B S, Agostino C D, Gladden L F, et al. Solvent effects in the hydrogenation of 2-butanone[J]. Journal of Catalysis, 2012, 289: 30-41.

[33] Gao F, Li R, Garland M. An on-line FTIR study of the liquid-phase hydrogenation of 2-butanone over Pt/Al$_2$O$_3$ in d8-toluene: The importance of anhydrous conditions[J]. Journal of Molecular Catalysis, 2007, 272: 241-248.

[34] Benziger J, Nehlsen J, Blackwell D, et al. Water flow in the gas diffusion layer of PEM fuel cells[J]. Journal of Membrane Science, 2005, 261(1–2): 98-106.

[35] Chen W, He G, Ge F, et al. Effects of hydrophobicity of diffusion layer on the electroreduction of biomass derivatives in polymer electrolyte membrane reactors[J]. ChemSusChem, 2015, 8(2): 288-300.

[36] Liu S, Xiao W, Zhang S, et al. Elimination of product inhibition by ethanol competitive adsorption on carbon catalyst support in a maleic acid electrochemical hydrogen pump hydrogenation reactor[J].ACS Sustainable Chemistry & Engineering, 2017, 5: 8738-8746.

[37] Huang S, Wu X, Chen W, et al. A bilateral electrochemical hydrogen pump reactor for

2-propanol dehydrogenation and phenol hydrogenation[J]. Green Chemistry, 2015, 18(20): 3362-3366.

[38] Huang S, Wu X, Chen W, et al. Electrocatalytic dehydrogenation of 2-propanol in electrochemical hydrogen pump reactor[J]. Catalysis Today, 2016, 276: 128-132.

[39] Green S K, Lee J, Kim H J, et al. The electrocatalytic hydrogenation of furanic compounds in a continuous electrocatalytic membrane reactor[J]. Green Chemistry, 2013, 15(7): 1869-1879.

[40] 姜晓滨，吴雪梅，黄诗琪，等．一种有机物脱氢与加氢耦合的电化学氢泵双反应器 [P]. 中国，201510641954.5, 2017-08-22.

[41] Acar C, Dincer I.Comparative assessment of hydrogen production methods from renewable and non-renewable sources[J]. International Journal of Hydrogen Energy, 2014, 39(1): 1-12.

[42] Uddin M N, Daud W.Technological diversity and economics: Coupling effects on hydrogen production from biomass[J]. Energy & Fuels, 2014, 28: 4300-4320.

[43] Tang Y, Yu W, Mo L, et al. One-step hydrogenation-esterification of aldehyde and acid to ester over bifunctional Pt catalysts: A model reaction as novel route for catalytic upgrading of fast pyrolysis bio-oil[J] . Energy & Fuels,2008,22:3484.

[44] 吴雪梅，贺高红，宋雪，等．一种酮与羧酸在电化学氢泵反应器中一步加氢酯化的方法 [P]. 中国，201810375920.X, 2019-09-06.

[45] Angle C W, Hamza H A. Predicting the sizes of toluene-diluted heavy oil emulsions in turbulent flow Part 2: Hinze–Kolmogorov based model adapted for increased oil fractions and energy dissipation in a stirred tank[J]. Chemical Engineering Science, 2006, 61 (22): 7325-7335.

索　引

B

半结晶　19

半贫液梯级吸收　91

保碳脱硫　97

边界层　14

变压吸附　229

玻璃态　18

玻璃态聚合物气体分离膜　229

C

操作弹性　14

层流　43

产物抑制　262

超高压输送　101

超疏水膜　191

成核　144, 146

成核检测　4, 164

成核能垒　177, 179

成核自由能　147

D

打靶算法　58

单壁碳纳米管　93

单质汞　109

低氢气体分离　255

典型橡胶态聚合物膜分离系统　73

电化学加氢　251

电化学氢泵　251

电化学氧化　127

电化学氧化 - 液相吸收耦合　126

电极　255

电流效率　260

堆积密度　93

多壁碳纳米管　93

多级膜分离过程　14, 223

多孔支撑层　50

多效蒸馏系统　241

E

二次成核　148

二级膜分离系统　69

F

反应结晶　4, 143

反应速率　159

非均相催化加氢　251

沸石膜　90

分离 - 反应耦合　249

分离过程　1

分离机理　86

分离序列　227

分子动力学　49

分子筛分　86

分子设计　97

分子作用机制　102

G

刚性体积　17

高效分离材料　86

功能基团　97

固有孔聚合物　90

光催化氧化 - 液相吸收耦合　121

光催化氧化法　113

贵金属催化氧化 - 吸收耦合　133

过饱和度　143, 164

过程集成　215

过程耦合强化　2, 6

过程强化　249

过渡金属氧化物　134

过渡金属氧化物氧化 - 吸收耦合　133

H

含烃石化尾气　227

宏观混合　145

化学势损失分析　15

混合基质膜　92

活性炭　129

J

基膜孔道阻力　50

基膜渗透阻力项　50

基团贡献法　17

计算流体力学　153

加氢反应　251

加氢速率　260

碱吸收　117

结晶　3, 19, 143

介稳区　4, 154, 168, 178, 195

金属有机骨架（MOF）膜　90

晶体生长　148

精馏 / 膜分离耦合流程　71

聚倍半硅氧烷　93

聚丙烯　9

聚二甲基硅氧烷　18, 89

聚合物固化　94

聚结　144, 151

聚酰亚胺　18, 89

均相成核　175

K

颗粒粒径分布　153

Knudsen 扩散　50

孔隙率　169, 170, 177

跨膜通量　164, 195

扩散层　255

扩散系数　13, 16

扩散选择性　26, 98

L

老化　144, 151

冷凝　11

离散　59

离子簇　19

离子液体支撑液膜　91

连续膜分离塔　223

链刚性　89

链间距　89

临界密度　17

临界体积　98

流程结构优化　225

流动边界层　43

流动主体通道　43

流动阻力　14

六氟二酐基聚酰亚胺　18

龙格库塔法　65

螺旋卷式　29

络合吸收　118

M

马来酸加氢动力学　263

Maxwell 模型　94

膜电极组件　253

膜分离　3, 163, 250

膜分离＋压缩＋冷凝＋精馏耦合工艺　73

膜分离＋压缩＋冷凝耦合工艺　72

膜分离和反应过程耦合工艺　70

膜级联　223

膜耦合过程　69

膜微元　31

膜蒸馏　163, 168, 191, 239

膜蒸馏结晶　4, 163, 183, 203

膜组件　29, 164

N

能量集成　216

黏性流　50

黏性流扩散　86

牛顿迭代　58

浓度边界层　45

浓度极化　174

浓度梯度　43

努森扩散　50, 86

O

欧姆电阻　258

耦合分离技术　85

耦合过程的匹配　252

耦合强化　85

P

排放气净化单元　74

平板式　29

平均推动力　14

破裂　144

破碎　152

Q

气囊式气柜技术　77

气体分子尺寸　13

气体分子凝结性　13

气体扩散活化能　15

气体临界温度　98

气体渗透系数　13

气相氧化　112

气相氧化 - 液相吸收耦合　118

汽油吸收稳定系统（GAS）　73

浅冷分离系统（SCS）　73

桥联结点　91

切割比　14

氢分离与加氢反应耦合强化　258

轻烃　228

氢气分离　249

氢源　264

驱油剂　79

全氟磺酸　18

缺陷阻力　50

R

燃煤烟气　110

热泵　237

热重排聚合物　90

热力学分析模型 91

热力学理论 86

热力学效率 218

溶解 - 扩散 13, 16, 86

溶解度 13, 168

溶解度系数 16

溶解选择性 26, 98

溶析结晶 164, 197, 198, 200

溶胀 14, 46

S

三角相图 227

深冷分离系统 229

渗透流道 43

渗透气 30

渗透速率 18

渗透系数 16

生物气 69

生物质资源 69

施密特数 45

试差法 56

疏水膜 163

双反应耦合 264

双膜分离器、压缩冷凝和精馏耦合工艺 78

双膜组件 48

速度边界层 45

塑化 14, 46

塑化溶胀作用 98

酸吸收 116

T

炭膜 90

碳分子筛 93

梯级分离 91

梯级膜分离系统 91

梯级耦合 233

梯级洗脱 91

投资 / 产出比 57

W

微观混合 145

微结构调控 102

温度极化 174

X

吸附 129

吸收 3, 110

吸收 - 精馏 - 膜分离 85

系统工程 4

相界面停滞膜模型 44

相界面形貌 94

相平衡原理 16

相转化过程 16

橡胶态 18

橡胶态聚合物气体分离膜 229

协同强化 252

选择层阻力项 50

Y

压缩 + 冷凝 + 膜分离 +PSA 耦合工艺 74

压缩 + 吸收 + 膜分离 + PSA 过程 76

压缩 + 吸收 + 膜分离过程 75

氧化 109

氧化硅膜 90

氧化剂 126

液相氧化法 114

一级二段气体膜分离系统 70

一氧化氮　109

隐式迎风格式　65

永久性气体　47

优化　215

油罐呼吸气　47

油田伴生气　78

有机气回收单元（VRU）　74

有限差分法　59

有限差分数学模型　48

有限元（FEA）模型　31

有限元数值计算　14

原料气　30

Z

质量集成　216

质子交换膜　253

致密皮层　16

中空纤维式　29

转化率　260

自由体积　49, 93

阻力复合模型　50

最小分离功　222

其他

Arrhenius 方程　15

Chapman-Enskog 方程　17

Crank-Nicoleson 格式　59

Custom Operation 模块　68

UniSim Design　17